JIANZHU GONGCHENG SHIGONG ANQUAN YU JISUAN

曹　进　主编
张瑞生　主审

建筑工程施工安全与计算

化学工业出版社
·北京·

本书以现行的"建筑施工安全技术统一规范"主要内容为引线，以对应的现行各行业技术规范、规程为参考，结合相应的计算机辅助计算软件操作，较为详细地阐述了建筑工程施工安全技术的理论、要求及其计算方法，重点突出了对于安全计算方法和计算软件操作的介绍。全书分为建筑施工安全基础知识、土石方工程、脚手架工程、施工机具与垂直运输设备、钢筋混凝土工程、结构吊装与拆除工程和施工现场安全技术等七章内容，主要讲述各章涉及的相关理论、一般安全要求，以及安全计算理论和部分计算机软件操作简介，每章配有相应的思考题及计算题。

本书可作为高职高专土建施工类专业的教材，也可作为建筑工程施工人员安全培训的参考用书。

图书在版编目（CIP）数据

建筑工程施工安全与计算/曹进主编. —北京：化学工业出版社，2008.7（2019.9重印）
ISBN 978-7-122-02850-1

Ⅰ. 建…　Ⅱ. 曹…　Ⅲ. ①建筑工程-工程施工-安全技术②建筑工程-工程计算　Ⅳ. ①TU714②TU723

中国版本图书馆 CIP 数据核字（2008）第 088996 号

责任编辑：卓　丽　王文峡　　　　　　装帧设计：周　遥
责任校对：王素芹

出版发行：化学工业出版社（北京市东城区青年湖南街 13 号　邮政编码 100011）
印　　刷：三河市延风印装有限公司
装　　订：三河市宇新装订厂
787mm×1092mm　1/16　印张 16¾　字数 426 千字　2019 年 9 月北京第 1 版第 7 次印刷

购书咨询：010-64518888　　　　　售后服务：010-64518899
网　　址：http://www.cip.com.cn
凡购买本书，如有缺损质量问题，本社销售中心负责调换。

定　　价：42.00 元

序

安全是人类生存和发展活动永恒的主题，安全生产管理是生产的重要组成部分，是政府履行社会管理和市场监督职能的重要职责，是生产经营企业生存与发展的基本要求。党和政府对安全生产工作始终高度重视，建设工程安全生产工作不仅直接关系到人民群众生命和财产安全，而且关系到国家经济建设持续、快速、健康发展，更关系到社会稳定的大局。中国共产党十六届五中全会提出了新的安全生产工作方针和"安全发展"理念，中国共产党十六届六中全会把安全生产纳入社会主义和谐社会建设的重要内容。

当前，我国正处于大规模经济建设和城市化建设的加速时期，基本建设规模不断增加，投资主体越来越多元化，施工难度大、科技含量高的项目日益增多，建筑安全生产工作还面临着许多问题和挑战，如何保证建设工程安全施工，避免或减少安全事故，保护从业人员的安全和健康，是建设领域急需解决的课题。

从已经发生的建设工程安全事故来看，其原因主要包括违规设计、违章指挥和作业、无安全技术措施和安全技术交底、从业人员素质较低、安全生产资金投入不足、安全责任落实不到位、应急救援机制不健全等。为此，国家建设主管部门和地方政府先后颁布了一系列建设工程安全生产管理的法律法规和规范标准，对规范建设工程参与各方的安全责任，加强施工企业市场准入资格和从业人员资格管理，强化建筑市场和施工现场的安全生产管理，提高建设工程安全生产工作水平起到了重要作用。

由于建设工程项目管理人员缺乏系统学习和掌握建设工程安全与管理理论、安全技术及安全生产法律法规知识，同时普通高等院校相关专业，在"建设工程安全技术与管理"教学内容上相对淡化，使建设工程安全技术与管理成为了建设类的一个薄弱环节。《建筑工程施工安全与计算》一书，运用现代安全管理理论和现代安全技术，结合我国建设工程安全生产现行法律法规和标准规范，系统地论述了建设工程施工安全技术、施工安全管理、施工安全控制等基础理论知识，力求以点带面，解决施工项目安全管理的实践问题，特别是在理论研究和管理要素上本着源于实践、高于实践的原则。结合实践，通过实际工程案例、方案，将理论与应用很好地结合起来，具有一定的实用性、系统性，体现了"安全第一、预防为主、以人为本、综合治理"的方针。

本书力求达到学以致用的目的，深入浅出、图文并茂、通俗易懂，便于掌握，有利于建设类高职高专院校学生系统学习、掌握和运用建设工程安全技术与管理知识。同时也希望该教材在教学过程中不断得到完善和充实，使之成为高等院校建设工程类学生的良师益友。

新疆维吾尔自治区建设工程安全监督总站
2008 年 6 月

前　言

建筑施工正朝着更高、更深以及更大跨度的方向发展，传统的施工方式越来越多地被新工艺、新方法、新材料所替代，建筑施工安全问题已越来越多地得到国家及企业的重视，重视质量、重视安全已是建筑行业铁打的宗旨。

在教学方面，知识体系以及知识结构需要适应行业发展的实际要求，对于高职高专的学生应掌握更多的、满足社会需要的知识，这是未来一段时期高职高专教育的必然趋向。

本书以现行的"建筑施工安全技术统一规范"的主要内容为引线，以对应的现行各行业技术规范、规程为参考，结合相应的计算机辅助计算软件操作，较为详细地阐述了建筑工程施工安全技术的理论、要求及其计算方法，其特点是通过学习能够较全面地了解和掌握建筑工程施工安全技术及计算的相关知识，培养学生适应社会发展的需要，让学生的学习针对社会实际需要，与社会零距离接触。有效地利用教育资源，培养社会需要的人才。

本书共七章，包括建筑施工安全基础知识、土石方工程、脚手架工程、施工机具与垂直运输设备、钢筋混凝土工程、结构吊装与拆除工程和施工现场安全技术等内容，主要讲述各章涉及的相关理论、一般安全要求以及安全计算理论和部分计算机软件操作方法简介，每章配有一定量的思考题及计算题。

本书由曹进主编，张瑞生主审，参编人员还有李光、李红卫、何秋冬。在本书的编写过程中，得到了 PKPM 软件新疆代理公司的大力协助，提供了宝贵的资料与意见，同时也得到了新疆维吾尔自治区建设工程安全监督总站闵世杰站长的大力支持，在此一并表示感谢。

本书可作为高职高专建筑施工类专业的教材，也可作为建筑工程施工人员安全培训及工作的参考用书。建议教学单位应配备施工安全设施计算软件进行辅助教学，建议采用 PKPM 施工安全设施计算系列软件（SGJS）。

由于编者水平有限，书中难免有不妥之处，恳请读者给予批评指正，编者在此表示感谢。

编者
2008 年 6 月

目 录

第一章　建筑施工安全基础知识 ……………………………………………… 1

第一节　建筑产业的特点及安全生产管理基本要求 ……………………… 1

一、建筑产业的特点 ………………………………………………… 1

二、施工现场安全生产管理的基本要求 …………………………… 2

第二节　施工现场不安全因素 …………………………………………… 6

一、事故潜在的不安全因素 ………………………………………… 6

二、人的不安全因素 ………………………………………………… 6

三、物的不安全状态 ………………………………………………… 7

四、管理上的不安全因素 …………………………………………… 7

第三节　安全教育与安全检查与评分 …………………………………… 8

一、安全教育 ………………………………………………………… 8

二、安全检查与评分 ………………………………………………… 9

第四节　建筑施工现场伤亡事故及其预防 ……………………………… 11

一、构成事故的主要原因 …………………………………………… 11

二、安全生产的五条规律 …………………………………………… 12

三、伤亡事故预防原则 ……………………………………………… 12

四、伤亡事故预防措施 ……………………………………………… 13

第五节　伤亡事故统计报告、调查及处理 ……………………………… 13

一、伤亡事故统计报告 ……………………………………………… 13

二、伤亡事故调查及处理 …………………………………………… 14

第六节　安全事故的应急与救援 ………………………………………… 15

一、施工安全应急预案 ……………………………………………… 15

二、急救概念和急救步骤 …………………………………………… 16

三、施工现场安全应急处理 ………………………………………… 17

四、施工现场的应急处理设备和设施 ……………………………… 18

第七节　安全法律法规简介 ……………………………………………… 19

一、安全法规的作用和主要内容 …………………………………… 19

二、国务院有关法规简介 …………………………………………… 20

三、建设部有关安全生产文件 ……………………………………… 21

思考题 ……………………………………………………………………… 22

第二章　土石方工程 ……………………………………………………… 24

第一节　土方施工安全技术 ……………………………………………… 24

一、一般安全要求 …………………………………………………… 24

二、基坑（槽）边坡的稳定性 ……………………………………… 26

三、滑坡与边坡塌方的分析处理 …………………………………… 27

四、土方边坡的计算 ……………………………………………………… 28
五、计算机软件操作简介 ………………………………………………… 29
第二节 边坡支护 …………………………………………………………… 31
一、基坑支护的安全要求 ………………………………………………… 31
二、基坑支护的观测 ……………………………………………………… 36
三、基坑（槽）和管沟支撑及计算 ……………………………………… 37
四、板桩支护及板桩稳定性计算 ………………………………………… 43
第三节 基坑降排水工程 …………………………………………………… 61
一、概述 …………………………………………………………………… 61
二、基坑涌水量计算 ……………………………………………………… 64
三、降排水工程计算 ……………………………………………………… 67
思考题 ………………………………………………………………………… 71
计算题 ………………………………………………………………………… 72

第三章 脚手架工程 …………………………………………………………… 73

第一节 脚手架工程概述 …………………………………………………… 73
一、脚手架的基本要求 …………………………………………………… 73
二、脚手架的分类 ………………………………………………………… 74
三、脚手架施工安全一般要求 …………………………………………… 75
第二节 脚手架工程中的安全事故及其防止措施 ………………………… 78
一、脚手架工程多发事故的类型 ………………………………………… 78
二、引发事故的直接原因 ………………………………………………… 78
三、防止脚手架事故的技术与管理措施 ………………………………… 80
第三节 脚手架的设计计算 ………………………………………………… 80
一、脚手架设计计算的统一规定 ………………………………………… 80
二、落地式扣件钢管脚手架计算 ………………………………………… 82
三、型钢悬挑脚手架的计算 ……………………………………………… 92
第四节 脚手架计算软件操作简介 ………………………………………… 98
一、落地式外钢管脚手架 ………………………………………………… 98
二、型钢悬挑脚手架 ……………………………………………………… 102
三、悬挑架阳角型钢计算 ………………………………………………… 105
思考题 ………………………………………………………………………… 106
计算题 ………………………………………………………………………… 107

第四章 施工机具与垂直运输设备 ………………………………………… 108

第一节 施工机具安全技术 ………………………………………………… 108
一、木工机械 ……………………………………………………………… 108
二、搅拌机 ………………………………………………………………… 111
三、钢筋加工机械 ………………………………………………………… 112
四、手持电动工具 ………………………………………………………… 115
五、桩机械 ………………………………………………………………… 116
第二节 垂直运输设备概述 ………………………………………………… 117

一、垂直运输设施的分类 ……………………………………………… 117

二、垂直运输设施的安装、拆卸及安全使用知识 …………………… 118

第三节 井架及其计算 ………………………………………………… 121

一、格构式型钢井架 …………………………………………………… 121

二、扣件式钢管井架 …………………………………………………… 129

第四节 塔吊及其计算 ………………………………………………… 132

一、塔机的类型及其特点 ……………………………………………… 132

二、塔机的技术性能 …………………………………………………… 134

三、塔式起重机使用安全要求 ………………………………………… 136

四、塔吊的相关计算 …………………………………………………… 138

五、塔吊计算软件简介 ………………………………………………… 144

思考题 …………………………………………………………………… 151

第五章　钢筋混凝土工程 ……………………………………………… 152

第一节 模板工程 ……………………………………………………… 152

一、模板工程概述 ……………………………………………………… 152

二、模板设计概述 ……………………………………………………… 155

三、柱模板设计计算 …………………………………………………… 158

四、梁模板的设计计算 ………………………………………………… 164

五、墙模板的设计计算 ………………………………………………… 168

第二节 钢筋工程 ……………………………………………………… 171

一、钢筋工程施工安全技术 …………………………………………… 171

二、钢筋工程机械使用安全要求 ……………………………………… 173

三、钢筋支架及其计算 ………………………………………………… 176

第三节 混凝土工程 …………………………………………………… 178

一、现浇混凝土工程施工安全技术 …………………………………… 178

二、混凝土工程机械使用安全要求 …………………………………… 180

三、大体积混凝土及其计算 …………………………………………… 182

思考题 …………………………………………………………………… 190

计算题 …………………………………………………………………… 190

第六章　结构吊装与拆除工程 ………………………………………… 191

第一节 起重机具 ……………………………………………………… 191

一、起重机的分类 ……………………………………………………… 191

二、索具设备 …………………………………………………………… 192

第二节 混凝土结构吊装安全技术 …………………………………… 202

一、安全设施 …………………………………………………………… 202

二、安全操作技术 ……………………………………………………… 204

第三节 结构吊装工程中的安全计算 ………………………………… 206

一、吊绳计算 …………………………………………………………… 206

二、吊装工具计算 ……………………………………………………… 209

三、滑车和滑车组的计算 ……………………………………………… 211

　　四、卷扬机牵引力和锚固压重计算 ·················· 214

　　五、锚碇计算 ························· 216

　　六、柱绑扎吊点位置计算 ·················· 220

第四节　拆除工程安全技术 ···················· 221

　　一、建（构）筑物拆除施工的特点和一般规定 ········ 221

　　二、建筑物拆除方法、特点和适用范围 ············ 223

　　三、建（构）筑物拆除技术及安全措施 ············ 224

　思考题 ··································· 228

　计算题 ··································· 229

第七章　施工现场安全技术 ···················· 230

第一节　临时用电 ························· 230

　　一、施工用电管理规范 ·················· 230

　　二、施工现场对外电线路的安全距离及防护 ········ 231

　　三、施工现场临时用电的接地与防雷 ············ 231

　　四、施工现场配电室及自备电源 ·············· 234

　　五、施工现场的配电线路 ·················· 236

　　六、施工现场的配电箱和开关箱 ·············· 237

　　七、供用电设备安全要求 ·················· 239

　　八、施工现场照明 ······················ 240

　　九、临时供电计算 ······················ 241

第二节　高处、临边及洞口作业安全技术 ·········· 246

　　一、高处作业安全技术 ·················· 246

　　二、临边与洞口作业的安全技术 ·············· 247

　　三、安全帽、安全带、安全网 ················ 249

第三节　施工现场防火 ······················ 250

　　一、燃烧 ··························· 250

　　二、施工现场仓库防火 ·················· 250

　　三、施工现场防火要求 ·················· 251

　　四、禁火区域划分和特殊建筑施工现场防火 ········ 252

　　五、灭火器材的配备及使用方法 ·············· 252

第四节　文明施工与环境保护 ·················· 253

　　一、现场场容管理 ······················ 253

　　二、环境保护 ························· 257

　思考题 ··································· 259

参考文献 ······························· 260

第一章 建筑施工安全基础知识

学习目标

本章分七小节介绍建筑施工安全基础知识。通过本章的学习，能够较为全面地了解建筑施工安全基础知识，为后续章节的学习奠定基础。

基本要求

1. 了解建筑业的产业特点及安全生产管理基本要求；了解安全教育与安全检查与评分的基本要求和内容。

2. 熟悉施工现场不安全因素；建筑安全法律法规等的相关内容。

3. 掌握建筑施工现场伤亡事故预防的原则和措施；掌握工伤事故及其处理的相关知识，以及施工现场安全急救、应急处理和应急设施。

第一节 建筑产业的特点及安全生产管理基本要求

一、建筑产业的特点

（1）产品固定、作业流动性大 建筑业的产品，位置固定，各种施工机械设备、材料、施工人员都围绕这个固定的产品，随着工程建设的进展，上下左右不停地流动，一项产品完成后，又流向新的固定产品，作业流动性大。

（2）产品体量大、露天作业多 建筑产品多为高耸庞大、固定的大体量产品，施工生产作业露天多。

（3）形式多样、规则性差 建筑产品要服从各行各业的需要，外观和使用功能各不相同，形式和结构多变，加工产品所处地点不同，施工过程处于不同的外部条件。即使同类工程、同样工艺、工序，其施工方法和施工情况也会有所差异和变化，规则性差，施工生产很难全部照搬采用以往的施工经验。

（4）施工周期长，人力物力投入量大 建筑产品的施工生产过程往往需要长期、大量地投入人力、物力和财力。在有限的施工现场内集中大量的人力、建筑材料、设备设施、施工机具，协作单位多，立体交叉作业的情况多。施工工期少则几个月，多则几年、十几年，施工工期较长。

（5）施工涉及面广、综合性强 建筑施工生产在企业内部，要有序地在特定的气候环境条件下组织多队伍、多工种作业。从企业外部来说，生产活动需要同专业化单位和材料供应、运输、公用事业、市政、交通等方面的协调和配合，加上施工生产是在"先有用户"的情况下进行的，施工生产的进展在一定程度上依附于建设计划和用户，对国家、地区、用户的经济状况反映敏感，受建设资金和外部条件影响大，在一定程度上施工生产的自主性、预见性、可控性比一般产业较困难。

（6）手工作业多，劳动条件差，强度大　建筑产品大多是由笨重的材料和构件聚合所成，虽然随着现代施工技术的推广普及，机械化施工比重逐渐增大。但与其他产业相比，湿作业多、手工作业多，劳动条件差、强度仍然很大，用于笨重材料物件加工、施工机械配合作业的劳动强度高于其他一般产业。

（7）设施设备量多，布局分散，管理难度大　在建筑产品的施工现场，大型临时设施多，露天的电气线路、装置多，塔吊、井架、脚手等危险性较大的设备设施多，无型号、无专门标准、自制和组装的中小型机械类型数量多，手持移动工具多，而且布局分散、使用广泛，管理难度大。

（8）人员及其素质不稳定　施工作业队伍经常处于动态的调整状态，由于作业量的变化和适应工期和工序搭接的需要，队伍本身就不很稳定。此外，施工作业人员文化程度低，多数未受过专业训练，专业知识技能主要是靠工作实践逐步积累。在管理和监督薄弱的情况下，非法转包和招聘一些不能胜任作业的队伍、人员，致使作业人员及其素质更加不稳定。

（9）施工现场安全受地理环境条件影响　现场安全受产品所处的地理、地质、水文和现场内外水、电、路等环境条件的影响，施工过程中，若对这些影响因素重视不够，措施不当，就可能引发事故。

（10）施工现场安全受季节气候影响　施工现场安全受不同季节、气候的影响较大。各种较恶劣的气候条件对施工现场的安全都是很大的威胁。如不采取有针对性的劳动保护，安全技术和管理措施，就很容易引发事故。

由于上述几点的影响，建筑施工过程中经常会出现高处坠落、物体打击、触电、机械伤害、坍塌、火灾、中毒、爆炸、车辆伤害等九类事故。伤亡事故的数量和频率仍高居各产业的前列。

二、施工现场安全生产管理的基本要求

（一）施工现场安全管理的一般概念与要求

1. 施工现场安全管理的一般概念

（1）管理　即管辖、控制、处理的意思。

（2）安全　即在施工现场，凡不发生导致伤亡、职业病、设备或财产损失的生产、生活环境都可以认为是安全。安全在日常生活中是指不受威胁、没有危险和不出事故。安全总是与危险、事故及损害相对立的。

（3）施工现场安全管理　即指在现场施工过程中采用现代管理的科学知识，防止危险、事故、损失进行安全目标要求的管辖、控制和处理。

施工现场安全管理主要包括：施工现场作业管理、设施设备管理和作业环境安全管理三方面。

施工安全贯穿于现场的生产和生活的所有时间和全过程。施工过程中随时都可能产生不安全因素，危及安全。施工生产贯穿于施工工艺、分部分项作业、每一个工种、每一位成员的生产活动，因此建筑施工现场的安全管理工作必须贯穿施工的全过程、全方位。

2. 施工现场安全管理的原则要求

施工现场的工地围挡、道路、施工临时用电线路装置、排水、供水设施、构件材料堆放及场地、工棚、库房、办公生活等临时设施，各类施工设备、设施，安全宣传图牌标志，安全防护装置设施和其他临时工程的设施和使用，均要在符合安全、消防、卫生、环境保护的前提下，按国家和地方有关法规和要求，加强过程的控制，做到合理有序、便利施工。

（二）施工现场安全生产管理的任务

① 正确贯彻执行国家的劳动保护安全生产方针政策、法规和上级对安全工作的要求、指示，使施工现场安全生产工作做到目标明确、组织落实、制度落实、措施落实，保障现场的施工安全。

② 建立和完善工地的劳动保护、安全生产管理制度，制定汇集工地有关施工生产有关的各工序施工安全要求、各工种和机械作业的安全技术操作规程，提出有针对性的安全生产技术措施。

③ 宣传和组织好安全教育，提高职工对劳动保护安全生产的认识，促使职工掌握生产技术知识，遵章守纪地进行施工生产。

④ 努力运用现代管理的科学知识、技术、方法，对工地的安全目标的实现进行控制，经常调查工地的安全现状、动态，收集信息，并分析研究情况，选择并实施实现安全目标的具体方案。

⑤ 对事故按"四不放过"的原则进行妥善处理并向上级汇报。

（三）施工现场安全组织

① 建立和明确项目经理为安全生产的第一责任人，各级各岗位安全生产责任，应视工程的性质、规模和特点，配备合格的安全专（兼）职人员或安全机构。

② 建立以工地项目经理为组长，由各职能机构管理人员和分包单位负责人参加的安全生产管理小组，并组成自上到下覆盖各单位、各部门、各班组的安全管理网络。

③ 要建立和落实由工地领导参加的包括施工员、安全员和其他管理人员在内的轮流值班制度。

④ 建立健全的各类人员的安全生产责任制、安全技术交底、安全宣传教育、安全检查、安全设施验收和事故报告等管理制度。

⑤ 按工作和作业的岗位要求，落实持证上岗工作，并做好上岗前的教育交底。

⑥ 工地的安全生产各项工作必须做到经常化、制度化。安全生产管理小组、安全管理网络和安全机构人员在施工生产过程中应努力发挥其在施工现场的安全管理、协调、监督方面的作用。

（四）施工现场安全生产责任制

1. 安全生产责任制的内涵

安全生产责任制是各项安全管理制度的核心，是企业岗位责任制的一个重要组成部分，是企业安全管理中最基本的制度，是保障安全生产的重要组织措施。

安全生产责任制是根据"管生产必须管安全"、"安全生产，人人有责"等原则，明确规定各级领导、各职能部门、岗位、各工种人员在生产活动中应负的安全职责的管理制度。

2. 建立和实施安全生产责任制的目的

建立和实施安全生产责任制，可以把安全与生产从组织领导上统一起来，把管理生产必须管理安全的原则从制度上固定下来，从而增强各级人员的安全责任，使安全管理纵向到底，横向到边，专管成线，群管成网，责任明确，协调配合，共同努力，真正把安全生产工作落到实处。

3. 安全生产责任制的制定和实施原则及要求

（1）制定和实施安全生产责任制　应贯彻"安全第一，预防为主"的安全生产方针，遵循"各级领导人员在管理生产的同时必须负责管理安全"原则。在计划、布置、检查、总结评比生产的同时，也要计划、布置、检查、总结评比安全。

（2）实施原则　安全生产管理必须做到"纵向到底，横向到边"的原则，按照国家颁发的"劳动法"、"建筑法"等法规和国家、地方、企业安全主管部门下发的有关安全生产责任制的规定，要求做到安全生产的职责、责任合法明确，覆盖全员、全方位。安全责任制符合"各级主管领导对本单位劳动保护和安全生产负全面责任，为单位安全生产第一负责人。分管生产的领导对本单位劳动保护和安全生产负具体领导责任"。

（3）基本要求　组织施工生产的领导，对本单位劳动保护和安全生产负直接管理责任；各级其他领导，各职能人员和各工种人员在各自的业务范围或生产岗位上对实现安全生产、劳动保护、文明生产负责。要求职责和责任必须具体细化，安全生产责任制应进行确认、颁布后再行实施。实施过程应加强检查和监督，并将实施情况同责任制的奖惩考核挂钩，确保安全生产责任制的管理作用的发挥，保障生产施工的安全。

（五）施工安全技术措施

1. 施工安全技术措施的内涵

施工安全技术措施，是保证施工现场安全和作业安全，防止事故和职业病的危害，从技术上采取的措施，是施工组织设计（施工方案）的重要组成部分。

2. 施工安全技术措施编制的要求

（1）所有的建筑工程的施工组织设计（施工方案）都必须有安全技术措施。吊装、爆破、水下、深基坑、模板、脚手架、拆除等工程，都要编制专项安全技术方案。

（2）施工安全技术措施，要在开工前编制，经过上级部门审批，并应有较充分的时间作准备，保证各种安全设施的落实。对于在施工过程中，由于工程更改等情况变化，安全技术措施也必须及时相应补充完善，并做好审批手续。

（3）施工安全技术措施，必须依据施工方法、劳动组织、场地环境、气候等主客观条件和安全法规、标准进行编制。每项工程的安全技术措施都应按下列要求进行。

① 针对不同工程的特点可能造成施工的危害，从技术上采取措施，消除危险，保证施工安全。

② 针对不同的施工方法，如立体交叉作业、滑模、网架整体提升吊装、大模板施工等，可能给施工带来不安全因素，从技术上采取措施，保证安全施工。

③ 针对使用的各种机械设备、变配电设施给施工人员可能带来哪些危险因素，从安全保险装置等方面采取技术措施加以防范。

④ 针对施工中有毒有害、易爆、易燃等作业，可能给施工人员造成的危害，从技术上采取防护措施，防止伤害事故。

⑤ 针对施工场地及周围环境可能给施工人员或周围居民带来的危害，以及材料、设备运输带来的困难和不安全因素，从技术上采取措施，给予保证，措施力求细致全面、具体。

3. 施工安全技术措施的主要内容

建设工程大致分为两种：一是结构共性较多的，称为一般工程；二是结构比较复杂、施工特点较多的，称为特殊工程。

（1）一般工程安全技术措施

① 桩基、土方、地下室工程防土方塌方、位移。

② 脚手架、吊篮、工具式脚手架等选用及设计搭设方案和安全防护措施。

③ 高处作业的上下安全通道；建筑围挡封闭、安全网的架设措施方法。

④ 垂直运输设备、位置搭设要求、稳定性、安全装置。

⑤ 洞口及临边的防护方法和立体交叉施工作业区的隔离措施。

⑥ 场内运输道路及人行通道的布置。

⑦ 施工临时用电的组织设计和临时用电图。

⑧ 在建工程（包括脚手架）的外侧边缘与外电架空线路的间距没有达到最小安全距离的，应采取的防护。

⑨ 防火、防毒、防爆、防雷等安全。

⑩ 在建工程与周围人行通道及民房的防护隔离设施。

（2）特殊工程安全技术措施 对于结构复杂、危险性大、特性较多的特殊工程，应编制专项的安全措施。如爆破、起重吊装作业、沉箱、沉井、烟囱、水塔、各种特殊架设作业、脚手架工程、施工用电、基坑支护、模板工程、塔吊、物料提升机及其他垂直运输设备和拆除工程等均应编制专项的安全技术措施，要有设计依据，有计算、详图和文字要求。

（3）季节性施工安全技术措施 考虑不同季节的气候对施工生产带来的不安全因素，可能造成各种突发性事故，对季节性施工的工程，应从防护上、技术上、管理上采取的措施。一般工程可在施工组织设计或施工方案的安全技术措施中，编制季节性施工安全措施；危险性大、高温期长的建筑工程，应单独编制季节性的施工安全措施。季节性主要指夏季、雨季和冬季。季节性施工安全的主要内容具体如下。

① 夏季施工安全措施。夏季气候炎热，高温时间持续较长，主要是做好防暑降温工作。

② 雨季施工安全措施。雨季进行作业，主要做好防触电、防雷、防坍塌和防台风的工作。

③ 冬季施工安全措施。冬季进行作业，主要应做好防风、防火、防滑、防煤气等中毒的工作。

4. 贯彻执行安全技术措施要求

（1）经批准的安全技术措施具有技术法规的作用，必须认真贯彻执行。遇到因条件变化或考虑不周必须变更安全技术措施内容时，应由原编制、审批人员办理变更手续，否则不能擅自变更。

（2）工程开工前，由生产、技术负责人、编制人员将工程概况、施工方案和安全技术措施向参加施工的有关人员进行安全技术交底。每个单项工程开始前，应进行单项工程的安全技术措施交底，使执行者了解掌握交底内容，安全交底应有书面材料，以及双方的签字和交底日期。

（3）安全技术措施中的各种安全防护设施、装置的实施应列入施工任务单，责任落实到班组或个人，并实行验收制度。

（4）技术负责人、编制者和安全技术人员要经常深入工地，检查安全技术措施的实施情况，及时纠正违反安全技术措施的行为、问题，必要时要对其及时补充和修改，使之更加完善、有效。安全部门要以此措施为依据，以安全法规和各项安全规章制度为准则，经常性地对工地实施情况进行检查，并监督各项安全措施的落实。

（5）对安全技术措施的执行情况，除认真监督检查外，还应建立必要的与经济挂钩的奖罚制度。

第二节　施工现场不安全因素

一、事故潜在的不安全因素

事故潜在的不安全因素是造成人的伤害，物的损失的先决条件，各种人身伤害事故离不开物与人这两个因素。人身伤害事故就是人与物之间产生的一种意外现象。在人与物两个因素中，人的因素是最根本的，因为物的不安全状态隐含着人的因素。人的不安全行为和物的不安全状态，是造成绝大部分事故的两个潜在的不安全因素，通常也可称作事故隐患。

分析大量事故的原因得知，单纯不安全状态或单纯不安全行为导致的事故并不多，事故大多是由多种原因交织而形成的，是由人的不安全因素和物的不安全状态结合而引发的。

二、人的不安全因素

人的不安全因素，是指影响安全的人的因素。即指能够使系统发生故障或发生性能不良事件的人员个人的不安全因素和违背设计、安全要求的错误行为。人的不安全因素可分为个人的不安全因素和人的不安全行为两个大类。

（一）个人的不安全因素

个人的不安全因素是指人员的心理、生理、能力方面所具有不能适应工作、作业岗位要求的影响安全的因素。个人的不安全因素包括以下几个方面。

（1）心理上的不安全因素　指人在心理上具有影响安全的性格和情绪（如急躁、懒散、粗心等）。

（2）生理上的不安全因素　生理上存在的不安全因素大致有以下五个方面。

① 视觉、听觉等感觉器官不能适应工作、作业岗位要求的因素。

② 体能不能适应工作、作业岗位要求的因素。

③ 年龄不能适应工作、作业岗位要求的因素。

④ 有不适合工作、作业岗位要求的疾病。

⑤ 疲劳、酒醉等精神状态不好的情况。

（3）能力上的不安全因素　包括知识技能、应变能力、资格等不能适应工作和作业岗位要求的影响因素。

（二）人的不安全行为

人的不安全行为是指能造成事故的人为错误，即人为地使系统发生故障或发生性能不良事件，是违背设计和操作规程的错误行为。

人的不安全行为，就是指能造成事故的人的失误。

1. 不安全行为在施工现场的类型

按国标《企业职工伤亡事故分类标准》（GB 6441—86），可分为以下 13 个大类。

① 操作失误、忽视安全、忽视警告。

② 造成安全装置失效。

③ 使用不安全设备。

④ 手代替工具操作。

⑤ 物体存放不当。

⑥ 冒险进入危险场所。

⑦ 攀坐不安全位置。

⑧ 在起吊物下作业、停留。

⑨ 在机器运转时进行检查、维修、保养等工作。

⑩ 有分散注意力行为。

⑪ 没有正确使用个人防护用品。

⑫ 用具、装束不安全。

⑬ 对易燃易爆等危险物品处理错误。

2. 产生不安全行为的主要原因

① 系统、组织方面的原因。

② 思想、责任方面的原因。

③ 工作方面的原因。主要包括：工作知识的不足或工作方法不适当；技能不熟练、经验不充分或作业的速度不适当；工作不当，但又不遵守或不注意管理提示。

（三）必须重视和防止产生人的不安全因素

1999 年建设部颁发的《建筑施工安全检查标准》（JGJ 59—99）条文说明中指出："分析的事故中有 89％都不是因技术解决不了造成的，都是违章所致。由于没有安全技术措施，缺乏安全技术措施，不作安全技术交底，安全生产责任制不落实，违章指挥，违章作业造成的"。

《中国劳动统计年鉴》对近年来的企业伤亡事故原因（主要原因）进行比例排序：违反操作规程或劳动纪律的列居首位，占 11 项原因总统计量的 45％以上，如果加上教育培训不够、缺乏安全操作知识，对现场工作缺乏检查和指挥错误等不安全行为引发的事故，就占了全部事故统计量的 60％以上。而值得重视的是国有企业不安全行为造成的伤亡比例均值，大于城镇企业和其他企业。

以上资料表明，各种各样的伤亡事故，绝大多数是由人的不安全因素造成的，是在人的能力范围内可以预防的。

三、物的不安全状态

物的不安全状态是指能导致事故发生的物质条件，它包括机械设备等物质或环境存在的不安全因素，人们将此称为物的不安全状态或物的不安全条件，也有简称为不安全状态。

（一）物的不安全状态的内容

① 物（包括机器、设备、工具、物质等）本身存在的缺陷。

② 防护保险方面的缺陷；物的放置方法的缺陷；作业环境场所的缺陷；

③ 外部的和自然界的不安全状态。

④ 作业方法导致的物的不安全状态。

⑤ 保护器具信号、标志和个体防护用品的缺陷。

（二）物的不安全状态的类型

① 防护等装置缺乏或有缺陷。

② 设备、设施、工具、附件有缺陷。

③ 个人防护用品用具缺少或有缺陷。

④ 生产（施工）场地环境不良。

四、管理上的不安全因素

管理上的不安全因素，通常也可称为管理上的缺陷，它也是事故潜在的不安全因素，作为间接的原因共有以下几方面。

① 技术上的缺陷。

② 教育上的缺陷。

③ 生理上的缺陷。

④ 心理上的缺陷。

⑤ 管理工作上的缺陷。

⑥ 学校教育和社会、历史原因造成的缺陷。

第三节　安全教育与安全检查与评分

一、安全教育

（一）安全生产教育的基本要求

安全教育和培训要体现全面、全员、全过程。施工现场所有人均应接受过安全培训与教育，确保他们先接受安全教育懂得相应的安全知识后才能后上岗。建设部建质［2004］59号《建筑施工企业主要责任人、项目负责人和专职安全生产管理人员安全生产考核管理暂行规定》规定，建筑施工企业主要责任人、项目负责人和专职安全生产管理人员必须要经过建设行政主管部门或其他有关部门安全生产考核，考核合格取得建筑施工企业管理人员考核合格证书后方可担任相应职务，教育要做到经常性。根据工程项目的不同、工程进展和环境的不同，对所有人，尤其是施工现场的一线管理人员和工人实行动态的教育，做到经常化和制度化。教育的方式可采用板报、安全课、安全教育影视片资料等形式，但更重要的是必须认真落实班前安全教育活动和安全技术交底，通过日常的班前教育活动和安全技术交底，使工人掌握在施工中应注意的问题和措施，了解和掌握相关的安全知识。《建筑施工安全检查标准》（JGJ 59—99）对安全教育提出如下要求。

① 企业和项目部必须建立安全教育制度。

② 新工人必须进行三级安全教育。对公司新招收的合同制工人、新分配来的实习和代培人员，由公司进行一级安全教育；项目经理部进行二级安全教育；现场施工员及班组长进行三级安全教育。要求有安全教育的内容，时间及考核结果记录。公司和项目经理部教育的时间不得少于 15 学时，班组教育的时间不得少于 20 学时。

③ 安全教育要有具体的内容。

④ 工人变换工种时要进行安全教育。

⑤ 工人应掌握和了解本专业的安全规程和技能。

⑥ 施工管理人员应按规定进行年度培训。专职安全管理人员每年培训时间不得少于 40 学时，并考核合格后方可继续上岗。

⑦ 安全教育形式有广告宣传式、演讲式、会议讨论式、竞赛式、声像式、文艺演出式等。

（二）安全教育内容

（1）公司教育　公司级的安全培训教育时间不得少于 15 学时，主要内容如下。

① 国家和地方有关安全生产、劳动保护的方针、政策、法律、法规、规范、标准及规章；

② 企业及其上级部门（主管局、集团、总公司、办事处等）印发的安全管理规章制度；

③ 安全生产与劳动保护工作的目的、意义等。

（2）项目经理部教育　按规定，项目安全培训教育时间不得少于 15 学时。主要内容如下。

① 建设工程施工生产的特点，施工现场的一般安全管理规定、要求；

② 施工现场的主要事故类别，常见多发性事故的特点、规律及预防措施，事故教训等；

③ 本工程项目施工的基本情况（工程类型、施工阶段、作业特点等），施工中应当注意的安全事项。

（3）班组教育　按规定，班组安全培训教育时间不得少于 20 学时，班组教育又称岗位教育。主要内容如下。

① 本工种作业的安全技术操作要求；

② 本班组施工生产概况，包括工作性质、职责、范围等；

③ 本人及本班组在施工过程中，所使用、所遇到的各种生产设备、设施、电气设备、机械、工具的性能、作用、操作要求、安全防护要求；

④ 个人使用和保管的劳动防护用品的正确穿戴、使用方法及防护的基本原理与主要功能；

⑤ 发生伤亡事故或其他事故（如火灾、爆炸、设备管理事故等）时，应采取的措施（救助抢险、保护现场、报告事故等）要求。

二、安全检查与评分

（一）安全检查

1. 安全检查的目的

① 通过检查预知危险、清除危险，把伤亡事故频率和经济损失率降到低于社会容许的范围以及国际同行业先进水平。

② 通过安全检查对施工（生产）中存在的不安全因素进行预测、预报和预防。

③ 通过检查，发现施工中的不安全、不卫生问题，采取对策，消除不安全因素，保障安全。

④ 利用检查，进一步宣传、贯彻、落实安全生产方针、政策和各项安全生产规章制度。

⑤ 增强领导和群众安全意识，纠正违章指挥和违章作业，提高安全生产的自觉性和责任感。

⑥ 可以互相学习、总结经验、吸取教训、取长补短，有利于进一步促进安全生产工作。

⑦ 了解安全生产状态，为分析研究加强安全管理提供信息依据。

2. 安全检查的内容

安全检查内容主要是查思想、查制度、查机械设备、查安全设施、查安全教育培训、查操作行为、查劳保用品使用、查伤亡事故处理等。

3. 安全检查的主要形式

① 工地（项目）每周或每旬由主要负责人带队组织定期的安全大检查。

② 生产施工班组每天上班前由班组长和安全值日人员组织的班前安全检查。

③ 季节更换前应由安全生产管理小组和安全专职人员、安全值日人员等组织的季节劳动保护安全检查。

④ 由安全管理小组、职能部门人员、专职安全员和专业技术人员组成对电气、机械设备、脚手、登高设施等专项设施设备、高处作业、用电安全、消防保卫等进行专项安全

检查。

⑤ 由安全管理小组成员、安全专兼职人员和安全值日人员进行日常的安全检查。

⑥ 对塔式起重设备、井架、龙门架、脚手架、电气设备、吊篮、现浇混凝土模板及支撑等设施在搭设完成后进行安全验收、检查。

4. 安全检查的要求

① 应根据检查要求配备人员，特别是大范围、全面性安全检查，要明确检查负责人，抽调专业人员参加检查，并进行分工，明确检查内容、标准及要求。

② 每种安全检查都应有明确的检查目的和检查项目、内容及检查标准、重点、关键部位。对大面积或数量多的相同内容的项目可采取系统的观感和一定数量的测点相结合的检查方法。检查时尽量采用检测工具，用数据说话。对现场管理人员和操作工人不仅要检查是否有违章指挥和违章作业行为，还应进行"应知应会"的抽查，以便了解管理人员及操作工人的安全素质。

③ 检查记录要认真、详细，特别是对隐患的记录必须具体，如隐患的部位、危险性程度及处理意见等。采用安全检查评分表的，应记录每项扣分的原因。

④ 要尽可能认真地、全面地进行系统、定性、定量分析，进行安全评价。以利于受检单位根据安全评价研究对策，进行整改和加强管理，对检查出来的隐患进行处理。

⑤ 检查中发现的隐患应该进行登记，作为整改的备查依据，提供安全动态分析，根据隐患记录和分析结论，进行安全管理的决策。

⑥ 安全检查中应发布隐患整改通知书，引起整改单位重视。对凡是有即发性事故危险的隐患，检查人员应责令其停工，被查单位必须立即整改。

⑦ 对于违章指挥、违章作业行为，检查人员可以当场指出、进行纠正。

⑧ 被检查单位领导对查出的隐患，应立即组织制订整改方案，按照"三定"（即定人、定期限、定措施）原则，立即进行整改。

⑨ 整改工作应包括：隐患登记、整改、复查、销案。即整改完成后要及时通知有关部门，派员进行复查，经复查整改合格后，进行销案。

（二）安全检查的评分

为了科学地评价建筑施工安全生产情况，提高安全生产工作和文明施工的管理水平，预防伤亡事故的发生，确保职工的安全和健康，实现检查评价工作的标准化、规范化，我国制定《建筑施工安全检查标准》（JGJ 59—99），安全检查的评分主要依据本标准。

该标准适用于建筑施工企业及其主管部门对建筑施工安全工作的检查和评价。主管部门在考核工程项目和建筑施工企业的安全情况、评选先进、企业升级、项目经理资质时，都必须依本标准为考核依据。

1. 建筑施工安全检查的主要内容

原建设部委托有关部门，采用系统工程学的原理，将施工现场作为一个完整的系统，利用数理统计的方法，对五年来发生的职工因工死亡的810起事故的类别、原因、发生的部位等进行了统计分析，得到主要发生在高处坠落（占44.8%）、触电（占16.6%）、物体打击（占12%）、机械伤害（占7.2%）、坍塌事故（占6%）这五类事故占总数的86.6%。

根据统计分析的结果，将消除以上事故确定为整体系统的安全目标，将建筑施工安全检查集中在安全管理、文明施工、脚手架、基坑支护与模板工程、"三宝"利用（安全帽、安全带和安全网）及"四口"防护（通道口、预留洞口、楼梯口、电梯井口）、施工用电、物料提升机与外用电梯、塔吊、起重吊装和施工机具等十个方面。这些均为建筑施工中易发生伤亡事故的主要环节、部位和工艺。

为了便于操作和更加细化，建筑施工安全检查标准分别列出十七张检查评分表和建筑施工安全检查评分汇总表［建筑施工安全检查评分汇总表、安全管理检查评分表、文明施工检查评分表、落地式外脚手架检查评分表、悬挑式脚手架检查评分表、门型脚手架检查评分表、挂脚手架检查评分表、吊篮脚手架检查评分表、附着式脚手架（整体提升脚手架或爬架）、基坑支护检查评分表、模板工程检查评分表、"三宝"、"四口"防护检查评分表、施工用电检查评分表、物料提升机（龙门架、井字架）检查评分表、外用电梯（人货两用电梯）检查评分表、塔吊检查评分表、起重吊装检查评分表、施工机具检查评分表］。以检查评分表的形式用定量的方法，为安全评价提供了直观数字和综合评价标准。

分项检查评分表的结构形式分为两类，一类是自成整体的系统，如脚手架、施工用电等，列出的各检查项目间有内在的联系。按其结构重要程度的大小，对其系统的安全检查情况起到制约的作用，在这类检查评分表中，影响安全的关键项目列为保证项目，其他的项目列为一般检查项目。另一类是各检查项目之间无相互联系的逻辑关系，因此，没有列出保证项目，如"三宝"、"四口"防护和施工机具。

在安全管理、文明施工、脚手架、基坑支护、模板工程、施工用电、物料提升机与外用电梯、塔吊和起重吊装九项检查评分表中，设立了保证项目和一般项目，保证项目应是安全检查的重点和关键。列在保证项目中的项目对系统的安全情况，起着关键的作用，为了突出这些项目的地位，而制定了保证项目的评分原则。

2. 施工现场生产情况的评价

建筑施工安全检查评分，应以评分汇总表的总得分及保证项目达标与否，作为一个施工项目一个阶段的安全生产情况的评价依据。按评分汇总表的总分施工现场生产情况被评为优良、合格、不合格三个等级。

第四节　建筑施工现场伤亡事故及其预防

一、构成事故的主要原因

（一）事故发生的结构

事故的直接原因是物的不安全状态和人的不安全行为，事故间接原因是管理上的缺陷。事故发生的背景是客观上存在着事故的条件，若消除这些条件，事故是可以避免的。如已知的事故条件继续存在，就会发生同类同种事故。未知事故条件也存在可能性，这是伤亡事故的一大特点。

（二）潜在危害性的存在

人类的任何活动都具有潜在的危害，所谓危害性，并非一定会发展成为事故，但由于某些意外情况，它会使发生事故的可能性增加，在这种危害性中既存在着人的不安全行为，也存在着物质条件的缺陷。

事实上，重要的不仅是要知道潜在的危害，而且应了解存在危害性的劳动对象、生产工具、劳动产品、生产环境、工作过程、自然条件、人的劳动和行为。以此为基础，及时高效率地作出对任何潜在危害的预测。在特定的生产条件下，对消除不安全因素构成的危害具有根本意义。

二、安全生产的五条规律

1. 在一定的社会条件下生产的安全规律

这条规律的实质是，承认生产中的潜在危险，这为制订安全法规、制度、措施及其实施创造了原则上的可能性，这一安全规律的作用受到社会的基本经济规律的制约，在我国，安全生产和劳动保护是有组织、有系统的。应在有目的的活动中付诸实现。

2. 劳动条件适应人的特点的规律

人适应环境的可能性具有一定限度，这条规律则要求在策划、计划、组织劳动生产、构思新技术或设计新工艺、工序，以及解决其他任务时，必须树立以人为中心（即以人为本）的观点，必须以保证操作者能安全作业活动为出发点。要重点研究以人为主体的危险因素及其消除方法。

3. 不断地、有计划地改善劳动条件的规律

随着我国现代化建设和生产方式的完善，应努力消除和降低生产中的不安全、不卫生因素。这一规律是我国在社会主义条件下有计划、按比例地发展国民经济的具体体现。从国家、地方、行业乃至一个企业、一个工地，劳动条件应有所改善、好转，而不能有所恶化、倒退。劳动条件得不到改善而恶化、倒退，尤其是产生恶劣后果的是我国安全法规决不允许的。

4. 物质技术基础与劳动条件适应的规律

科学技术的进步可以从根本上改善劳动条件，但不能排除有新的、重要的危险因素的出现，或者有扩大其有害影响的可能性，如不重视这一规律，将导致新技术效果的下降。这一规律的实质是劳动条件的改善在时间上要与物质技术基础的发展阶段相适应。

5. 安全管理科学化的规律

事故防治科学是一门以经验为基础而建立起来的管理科学，经验是掌握客观事物所必需的。它是将个别的已经证明行之有效的经验加以科学总结，而形成的一门知识体系。安全的科学管理，其目的是以个人或集体作为一个系统，科学地探讨人的行为，排除妨碍完成安全生产任务的不安全因素，使之按计划地实现安全生产的目标。

安全生产的实现，必须建立在安全管理科学、有计划、目标明确、措施方法正确的基础上，因此，形成劳动安全计划指标是可能的，指标（目标）必须满足：现实对象明确、定量清楚，与客观条件相符，经济而有效，可以整体检查，并能显示以确保安全为目的的整体性。

三、伤亡事故预防原则

为了实现安全生产，预防伤亡事故的发生必须要有全面的综合性措施，实现系统安全，预防事故和控制受害程度的具体原则大致如下。

① 消除潜在危险的原则。

② 降低和控制潜在危险数值的原则。

③ 提高安全系数增加安全余量的坚固原则。

④ 闭锁原则（自动防止故障的互锁原则）。

⑤ 代替作业者的原则。

⑥ 屏障的原则。

⑦ 距离防护的原则。

⑧ 时间防护原则。

⑨ 薄弱环节的原则（损失最小化原则）。

⑩ 警告和禁止信息原则。

⑪ 个人防护原则。

⑫ 不予接近的原则。

⑬ 避难、生存和救护原则。

四、伤亡事故预防措施

伤亡事故预防措施，就是要消除人和物的不安全因素，实现作业行为和作业条件安全化。

（一）消除人的不安全行为，实现作业行为安全化

① 开展安全思想教育和安全规章制度教育。

② 进行安全知识岗位培训，提高职工的安全技术素质。

③ 推广安全标准化管理操作和安全确认制度活动，严格按安全操作规程和程序进行各项作业。

④ 加强重点要害设备、人员作业的安全管理和监控，搞好均衡生产。

⑤ 注意劳逸结合，使作业人员保持充沛的精力，从而避免产生不安全行为。

（二）消除物的不安全状态，实现作业条件安全化

① 采取新工艺、新技术、新设备，改善劳动条件。

② 加强安全技术的研究，采用安全防护装置，隔离危险部位。

③ 采用安全适用的个人防护用具。

④ 开展安全检查，及时发现和整改安全隐患。

⑤ 定期对作业条件（环境）进行安全评价，以便采取安全措施，保证符合作业的安全要求。

（三）实现安全措施必须加强安全管理

加强安全管理是实现安全措施的重要保证。建立、完善和严格执行安全生产规章制度，开展经常性的安全教育、岗位培训和安全竞赛活动，通过安全检查制定和落实防范措施等安全管理工作，是消除事故隐患，搞好事故预防的基础工作。因此，应当采取有力措施，加强安全施工管理，保障安全生产。

第五节　伤亡事故统计报告、调查及处理

一、伤亡事故统计报告

（一）工伤事故概念

《企业职工伤亡事故报告和处理规定》中规定：统计的因工伤亡是指职工在劳动过程中发生的伤亡。具体来说，就是在企业生产活动所涉及的区或内、在生产过程中、在生产时间内、与生产直接有关的伤亡事故及生产过程中存在的有害物质在短期内大量侵入人体，使职工工作中断并须进行急救的中毒事故，或虽不在生产和工作岗位上，但由于企业设备或劳动条件不良而引起的职工伤亡，都应该算作因工伤亡事故加以统计。

有些非生产性事故，如企业或上级机关举办的体育运动比赛时发生的伤亡事故，文艺宣传队在演出过程中摔伤等，虽不属"规定"统计范围，但应根据实际情况具体分析，可以按

劳动保险方面的规定，分别确定享受因工、比照因工或非因工待遇。

（二）伤亡事故的分类

企业职工发生伤亡一般分为两类，一是因工伤亡，即因生产（工作）而发生的；二是非因工伤亡，即与生产（工作）无关而造成伤亡的。

根据国务院 1991 年 3 月 1 日发布的《企业职工伤亡事故报告和处理规定》，职工在劳动过程中发生的人身伤害、急性中毒伤亡事故分为：轻伤、重伤、死亡、重大死亡事故。

建设部对工程建设过程中，事故发生后的程度不同，把重大事故划分为四个等级，其划分的标准如表 1-1 所示。

表 1-1　重大事故分类标准

类　　别	事　故　标　准		
	死亡人数/人	重伤人数/人	直接经济损失/万元
一级	≥30	—	＞300
二级	10～29	—	100～300
三级	3～9	≥20	30～100
四级	≤2	3～19	＜30

关于事故严重程度的分类无客观技术标准，主要是能适应行政管理的需要。主要作用是：为便于区分事故之间严重程度、组织事故调查和在事故处理过程中便于记录汇报；适应安全管理机构、监察机关管理权限。

按伤害程度的不同，伤亡事故分为轻伤事故、重伤事故、死亡事故和多人事故。根据《企业职工伤亡事故分类》（GB 6441—86）规定的伤亡事故"损失工作日"，轻伤是指损失工作日低于 105 天的失能伤害，重伤是指等于和超过 105 日的失能伤害。

（三）伤亡事故统计报告的目的

职工伤亡事故报告是安全管理的一项重要内容，对伤亡事故做调查分析、统计报告的目的具体如下。

① 及时反映企业安全生产状态，掌握事故情况，查明事故原因，分清责任，拟定改进措施，防止事故重复发生。

② 分析、比较各单位、各地区之间的安全工作情况，分析安全工作形势，为制定安全管理法规提供依据。

③ 事故资料是进行安全教育的宝贵资料，对生产、设计、科研工作也都有指导作用，为研究事故规律，消除隐患，保障安全，提供基础资料。

二、伤亡事故调查及处理

（1）事故的处理工作是在事故责任分析基础之上进行的。凡属上级领导或指挥有责任的，有以下几种特征，供调查人员特别是安全技术人员参考。

① 没有及时发出指令或指令错误；

② 工伤人员对规范或指令不理解；个人防护用品装备不全；

③ 误用或未提供安全工具或设备；

④ 装备、设施未进行作业前检查；

⑤ 作业方法或计划施工错误；

⑥ 仓促行事，万事默认。

（2）事故责任属于工伤人员或他人的，有以下几种特征。

① 急于抄近路；

② 个人防护用品已提供，但违章不用或不正确使用工具、设备、劳保用品；

③ 不遵守指令和操作规程；思想不集中或与他人打闹、嬉戏；

④ 技术不熟练，个人体质不良或操作时方法、体位不适当；

⑤ 由于他人的动作造成（配合不好）。

（3）属于设备、材料原因造成的事故，有以下几种特征（涉及领导和检查人员）。

① 机械设备的防护装置不牢或机械设备未加防护装置；

② 材料、工具、设备（包括机动车）有缺陷；

③ 机械设计上有缺陷或型号不对；

④ 送修的设备或材料不安全。

（4）另外还有几种情况，需进一步调查，以明确责任的，具体如下。

① 光线、通风设备不足；工作环境过分拥挤；

② 堆放或贮存材料不当；未提供紧急出口或出口不足；现场布局不合理；

③ 工具、设备、材料随意乱丢乱放；地面或事故地点太滑；

④ 由他人造成的不安全工作条件。

（5）必须严格执行国家提出的"三不放过"的原则，即事故没有分析清不放过，本人和群众没有受到教育不放过，没定出防范措施不放过。首先以思想教育为主，并对于那些玩忽职守、不负责任、严重官僚主义者视情节轻重，给以必要的处罚和经济制裁。情节严重者，送司法机关，以党纪国法论处。下列情况需严肃处理。

① 经常违反劳动纪律和安全操作规程、屡教不改，以致引起事故造成他人伤亡的。

② 无故随意拆除安全设备、设施。安全装置，以致造成重大伤亡的。

③ 违章、违纪，带头指挥违章作业，造成重大伤亡事故的。

④ 已发生过伤亡事故，仍未接受教训，有防范措施而不积极组织实施，造成同类伤亡事故的。

⑤ 已发现有明显的事故征兆，未及时采取措施消除事故隐患，以致发生重大伤亡事故的。

⑥ 工作严重不负责任或失职造成重大事故的。

（6）对事故责任者的处理如不能取得一致意见时，应将不同的意见报请上级有关部门审定。并在事故报告书签字时注明具体的保留意见。在有关部门和领导审定结束、确认后，向群众宣布调查处理结果，教育职工吸取血的教训。

第六节 安全事故的应急与救援

一、施工安全应急预案

（一）应急救援预案和建立应急救援组织的要求

2002年11月1日起实施的《中华人民共和国安全生产法》第十七条明确规定生产经营单位要制定并实施本单位的安全事故应急救援预案；第六十条也要求建筑施工单位应当建立应急救援组织，生产经营规模较小的也应当指定兼职的应急救援人员等。自2004年2月1日起实施的《建设工程安全管理条理》也规定施工单位应当根据建设工程施工的特点、范围，对施工现场易发生重大事故的部位、环节进行监控，制定施工现场安全生产安全事故应急救援预案，建立应急救援组织。建筑施工企业按照有关法规的要求编制应急救援预案和建立应急救援组织，使事故发生后，能及时进行救援，防止事故扩大，减少人员伤亡和财产损失。因此，编制应急救援预案和建立应急救援组织，不仅是国家有关法规的要求，也是企业实现安全生产目标建设和谐社会的要求。

（二）应急救援预案的内容

（1）基本原则与方针　制定"安全第一，预防为主"、安全责任重于泰山；优先保护人，优先保护贵重财产等。

（2）工程项目的基本情况

① 工程概况。

② 施工现场内及施工现场周边医疗设施及人员情况。

③ 施工现场内及施工现场周边消防、救助设施及人员情况。

（3）风险识别与评价　即分析可能发生的事故与影响。

（4）应急机构及职责分工

① 指挥机构、成员及其职责与分工。

② 应急专业组、成员及其职责与分工。

（5）报警信号与通信

① 有关部门、人员的联系电话或联系方式；各种救援电话。

② 施工现场报警联系地址及注意事项。

（6）事故的应急与救援

① 应急响应和解除程序。

② 事故的应急与救援措施

（7）有关规定和要求　如有关学习、救援训练、规章、纪律设施的保养维护等。

（8）有关常识　如常见事故的自救和急救常识等。

二、急救概念和急救步骤

（一）急救概念

现场急救，就是应用急救知识和最简单的急救技术进行现场初级救生，最大限度稳定伤病员的伤、病情、减少并发症，维持伤病员的最基本的生命体征，及时做好伤病员转送医院的工作，途中给予必需的监护，并将伤、病情，以及现场救治的经过，反映给接诊医生。现场急救是否及时和正确，关系到伤病员生命和创伤的结果，同时，现场急救工作又为下一步全面的医疗救治作了必要的处理和准备，提高一些危重伤病员的生存率。

（二）急救步骤

急救是对伤病员提供紧急的监护和救治，给伤病员以最大的生存机会，急救一定要遵循下述四个急救步骤。

（1）调查事故现场　调查时要确保对你、伤病员或其他人无任何危险，迅速使伤病员脱离危险场所，尤其在工地、工厂大型事故现场。

（2）初步检查伤病员　判断神志、气道、呼吸循环是否有问题，必要时立即进行现场急救和监护，使伤病员保持呼吸道通畅，视情况采取有效的止血、止痛、防止休克、包扎伤口等措施，固定、保存好断离的器官或组织，预防感染。

（3）呼救　应请人去呼叫救护车，你可继续施救，一直要坚持到救护人员或其他施救者到达现场接替为止。此时你还应反映伤病员的伤病情和简单的救治过程。

（4）二次检查　如果没有发现危及伤病员的体征，可作第二次检查，以免遗漏其他损伤、骨折和病变。这样有利于现场施行必要的急救和稳定病情，降低并发症和伤残率。

三、施工现场安全应急处理

（一）施工现场的火灾急救

1. 火灾急救

施工现场发生火灾事故时，应立即了解起火部位及燃烧的物质，拨打119向消防部门报警同时组织撤离和扑救。

在消防部门到达前，对易引燃、易爆的物质采取正确有效的隔离。如切断电源，撤离火场内的人员和周围易燃易爆物及一切贵重物品，根据火场情况，机动灵活地选择灭火用具。

在扑救现场，应行动统一，如火势扩大，一般扑救不可能时，应及时组织撤退扑救人员，避免不必要的伤亡。

扑救火灾可单独采用破坏燃烧三条件（即可燃物、助燃物、火源）中的任意一条件的灭火方法（冷却法、窒息法、隔离法、化学中断法）进行扑救，也可几种同时采用。在扑救的同时要注意周围情况，防止中毒、倒塌、坠落、触电、物体打击，避免二次事故的发生。

在灭火后，应保护现场，以便日后调查起火原因。

2. 火灾现场自救注意事项

① 救火人应注意自我防护，使用灭火器材救火时应站在上风位置，以防因烈火、浓烟熏烤而受到伤害。

② 火灾袭来时要迅速疏散逃生，不要贪恋财物。

③ 必须穿越浓烟逃走时，应尽量用浸湿的衣物披裹身体，用湿毛巾或湿布捂住口鼻，并贴近地面爬行。

④ 身上着火时，可就地打滚，或用厚重衣物覆盖压灭火苗。

⑤ 大火封门无法逃生时，可用浸湿的被褥衣物等堵塞门缝，泼水降温，呼救待援。

3. 烧伤人员现场救治

在出事现场，立即采取急救措施，使伤员尽快与致伤因素脱离接触，以免继续伤害深层组织。

① 伤员身上燃烧着的衣服一时难以脱下时，可让伤员躺在地上滚动，或用水扑灭火焰。切勿奔跑或用手拍打，以免助长火势，防止手的烧伤。如附近有河沟或水池，可让伤员跳入水中，如为肢体烧伤则可把肢体直接浸入冷水中灭火。

② 用清洁包布覆盖伤面做简单包扎，避免创面被污染。自己不要随便把水痘弄破，更不要在创面上涂任何有刺激性的液体或不清洁的粉和油剂。因为这样既不能减轻疼痛，相反增加了感染机会，并为进一步创面处理增加了困难。

③ 伤员口渴时可给适量饮水或含盐饮料

④ 经现场处理后的伤员要迅速转送医院救治，转送过程中要注意观察伤员的呼吸、脉搏、血压等的变化。

（二）严重创伤出血伤员的现场救治

创伤性出血现场救治是根据现场现实条件及时地、正确地采取暂时性的止血，清洁包扎，固定和运送等方面的措施。

（三）急性中毒的现场抢救

急性中毒是指在短时间内，人体接触、吸入、食入毒物，大量毒物进入人体后，突然发生的病变，是威胁生命的急症。在施工现场如一旦发生，应争取尽快确诊，并迅速给予紧急的处理。积极而因地制宜、分秒必争地给予妥善的现场处理和及时转送医院。这对提高中毒人员的抢救成活率，十分重要。

急性中毒现场救治原则是：不论是轻度还是严重中毒人员，不论是自救还是互救、外来救护工作，均应设法尽快使中毒人员脱离中毒现场、中毒物源，排除吸收的和未吸收的毒物；根据中毒的不同途径，采取相应措施进行救治。

四、施工现场的应急处理设备和设施

（一）应急电话

1. 电话通讯在事故应急处理中的作用

通讯保障在施工工地是不可缺少的，通讯畅通是确保施工顺利的必要条件。在安全生产方面应急处理电话、通讯的畅通和正确使用，对事故的及时急救、控制事故的严重程度具有很大的作用。发生事故和情况向远程有关单位部门发报救电话；工伤事故现场重病人抢救报救拨打120救护电话；火警、火灾事故报救拨打119火警电话；发生抢劫、偷盗、斗殴等情况拨打匪警电话110；煤气管道设备急修，自来水报修、供电报修，以及向上级单位汇报情况争取支持，都可以通过电话通讯达到方便快捷的目的。

2. 保证电话在事故发生时能应用和畅通

工地应安装电话装置，没有条件安装电话的工地应配置移动电话。电话可安装于办公室、值班室、警卫室内。在室外附近张贴119电话的安全提示标志，在应急时快捷地拨打电话报警呼救。电话一般应放在室内临现场通道的窗扇附近，以便节假日、夜间等，房内无人、上锁，有紧急情况无法开锁时击碎窗玻璃，就可向有关部门、单位、人员拨打电话报警呼救。电话机旁应张贴常用紧急急用查询电话及工地主要负责人和上级单位的联络电话。

3. 电话报救须知

① 电话报救应说明伤情（病情、火情、案情）和已经采取了些什么措施，好让救护人员事先做好急救的准备。

② 讲清楚伤者（事故）在什么地方，什么路几号、什么路口、附近有什么特征。

③ 说明报救者单位（或事故地）及报救者个人的电话，以便救护车（消防车、警车）找不到所报地方时，随时用电话通讯联系。打完报救电话后，应询问接报人员还有什么问题不清楚，如无问题才能挂断电话，通完电话后，应派人在现场外等候接应救护车，同时把救护车进工地现场的路上障碍及时给予清除，以利救护到达后，能及时进行抢救。

（二）急救箱

急救箱的配备应以简单和适用为原则，保证现场急救的基本需要，并可根据不同情况予以增减，定期检查补充，确保随时可供急救使用。急救箱使用注意事项如下。

① 有专人保管，但不要上锁。

② 定期更换超过消毒期的敷料和过期药品，每次急救后要及时补充。

③ 放置要有一定的合适位置，使现场人员知道。

（三）其他应急设备和设施

由于在现场经常会出现一些不安全情况，甚至发生事故，由于采光和照明情况不好，在

应急处理时就需配备有应急照明，如可充电灯、电筒、油灯等设备。

由于现场有危险情况，在应急处理时就需有用于危险区域隔离的警戒带、安全禁止、警告、指令、提示标志牌。有时为了安全逃生、救生需要，最好还能配置安全带、安全绳、担架等专用应急设备和设施工具。

第七节　安全法律法规简介

法律规范是国家制定或认可，并以国家强制力保证其实施的一种行为规范。我国涉及安全的法律法规是由国务院、原建设部制定和颁布实施的。它包括安全生产法规和安全技术规范两大类。本节将重点讲述《建筑法》、《安全生产法》、《安全生产许可条例》、《安全生产管理条例》等法律、法规的作用。

安全生产法规，是指国家颁布的关于改善劳动条件，实现安全生产，为保护劳动者在生产过程中的安全和健康而制定的各种法律、法规、规章和规范性文件的总和，是必须执行的法律规范。法律规范一般可分为技术规范和社会规范两大类。技术规范，是指人们关于合理利用自然力、生产工具、交通工具和劳动对象的行为准则。比如：操作规程、标准、规程等。社会规范，是指调整人与人之间社会关系的行为准则。

安全技术规范，是强制性的标准。因为违反规范、规程造成事故，往往会给个人和社会带来严重危害。为了有利于维护社会秩序、企业生产秩序和工作秩序，把遵守安全技术规范确定为法律义务，有时把它直接规定在法律文件中，使之具有法律规范性质。

此外，企业的规章制度是为了保证国家的法律实施和加强企业内部管理、进行正常而有秩序的生产和经营活动而制定的措施和办法。企业的规章制度有两个特点，一是制定时必须服从国家的法律；二是本企业职工必须遵守。

一、安全法规的作用和主要内容

（一）安全法规的作用

安全生产法规，是国家法律规范中的一个组成部分，是生产实践中的经验总结和对自然规律的认识和运用，其主要任务是调整社会主义建设过程中人与人之间和人与自然之间的关系，保障职工在生产过程中的安全和健康，提高企业经济效益，促进生产发展。

安全生产法规，是通过法律形式规定了人们在生产过程中的行为规范，具有普遍的约束力和强制性。每个单位（机关、企业）和每个人都必须严格遵守，认真执行。企业单位领导必须按照安全法规，改善劳动条件，采取行之有效的措施，创造安全生产条件，履行对劳动者应尽的义务，保证劳动者的安全和健康。每个劳动者也必须遵守劳动纪律，自觉执行安全生产规章制度和操作规程，进行安全生产。只有这样才能维护正常的生产秩序，防止伤亡事故的发生，特别是在当今现代化的施工生产中，由于新技术、新工艺、新机械的普遍应用以及新的产业和新企业的产生，对树立安全法制观念，加强安全法规的实施，显得尤为重要。安全法规的作用可以归纳如下。

① 安全法规是贯彻安全生产方针、政策的有效保障。

② 安全法规是保护劳动者安全和健康的重要手段。

③ 安全法规是实现安全生产的技术保证。

（二）安全法规的主要内容

根据我国安全生产劳动保护和安全管理监督工作的实践和经验教训，借鉴国外先进经验，现行安全法规的内容主要有以下几个方面。

① 关于安全技术和劳动卫生的法规。

② 关于工作时间的法规。

③ 关于女工等实行特别保护的法规。

④ 关于安全生产的体制和管理制度的法规。

⑤ 关于劳动安全和劳动卫生监督管理制度的法规。

国家有关安全生产的法律包括《中华人民共和国宪法》、《中华人民共和国刑法》、《中华人民共和国建筑法》

二、国务院有关法规简介

1. "三大规程"

"三大规程"也叫"三大法规"。它包括《工厂安全卫生规程》、《建筑安装工程安全技术规程》、《工人职员伤亡事故报告规程》。这三个规程都是 1956 年由国务院颁布实施的。

《工厂安全卫生规程》主要对工厂企业从厂院、通道、设备布置、安全装置、材料和成品堆放到生活设施等有关工厂的安全卫生，作出了一系列规定。

《建筑安装工程安全技术规程》共分九章一百一十二条。分为总则、施工的一般安全要求、施工现场、脚手架、土石方工程、机电设备和安装、拆除工程、防护用品、附则。对建筑安装工程施工安全管理、主要安全技术措施、施工现场安全要求等作了一系列规定。由于科学技术的发展，新的施工方法不断出现，对于这些新的施工方法的安全要求，规程中还存在缺欠，有待于进一步总结和补充。

《工人职员伤亡事故报告规程》是关于伤亡事故的统计、上报、调查、处理的详细规定。沿用至 1991 年 5 月 1 日。后由国务院发布的第 75 号令《企业职工伤亡事故报告和处理规定》替代。

2. "五项规定"

《关于加强企业生产中安全工作的几项规定》是国务院 1963 年 3 月 30 日发布的"五项规定"。它的五项主要内容有：安全生产责任制、安全技术措施计划、安全生产教育、安全生产检查、伤亡事故调查处理。"规定"明确提出了"管生产必须管安全"的原则和做到"五同时"，即在计划、布置、检查、总结、评比生产的同时要计划、布置、检查、总结、评比安全工作。

3. 国务院发布 [1993] 50 号文《关于加强安全生产工作的通知》

该通知针对重大、特大恶性事故及相当严重的职业危害的问题指出：各地区、各有关部门和单位的领导同志，应充分认识加强安全生产工作的重要意义，进一步增强搞好安全生产的责任感和紧迫感；要加强领导，扎扎实实地贯彻"安全第一，预防为主"的方针，努力抓好安全生产管理责任制和各项法规、制度及措施的落实；在发展社会主义市场经济过程中，各有关部门和单位要强化搞好安全生产的职责，实行企业负责、行业管理、国家监察和群众监督的安全生产管理制度；要进一步做好事故的调查处理工作，事故发生后立即严肃认真地查处，对因忽视安全工作，违章违纪造成事故的必须坚决追究领导人员和当事人的责任；强调了对伤亡事故和职业病处理必须坚持"四不放过"原则，即事故原因不清不放过，事故责任者和群众没有受到教育不放过，没有防范措施不放过，事故的责任者没有受到处理不放过。

"通知"还对安全生产宣传教育和培训工作提出了要求。

4. 国务院国发 [1984] 97 号文件《关于加强防尘防毒工作的决定》

该决定中指出：继续贯彻执行国务院批转的原国家劳动总局、卫生部关于加强厂矿企业防尘防毒工作的报告（国发［1997］100 号文件）的精神，每年在企业提取固定资产更新改造资金中，要根据实际情况拿出一部分资金用于改善工人的劳动条件。如资金仍不敷需要，企业可以从税后留利或利润留成等自筹资金中补充一部分。

三、建设部有关安全生产文件

1. 《建筑安装工人安全技术操作规程》［1980］建工劳字第 24 号文

该规程于 1980 年 6 月 1 日实施。该规程分土木建筑、设备安装、机械施工三大部分，共四十章八百三十二条。主要内容有安全技术设施标准、安全技术操作标准、设备安全装置标准、施工组织管理及安全技术一般要求等五个方面。

2. 《关于加强劳动保护工作的决定》［81］建工劳字第 208 号文

该决定中提出了施工安全"十项措施"，具体如下。

① 按规定使用"三宝"。

② 机械设备的防护装置一定要齐全。

③ 塔吊等起重设备必须有限位保险装置，不准"带病"运转，不准超负荷作业，不准在运转中维修保养。

④ 架设电线线路必须符合当地电业局的规定，电气设备必须全部接地或接零。

⑤ 电动机械或电动手持工具，要设置漏电掉闸装置。

⑥ 脚手架材料或脚手架搭设必须符合规程要求。

⑦ 各种缆风绳及其设置必须符合规程要求。

⑧ 在建工程的楼梯口、电梯井口、预留洞口、通道口，必须有防护措施。

⑨ 严禁赤脚或穿高跟鞋、拖鞋进入施工现场，高处作业不准穿硬底和带钉易滑的鞋靴。

⑩ 施工现场的悬崖、陡坎等危险地区应有警戒标志，夜间要设红灯示警。

3. 《施工现场临时用电安全技术规范》（JGJ 46—2005）

该规范明确规定了施工现场临时用电、施工组织设计的编制、专业人员、技术档案管理要求；接地与防雷、实行 TN-S 三相五线制接零保护系统的要求；外电路防护和配电线路、配电箱及开关箱、电动建筑机械及手持电动工具、照明等方面的安全管理及安全技术措施的要求。

4. 《建筑施工高处作业安全技术规范》（JGJ 80—91）

该规范于 1992 年 8 月 1 日实施。它对高处作业的安全技术措施及其所需料具，施工前的安全技术教育及交底，人身防护用品的落实，上岗人员的专业培训考试持证上岗和体格检查，作业环境和气象条件，临边、洞口、攀登、悬空作业，操作平台与交叉作业的安全防护设施的搭拆（包括临时移动），以及主要受力杆件的计算、安全防护设施的验收都作出了规定。

5. 《龙门架及井架物料提升机安全技术规范》（JGJ 88—92）

该规范于 1993 年 8 月 1 日实施。其规定：安装提升机架体人员，应按高处作业人员的要求、经过培训持证上岗，使用单位应根据提升机的类型制订操作规程，建立管理制度及检修制度；应配备经正式考试合格持有操作证的专职司机；提升机应具有相应的安全防护装置并满足其要求。该"规范"还对电气设备及电器元件的选用、绝缘及接地电阻、控制装置及电动机等作出具体规定，此外还规定：安装与拆除作业前，应根据现场工作条件及设备情况编制作业方案。对使用与管理方面的要求也有比较详细的规定。

6. 《建筑施工安全检查标准》（JGJ 59—1999）

该新标准于 1990 年 5 月 1 日实施。该新标准采用安全系统工程原理，结合建筑施工伤亡事故规律，依据国家有关法律法规、标准和规程以及按照 167 号国际劳工公约《施工安全和卫生公约》的要求，增设了文明施工、基坑支护、模板工程、外用电梯和起重吊装等五部分检查评分表，使检查评分标准由原来的七大类五十四项，增加到十大类一百五十八项。加强了提高安全生产和文明施工的管理水平，预防伤亡事故的发生，确保职工的安全和健康。

该新标准适用于建筑施工企业及其主管部门对建筑施工安全工作的检查和评价。

该新标准还对一些检查评分表的检查项目和内容作了调整和增补。主要有以下几点。

（1）安全管理检查评分表中增设了目标管理检查项目　规定施工现场要实行目标管理，制定总的安全目标（如伤亡事故控制目标、安全达标、文明施工），年、月都要制定达标计划，进行目标分解到人，责任落实、考核到人。在安全生产责任制项目中增设各工种安全技术操作规程，按规定配备的专（兼）职安全员和管理人员，责任制考核检查评分内容，强调了安全生产责任制的落实和安全监督管理人员的落实。

（2）在施工组织设计检查项目中规定专业性较强的项目要单独编制专项安全施工组织设计　主要指脚手架工程、施工用电、基坑支护、模板工程、起重吊装作业、塔吊、物料提升机及其他垂直运输设备。

（3）在安全教育检查项目中规定安全教育要有制度　施工管理人员要按规定进行安全培训，专职安全员每年集中培训 40 学时，经考试合格方能上岗。

（4）在施工用电评分表中新增加内容　具体包括①必须采用 TN-S 接零保护系统且使用五芯电缆；②严格做到"三级配电，两级保护"；③以上熔断器严禁用铜丝，应用合适的铜熔片；④严格做到"一机、一闸、一漏、一箱"；⑤各个用电设备或电动工具必须按时定期进行绝缘电阻测试，并记录存档。

7. 原建设部第 13 号令《建筑安全生产监督管理规定》

该规定于 1991 年 7 月 9 日实施。该规定指出：建筑安全生产监督管理，应当根据"管生产必须管安全"的原则，贯彻"预防为主"的方针，依靠科学管理和技术进步，推动建筑安全生产工作的开展，控制人身伤亡事故的发生。该规定明确了各级建设行政主管部门的安全生产监督管理工作的内容和职责。

8. 原建设部第 15 号令《建设工程施工现场管理规定》

该规定于 1992 年 1 月 1 日实施。该规定指出：建设工程开工实行施工许可证制度；规定了施工现场实行封闭式管理、文明施工；任何单位和个人，要进入施工现场开展工作，必须经主管部门的同意。"规定"还对施工现场的环境保护工作提出了明确的要求。

9. 原建设部第 48 号令《建筑企业资质管理规定》

该规定于 1995 年 1 月 15 日实施。该规定明确规定：由于企业经营管理不善造成三级或两起以上（含两起）四级工程建设重大事故的，要缩小其相关的承包工程范围；情节严重的，可降低一个资质等级。"规定"还在企业年度资质检查条款中指出：企业的资质条件与所定资质差距较大，或过去一年内发生过三级以上工程建设重大事故，或发生过两起以上（含两起）四级工程建设重大事故，或发生过重大违法行为的，均为"不合格"。把安全工作纳入企业资质的动态管理工作中。

思 考 题

1. 建筑产业有哪几大特点？
2. 简述施工现场安全生产管理的任务。

3. 什么是安全生产责任制?

4. 简述安全检查的内容。

5. 施工现场人的不安全行为有哪些?

6. 产生不安全行为的主要原因是什么?

7. 在施工中管理上的不安全因素有哪些?

8. 简述安全生产的五条规律。

9. 简述伤亡事故预防措施。

10. 简述工伤事故的概念及其分类。

11. 简述伤亡事故统计报告的目的。

12. 什么是现场急救? 包括哪几个步骤?

13. 安全法规的作用有哪些?

第二章　土石方工程

学习目标

　　本章主要讲述土方工程、边坡支护工程、降排水工程等施工安全技术管理与计算以及计算机安全计算辅助软件的操作等相关内容。通过本章的学习，能够熟悉、了解和掌握土方工程施工安全技术知识以及计算方法。

基本要求

　　1. 了解土方施工、边坡支护工程、降排水工程施工等安全技术管理的基本理论和相关知识。

　　2. 熟悉土方施工、边坡支护工程、降排水工程施工的一般安全要求以及计算机软件的基本功能和操作要点。

　　3. 掌握土方施工、边坡支护工程、降排水工程施工等基本安全措施，掌握土方边坡稳定的计算方法和步骤以及边坡支护工程计算机软件的操作。

第一节　土方施工安全技术

　　任何建筑物或构筑物，都是从土石方开始施工的。土石方工程施工一般包括：场地平整、基坑（槽）、路基及一些特殊土工构筑物等的开挖、回填、压实等几项内容。除上述内容外，当建筑物基坑（槽）土方开挖涉及土壁稳定时，常采用放坡来保证土壁稳定，若无法放坡，则采用土壁支撑的方式保证土壁稳定。当地下水位高于基坑（槽）底时，还应考虑施工降排水问题。

　　土方工程施工的安全问题，突出表现在土方边坡稳定方面。本节将重点讲述土方开挖施工的边坡稳定、土壁支撑以及施工降排水等涉及的安全问题。

一、一般安全要求

　　① 施工前，应对施工区域内存在的各种障碍物，如建筑物、道路、沟渠、管线、防空洞、旧基础、坟墓、树木等，进行拆除、清理或迁移，并在施工前妥善处理，确保施工安全。

　　② 大型土方和开挖较深的基坑工程，施工前要认真研究整个施工区域和施工场地内的工程地质和水文资料、邻近建筑物或构筑物的质量和分布状况、挖土和弃土要求、施工环境及气候条件等，编制专项施工组织设计（方案），制定有针对性的安全技术措施，严禁盲目施工。

　　③ 山区施工，应事先了解当地地形地貌、地质构造、地层岩性、水文地质等，如因土石方施工可能产生滑坡时，应采取可靠的安全技术措施。

　　在陡峻山坡脚下施工，应事先检查山坡坡面情况，如有危岩、孤石、崩塌体、古滑坡体等不稳定迹象时，应妥善处理后，才能施工。

④ 施工机械进入施工现场所经过的道路、桥梁和卸车设备等，应事先做好检查和必要的加宽、加固工作。开工前应做好施工场地内机械运行的道路，开辟适当的工作面，以利安全施工。

⑤ 土方开挖前，应会同有关单位对附近已有建筑物或构筑物、道路、管线等进行检查和鉴定，对可能受开挖和降水影响的邻近建（构）筑物、管线，应制定相应的安全技术措施，并在整个施工期间，加强沉降、位移和开裂等情况的监测，发现问题应与设计或建设单位协商采取防护措施，并及时处理。

相邻基坑深浅不等时，一般应按先深后浅的顺序施工，否则应分析后施工的深坑对先施工的浅坑可能产生的危害，并采取必要的保护措施。

⑥ 基坑开挖工程应验算边坡或基坑的稳定性，并注意由于土体内应力场的变化和淤泥土的塑性流动而导致周围土体向基坑开挖方向位移，使基坑邻近建筑物等产生相应的位移和下沉。验算时应考虑地面堆载、地表积水和邻近建筑物的影响等不利因素，决定是否需要支护，选择合理的支护形式。在基坑开挖期间应加强监测。

⑦ 在饱和黏性土、粉土的施工现场不得边打桩边开挖基坑，应待桩全部打完并间歇一段时间后再开挖，以免影响边坡或基坑的稳定性并应防止开挖基坑可能引起的基坑内外的桩产生过大位移、倾斜或断裂。

⑧ 基坑开挖后应及时修筑基础，不得长期暴露。基础施工完毕，应抓紧基坑回填。回填基坑时，必须先清除基坑中不符合要求的杂物。再对称回填，分层夯实。

⑨ 基坑开挖深度超过 9m 或地下室超过二层（深度＜9m，但地质条件和周围环境复杂时），在施工过程中要加强监测，施工方案必须由单位总工程师审定，报企业上一级主管部门备查。

⑩ 基坑深度超过 14m、地下室为三层或三层以上、地质条件和周围特别复杂及工程影响重大时，有关设计和施工方案，施工单位要协同建设单位组织评审后，报市建设行政主管部门备案。

⑪ 夜间施工时，应合理安排施工项目，防止挖方超挖或铺填超厚。施工现场应根据需要安设照明设施，在危险地段应设置红灯警示。

⑫ 土方工程、基坑工程在施工过程中，如发现有文物、古迹遗址或化石等，应立即保护现场和报请有关部门处理。

⑬ 挖土方前对周围环境要认真检查，不能在危险岩石或建筑物下面进行作业。

⑭ 人工开挖时，两人操作间距应保持 2～3m，自上而下挖掘，严禁采用掏洞的挖掘方法。

⑮ 上下坑沟应先挖好阶梯或设木梯，不应踩踏土壁及其支撑上下。

⑯ 用挖土机施工时，挖土机的工作范围内，不得有人进行其他工作，多台机械开挖，挖土机间距大于 10m，挖土要自上而下，逐层进行，严禁先挖坡脚的危险作业。

⑰ 基坑开挖应严格按要求放坡，操作时应随时注意边坡的稳定情况，如发现有裂纹或部分塌落现象，要及时进行支撑或改缓放坡，并注意支撑的稳固和边坡的变化。

⑱ 机械挖土，多台阶同时开挖土方时，应验算边坡的稳定，根据规定和验算确定挖土机离边坡的安全距离；深基坑四周设防护栏杆，人员上下要有专用爬梯。

⑲ 运土道路的坡度、转弯半径要符合有关安全规定。

⑳ 土石方爆破要遵守爆破作业安全有关规定。

二、基坑（槽）边坡的稳定性

（一）土方边坡及其表示

在土方开挖或填筑地面以上土方（路堤等）施工时，为了防止塌方，保证施工安全和填筑物的稳定，土方应作成一定坡度，这个坡度被称作土方边坡，俗称放坡。如图 2-1 所示。

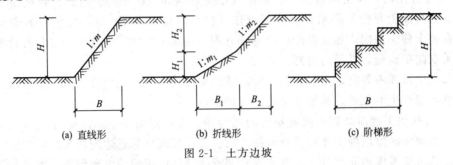

(a) 直线形　　　　　　(b) 折线形　　　　　　(c) 阶梯形

图 2-1　土方边坡

土方边坡按形状分为直线形、折线形和阶梯形三种；按留置时间分为临时和永久边坡两种。

土方边坡坡度以其高度 H 与底宽度 B 之比表示，如图 2-1 所示。即：

$$土方边坡坡度 = \frac{H}{B} = \frac{H/H}{B/H} = 1 : \frac{B}{H} = 1 : m \ (m = B/H \ 称作边坡系数)$$

土方边坡的留设应考虑土质、开挖方法、开挖深度、施工工期、地下水位、坡顶荷载以及气候条件等诸多因素。临时性挖方的边坡值应符合表 2-1 的规定。

表 2-1　临时性挖方的边坡值

土 的 类 别		边坡值(高：宽)
砂土(不包括细砂、粉砂)		1：1.25～1：1.50
一般性黏土	硬	1：0.75～1：1.00
	硬、塑	1：1.00～1：1.25
	软	1：1.50 或更缓
碎石类土	充填坚硬、硬塑黏性土	1：0.50～1：1.00
	充填砂地土	1：1.00～1：1.50

注：1. 设计有要求时，应符合设计标准。

2. 如采用降水或其他加固措施，可不受本表限制，但应计算复核。

3. 开挖深度，对软土不应超过 4cm，对硬土不应超过 8cm。

（二）土方边坡稳定分析

土方边坡失稳一般是指土坡在一定范围内整体地沿某一滑动面滑动的现象。如图 2-2

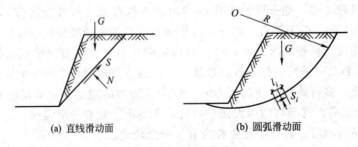

(a) 直线滑动面　　　　　　(b) 圆弧滑动面

图 2-2　土坡的滑动

所示。

边坡失稳往往是在外界不利因素影响下触发和加剧的。这些外界不利因素往往导致土体剪应力增加或抗剪强度降低。土体中的抗剪强度是来源于土体内摩阻力和内聚力。因此，凡是能影响土体中剪应力——内摩阻力和内聚力的，都能影响边坡的稳定。

土体下滑在土体中产生剪应力，引起下滑力增加的因素主要有：坡顶堆物、行车等荷载；雨水或地面水渗入土中使土的含水量提高，自重增加；地下水的渗流产生一定的动水压力；土体竖向裂缝中的积水产生侧向静水压力等。引起土壤抗剪强度降低的因素主要是：气候的影响使土质松软；土体内含水量增加而产生润滑作用；饱和的细砂、粉砂受震动而液化等。

在土方施工中，要预估各种可能出现的情况，采取必要的措施护坡防坍，特别要注意及时排除雨水、地面水，防止坡顶集中堆荷及振动。必要时可采用钢丝网细石混凝土（或砂浆）护坡面层。如是永久性土方边坡，则应做好永久性加固措施。

三、滑坡与边坡塌方的分析处理

（一）滑坡的产生和防治

1. 滑坡的产生

① 震动的影响，如工程中采用大爆破而触发滑坡。

② 水的作用，多数滑坡的发生都是与水的参数有关，水的作用能增大土体重量，降低土的抗剪强度和内聚力，产生静水和动水压力，因此，滑坡多发生在雨季。

③ 土体（或岩体）本身层理发达，破碎严重，或内部夹有软泥或软弱层受水浸或震动滑坡。

④ 土层下岩层或夹层倾斜度较大，上表面堆土或堆材料较多，增加了土体重量，致使土体与夹层间，土体与岩石之间的抗剪强度降低而引起滑坡。

⑤ 不合理的开挖或加荷，如在开挖坡脚或在山坡上加荷过大，破坏原有的平衡而产生滑坡。

⑥ 如路堤、土坝筑于尚未稳定的古滑坡体上，或是易滑动的土层上，使重心改变产生滑坡。

2. 滑坡的防治

（1）使边坡有足够的坡度做成台阶形，使中间具有数个台阶，并应尽量将土坡削成较平缓的坡度或平台以增加稳定。土质不同时，可按不同土质削成不同坡度，一般可使坡度角小于土的内摩擦角。

（2）排水方面的措施具体如下。

① 将滑坡范围以外的地表水设置多道环形截水沟，使水不流入滑坡区域以内。

② 为迅速排出在滑坡范围以内的地表水和减少下渗，应修设排水系统缩短地表水流经的距离，主沟与滑坡方向一致，并铺砌防渗层，支沟一般与滑坡方向成 $30°\sim45°$ 角。

③ 妥善处理生产、生活、施工用水，严防水的浸入。

④ 对于滑坡体内的地下水，则应采取疏干和引出的原则，可在坡体内修筑地下渗沟，沟底应在滑动面以下，主沟应与滑坡方向一致。

（3）对于施工地段或危及建筑安全的地段设置抗滑结构，如抗滑柱、抗滑挡墙、锚杆挡墙等。这些结构物的基础底必须设置在滑动面以下的稳定土层或基岩中。

（4）将不稳定的陡坡部分削去，减轻滑坡体重量，减少滑坡体的下滑力，达到滑体的静力平衡。

（5）严禁随意切割滑坡体的坡脚，同时也切忌在坡体被动区挖土。

（二）边坡塌方的防治

1. 边坡塌方的发生

① 由于边坡太陡，土体本身的稳定性不够而发生塌方。

② 气候干燥，基坑暴露时间长，使土质松软或黏土中的夹层因浸水而产生润滑作用，以及饱和的细砂、粉砂因受震动而液化等原因引起土体内抗剪强度降低而发生塌方。

③ 边坡顶面附近有动荷载或下雨使土体含水量增加，导致土体自重增加和水在土中渗流产生一定的动水压力，以及土体裂缝中的水产生静水压力等原因，引起土体剪应力的增加而产生塌方。

2. 边坡塌方的防治

① 开挖基坑（槽）时，若因场地限制，不能放坡或放坡后所增加的土方量太大，为防止边坡塌方，可采用设置挡土支撑的方法。

② 严格控制坡顶护道内的静荷载或较大的动荷载；防止地表水流入坑槽内和渗入土坡体。

③ 对开挖深度大、施工时间长、坑边要停放机械等，应按规定的允许坡度适当的放平缓些，当基坑（槽）附近有主要建筑物时，基坑边坡的最大坡度为 1∶1～1∶1.5。

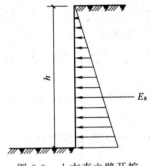

图 2-3　土方直立壁开挖深度计算简图

四、土方边坡的计算

本书依据品茗施工安全设施计算软件——浅基坑计算模块中的"土方边坡计算"方法编写而成，它包括：土方直立壁开挖深度计算和基坑安全边坡计算两种。

（一）土方直立壁开挖深度计算

土方直立壁开挖深度计算是指在计算条件一定的情况下，在保证土壁稳定的情况下，计算不放坡挖土的最大深度。

1. 计算简图（如图 2-3）

2. 计算公式

$$h_{\max} = \frac{2c}{k\gamma\tan\left(45° - \dfrac{\varphi}{2}\right)} - \frac{q}{\gamma} \tag{2-1}$$

式中　$h_{\max}$——土方最大直壁开挖高度；

　　　γ——坑壁土的重度，kN/m^3；

　　　φ——坑壁土的内摩擦角，（°）；

　　　c——坑壁土黏聚力，kN/m^2；

　　　k——安全系数（一般取 1.25）。

【例 2-1】 某工程坑壁土的类型为黏土，土的重度 $\gamma = 18.00 kN/m^3$，土的内摩擦角 $\varphi = 37.5°$，土的黏聚力 $c = 10.0 kN/m^2$，坑顶护道上均布荷载 $q = 4.5 kN/m^2$，试计算该基坑不放坡挖土的最大深度，$h_{\max}$。

解　已知 $\gamma = 18.00 kN/m^3$，$\varphi = 37.5°$，$c = 10.0 kN/m^2$，$q = 4.5 kN/m^2$，由公式（2-1）得：

$$h_{\max}=(2\times10)/[1.25\times18\times\tan(45°-37.5°/2)]-4.5/18=1.55\ (\text{m})$$

即，基坑不放坡开挖的最大深度为1.55m。

（二）基坑安全边坡计算

基坑安全边坡计算是在挖土深度和其他计算条件一定的前提下，计算土方挖土时放坡的坡度，或放坡坡度和其他计算条件一定的前提下，计算挖土深度。该计算又分为缓坡计算和陡坡计算。

1. 计算简图（如图2-4）

2. 计算公式

$$h=\frac{2c\sin\theta\cos\varphi}{\gamma\sin^2\left(\dfrac{\theta-\varphi}{2}\right)}\qquad(2\text{-}2)$$

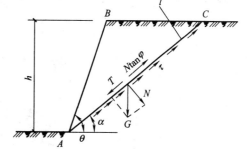

图2-4　基坑安全边坡计算简图

式中　θ——土方边坡角度，(°)；

h——土方开挖深度，m；

γ——坑壁土的重度，kN/m³；

φ——坑壁土的内摩擦角，(°)；

c——坑壁土黏聚力，kN/m²。

注：在实际计算中，已知挖土深度及其他计算条件，手工计算放坡坡度较为复杂，需要复杂的三角函数计算，建议采用软件计算。

【**例2-2**】　某工程基坑，坑壁土类型为黏土，土的重度 $\gamma=18\text{kN/m}^3$，土的内摩擦角 $\varphi=20°$，坑壁土黏聚力 $c=10\text{kN/m}^2$，坑顶护道上均布荷载 $q=4.5\text{kN/m}^2$，$\theta=60°$，试计算确定基坑土方开挖深度 h。

解　已知 $\gamma=18\text{kN/m}^3$，$\varphi=20°$，$c=10.0\text{kN/m}^2$，$q=4.5\text{kN/m}^2$，$\theta=60°$，由公式 (2-2) 得：

$$h=\frac{2\times10\sin60°\cos20°}{18\sin^2\left(\dfrac{60°-20°}{2}\right)}=7.72\ (\text{m})$$

即，基坑开挖的深度为7.72m。

【**例2-3**】　某工程基坑，坑壁土为黏土；坑壁土的重度 $\gamma=18\text{kN/m}^3$，坑壁土的内摩擦角 $\varphi=20°$，坑壁土黏聚力 $c=10\text{kN/m}^2$，坑顶护道上均布荷载 $q=4.5\text{kN/m}^2$，$h=6.5\text{m}$，试计算确定基坑土方开挖放坡坡度。

解　已知 $\gamma=18\text{kN/m}^3$，$\varphi=20°$，$c=10\text{kN/m}^2$，$q=4.5\ (\text{kN/m}^2)$，$h=6.5\text{m}$，由公式 (2-2) 得：

$$6.5=\frac{2\times10\sin60°\cos20°}{18\sin^2\left(\dfrac{\theta-20°}{2}\right)}$$

解得：$\sin\theta=0.906$，$\theta=65°$，则放坡坡度为 1：$\tan\theta=1$：$\tan65°=1$：0.5

即，基坑放坡坡度为 1：0.5。

五、计算机软件操作简介

本小节主要介绍品茗施工安全设施计算——浅基坑计算模块中的"土方边坡计算"的基本操作方法，建议安排学生进行上机练习。

1. 进入计算界面

在图2-5中，双击"浅基坑计算"图标。

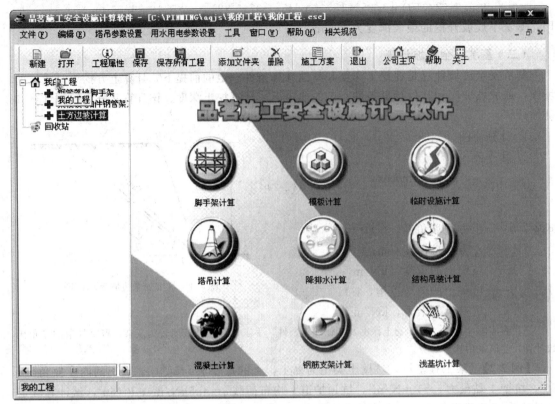

图 2-5 品茗施工安全设施计算软件主界面

注：当双击"浅基坑计算"图标后，在界面的左侧"我的工程"中，添加"土方边坡计算"项，也可在"我的工程"中单击鼠标右键，在弹出的快捷菜单中选择"新建文件夹"，在新建文件夹内，将"土方边坡计算"项，放在文件夹内。

2. 在图 2-6 中，选择"土方边坡计算"，按【确定】按钮

3. 在图 2-7 中，选择"土方直立壁开挖深度计算"或"基坑安全边坡计算"选项。

4. 若选择"土方直立壁开挖深度计算"，在上图中根据地质报告提供的相关资料，选择坑壁土类型；输入土的重度、内摩擦角、黏聚力；若坑顶护道有荷载，选择并输入荷载值；单击【生成计算书】按钮，系统自动完成计算，并提供计算结果和计算书。

5. 若选择"基坑安全边坡计算"选项，应按图 2-8 进行操作。

注：该界面与图 2-7，部分计算依据有所不同，它提供了"缓坡计算"和"陡坡计算"两种选项，此外有"开挖深度"输入框，即该软件提供的是，在开挖深度一定时，计算土方边坡坡度。在该界面中的操作与"土方直立壁开挖深度计算"操作相同，在此不再赘述。

"缓坡计算"和"陡坡计算"的区别，是 θ 角度的大小加以区别，当 $\theta < \varphi$ 时为缓坡，此时 c 值越大，允许的边坡高度越高；$\theta > \varphi$ 时为陡坡，

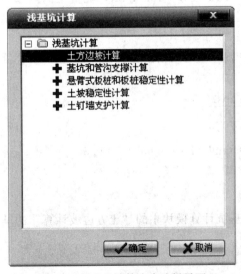

图 2-6 浅基坑计算内容选择界面

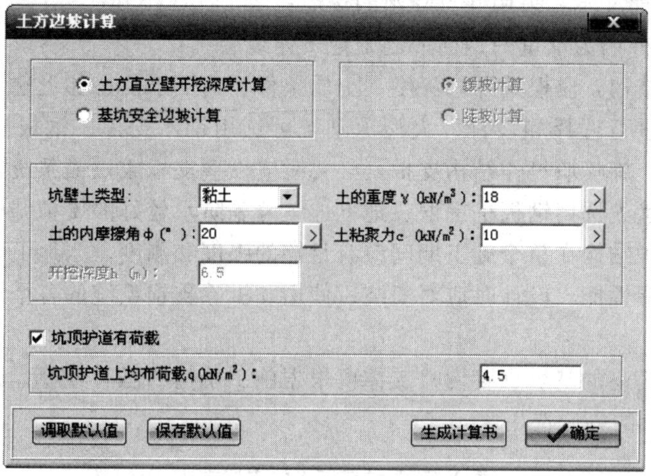

图 2-7 土方边坡计算对话框（一）

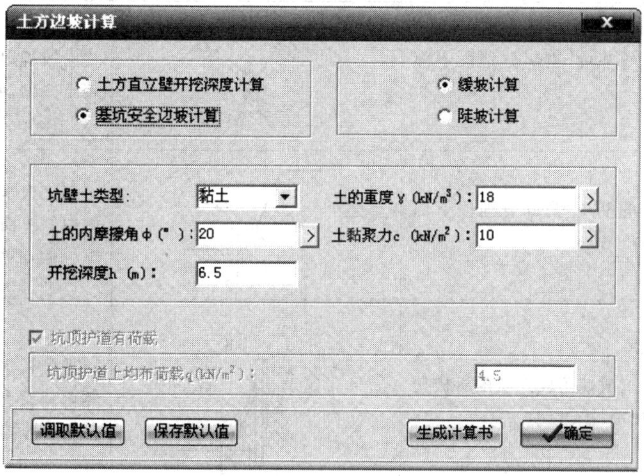

图 2-8 土方边坡计算对话框（二）

此时 θ 越小，允许坡高越大。

第二节 边 坡 支 护

基坑工程是工程建设的重要组成部分。基坑工程的设计与施工，必须确保基坑、支护结构和主体结构基础的安全以及邻近建筑物、构筑物、地下管线等不受损害。

边坡支护方式已由传统方式朝着更深、更广的方面发展，有的不仅仅是支护作用，还承担着止水的作用，有的支护工程既是有支护作用，又有止水作用，还是结构构件，有着多种用途。

一、基坑支护的安全要求

（1）基坑开挖遇有下列情况之一时，应设置坑壁支护结构。

① 因放坡开挖工程量过大而不符合技术经济要求；

② 因附近有建（构）筑物而不能放坡开挖；

③ 边坡处于容易丧失稳定的松散土或饱和软土；

④ 地下水丰富而又不宜采用井点降水的场地；

⑤ 地下结构的外墙为承重的钢筋混凝土地下连续墙。

（2）基坑支护结构，应根据开挖深度、土质条件、地下水位、邻近建（构）筑物、施工环境和方法等情况进行选择和设计。大型深基坑可选用钢木支撑、钢板桩围堰、地下连续墙、排桩式挡土墙、旋喷墙等作结构支护，必要时应设置支撑或拉锚系统予以加强。在地下水丰富的场地，宜优先选用钢板桩围堰、地下连续墙等防水较好的支护结构。

（3）基坑的支护结构在整个施工期间应有足够的强度和刚度，当地下水位较高时，尚应具有良好的隔水防漏性能。设计时应对安装、使用和拆除支锚系统的各个不同阶段进行相应的验算。

（4）对一般较简易的基坑（管沟）支护可根据施工单位的已有经验，因地制宜地加以设计，也可参照表 2-2 的方法选用。

表 2-2　基坑或管沟的支撑方法

支撑名称	使　用　范　围	支撑简图	支撑方法说明
临时挡土墙支撑	开挖宽度大的基坑，当部分地段下部放坡不足		沿坡脚用砖、石叠砌成或用草袋装土叠砌，使坡脚保持稳定
短桩横隔支撑	开挖宽度大的基坑，当部分地段下部放坡不足		挡土板水平顶在桩的内侧，桩外侧由斜撑支牢，斜撑的底端只顶在撑桩上，然后在挡土板内测回填土
斜柱支撑	开挖较大基坑或使用较大型的机械挖土，而不能采用锚拉支撑时		挡土板水平顶在桩的内侧，桩外侧由斜撑支牢，斜撑的底端顶在撑桩上，然后在挡土板内测回填土
锚拉支撑	开挖较大基坑和使用大型的机械挖土，而不能安装横撑时		挡土板水平顶在桩的内侧，桩一端打入土中，另一端用拉杆与远处锚桩拉紧，挡土板内侧回填土
间断式水平支撑	能保持直立壁的干土或天然湿度的黏土类的土，深度在2m以内		两侧挡土板水平放置，用撑木将木楔顶紧，挖一层土支顶一层
断续式水平支撑	挖掘湿度小的黏性土及挖土深度小于3m时		挡土板水平放置，中间留出间隔，然后两侧同时对称立上竖楞木，再用工具式横撑上下顶紧

续表

支撑名称	使 用 范 围	支撑简图	支撑方法说明
连续式水平支撑	挖掘较潮湿的或散粒的土及挖土深度<5m时		挡土板水平放置,相互靠紧,不留间隔,然后两侧同时对称立上竖楞木,上下各顶一根撑木,端头用木楔顶紧
连续式垂直支撑	挖掘松散或湿度很高的土(挖土深度不限)		挡土板垂直放置,每侧上下各水平放置楞木一根,用撑木和木楔顶紧
混凝土钢筋混凝土支护	天然湿度的黏土类土中,地下水较少,地面荷载较大,深度6~30m的圆形结构护壁或人工挖孔桩护壁用		每挖深1m,支模板,绑钢筋,浇一节混凝土护壁,再挖深1m拆上节模板,支下节,再浇下节混凝土,循环作业直至设计深度,钢筋用搭接或焊接,浇灌口用砂浆堵塞
钢构架支护	在软弱土层中开挖较大、较深基坑,而不能用一般支护方法时		在开挖的基坑周围打板桩,在柱位置上打入暂设的钢柱,在基坑中挖土,每下挖3~4m,装上一层幅度很宽的构架式横撑,挖土在钢构架网格中进行
挡土护坡桩支撑	开挖较大、较深>6m基坑,邻近有建筑物,不允许支撑有较大变形		开挖基坑的周围,用钻机钻孔,灌注钢筋混凝土桩,待达到强度后,在中间用机械或人工挖土,下挖1m左右,装上横撑,在桩背面已挖沟槽内拉上锚杆,并将它固定在预先灌注的锚桩上拉紧,再继续挖土至设计深度。在桩中间上方挖成向外拱形。使其起土拱作用,如邻近有建筑物,不能设锚拉杆,采取加密桩距或加大桩径处理
挡土护坡桩与锚杆结合支撑	大型较深基坑开挖,邻近有高层建筑,不允许支护有较大变形		桩混凝土达到强度后,沿桩垂直挖土,挖到一定深度,安装横撑,锚杆钻机打孔,孔内放锚杆,水泥压力灌浆,达到强度后,拉紧固定,再挖土直至设计深度。如设2层锚杆,可挖一层土,装设一层锚杆

续表

支撑名称	使 用 范 围	支撑简图	支撑方法说明
地下连续墙锚杆支护	开挖较大、深＞10m 的大型基坑，周围有高层建筑物，不允许支撑有较大变形，采用机械挖土，不允许内部有支撑时		在开挖基坑的周围，先建造地下连续墙，在墙中间用机械开挖土方，至锚杆部位，用锚杆钻机在要求位置锚孔，放入锚杆，进行灌浆，待达到设计强度，装上锚具，然后继续下挖至设计深度，如设有 2～3 层锚杆，每挖一层装一层锚杆，采用快凝混凝土灌浆
地下连续墙支护	开挖较大较深，周围有建筑物、公路的基坑，作为符合结构的一部分；或用于高层建筑的逆作法施工，作为结构的地下室外墙		在基坑周围，先建造地下连续墙，待混凝土达到强度后，在连续墙中间挖土，直至要求深度。跨度、深度不大时，连续墙刚度满足要求，可不设内部支撑。高层建筑地下室逆作法施工，每下挖一层，把下一层梁板、柱浇筑完成，以此作为连续墙的水平框架支撑，如此循环作业，直到地下室的底层全部挖完土，浇灌完成

注：1—水平挡土板；2—垂直挡土板；3—竖楞木；4—横楞木；5—撑木；6—工具式横撑；7—木楔；8—柱桩；9—锚桩；10—拉杆；11—斜撑；12—撑桩；13—回填土；14—装土草袋；15—土层锚杆；16—混凝土护壁；17—钻孔灌注钢筋混凝土桩；18—钢板桩；19—钢横撑；20—钢撑；21—钢筋混凝土地下连续墙

（5）采用钢（木）坑壁支撑时，应随挖随撑。坑壁支撑宜选用正式材料，支撑应采用松木或杉木，不宜采用杂木条。随着土压力的增加，支撑结构将发生变形，应经常检查，如有松动、变形应及时进行加固或更换。加固方法可用三角木楔打紧受力较小的横撑，或增加立木及横撑等。

（6）钢（木）支撑的拆除，应按回填次序进行。多层支撑应自下而上逐层拆除，随拆随填。拆除支撑时，应防止附近建筑物和构筑物等产生下沉和破坏，必要时采取加固措施。

（7）采用钢（木）板桩、钢筋混凝土预制桩或灌注桩作坑壁支撑时，应符合下列要求。

① 应尽量减少打桩时产生的振动和噪声对邻近建筑物、构筑物、仪器设备和城市环境的影响；

② 桩的制作、运输、打桩或灌注桩的施工安全要求应按有关要求执行；

③ 当土质较差，开挖后土可能从桩间挤出时，宜采用啮合式板桩；

④ 在桩附近挖土时，应防止桩身受到损伤；

⑤ 采用钢筋混凝土灌注桩时，应在桩的混凝土强度达到设计强度等级后，方可挖土；

⑥ 拔除桩后的孔穴应及时回填和夯实。

（8）采用钢（木）板桩、钢筋混凝土桩作坑壁支撑并加设锚杆时，应符合下列要求。

① 锚杆宜选用螺纹钢筋，使用前应清除油污和浮锈，以增强黏结的握裹力和防止发生意外；

② 锚固段应设置在稳定性较好的土层或岩层中，长度应大于或等于计算规定；

③ 钻孔时不得损坏已有的管沟、电缆等地下埋设物；

④ 施工前应作抗拔试验，测定锚杆的抗拔拉力，验证可靠后，方可施工；

⑤ 锚固段应用水泥砂浆灌注密实；应经常检查锚头紧固和锚杆周围的土质情况。

（9）采用排桩式挡土墙作基坑的支护结构时，一般可选用钢筋混凝土预制方桩或板桩、钻（冲）孔灌注桩、大直径沉管灌注桩等桩型，其中桩型选择、桩身直径、入土深度、混凝土强度等级和配筋、排桩布置形式以及是否需要设置支锚系统等应由有经验的工程技术人员设计，并按照有关桩基础施工的规定进行施工，保证施工质量和安全。当用灌注桩作排桩式挡土墙时，宜按间隔跳打（钻）的次序进行施工。

（10）采用钢板桩围堰作深基坑支护结构时，其中钢板类型的选择、桩长、桩尖持力层、导架、围檩支撑或锚拉系统必须在施工前提出设计施工的整体方案，并经系统的设计计算，以确保钢板桩围堰结构在各个施工阶段具有足够的强度、刚度、稳定性和防水性。

（11）采用钢筋混凝土地下连续墙作基坑支护结构时，其支撑系统以及施工方法，应在结构设计阶段或施工组织设计阶段提出系统的方案。支撑系统一般可采用钢或钢筋混凝土构件支撑、地下结构本身的梁板系统支撑（逆作法或半逆作法）以及土（岩）锚杆等。当开挖深度不大时，可采用不设支撑系统的自立式地下连续墙。

（12）采用旋喷或定喷防渗墙作基坑支护时，应事先提出施工方案，施工安全应符合下列要求。

① 施钻前，应对地下埋设的管线调查清楚，以防地下管线受损发生事故。

② 高压液体和压缩机管道的耐久性应符合要求，管道连接应牢固可靠，防止软管破裂、接头断开，导致浆液飞溅和软管甩出的伤人事故。

③ 操作人员必须戴防护眼镜，防止浆液射入眼睛内。如有浆液射入眼睛时，必须进行充分冲洗，并及时到医院治疗；使用高压泵前，应对安全阀进行检查和测定，运行必须安全可靠。

④ 电动机运转正常后，方可开动钻机，钻机操作必须专人负责。

⑤ 接、卸钻杆应在插好垫叉后进行，并应防止钻杆落入孔内。

⑥ 应有防止高压水或高压浆液从风管中倒流进入储气罐的安全措施。

⑦ 施工完毕或下班后，必须将机具、管道冲洗干净。

（13）采用锚杆喷射混凝土作深基坑支护结构时，其施工安全和防尘措施，应符合下列要求。

① 施工前，应认真进行技术交底，应认真检查和处理锚喷支护作业区的危石。施工中应明确分工，统一指挥。

② 施工机具应设置在安全地带，各种设备应处于完好状态，张拉设备应牢靠，张拉时应采取防范措施，防止夹具飞出伤人。机械设备的运转部位应有安全防护装置。

③ 在Ⅳ、Ⅴ类围岩中进行锚喷支护施工时，应遵守下列要求。

a. 锚喷支护必须紧跟工作面；

b. 应先喷后锚，喷射混凝土厚度不应小于 50mm；喷射作业中，应有专人随时观察围岩变化情况；锚杆施工宜在喷射混凝土终凝 3h 后进行。

④ 施工中，应定期检查电源电路和设备的电器部件；电器设备应设接地、接零，并由持证人员安装操作，电缆、电线必须架空，严格遵守《施工现场临时用电安全技术规范》（JGJ 46—88）中的有关规定，确保用电安全。

⑤ 锚杆钻机应安设安全可靠的反力装置。在有地下承压水地层中钻进，孔口必须安设可靠的防喷装置，一旦发生漏水、涌沙时能及时堵住孔口。

⑥ 喷射机、水箱、风包、注浆罐等应进行密封性能和耐压试验，合格后方可使用。喷射混凝土施工作业中，要经常检查出料弯头、输料管、注浆管和管路接头等有无磨薄、击穿

或松脱等现象，发现问题，应及时处理。

⑦ 处理机械故障时，必须使设备断电、停风。向施工设备送电、送风前，应通知有关人员。

⑧ 喷射作业中处理堵管时，应将输料管顺直，必须紧按喷头防止摆动伤人，疏通管路的工作风压不得超 0.4MPa；喷射混凝土施工用的工作台应牢固可靠，并应设置安全护栏。

⑨ 向锚杆孔注浆时，注浆罐内应保持一定数量的砂浆，以防罐体放空，砂浆喷出伤人。

⑩ 非操作人员不得进入正在进行施工的作业区。施工中，喷头和注浆管前方严禁站人。

⑪ 施工前操作人员的皮肤应避免与速凝剂、树脂胶泥直接接触，严禁树脂胶接触明火。

⑫ 钢纤维喷射混凝土施工中，应采取措施，防止钢钎维扎伤操作人员。

⑬ 检验锚杆锚固力应遵守下列要求。

a. 拉力计必须固定可靠；拉拔锚杆时，拉力计前方和下方严禁站人。

b. 锚杆杆端一旦出现缩颈时，应及时卸荷。

⑭ 预应力锚索的施工安全应遵守下列要求。

a. 张拉锚索时，孔口前方严禁站人；拱部或边墙进行锚索施工时，其下方严禁进行其他作业。

b. 对穿型预应力锚索施工时，应有联络装置，作业中应密切联系。

c. 封孔水泥砂浆未达到设计强度的 70%时，不得在锚索端部悬挂重物或碰撞外锚具。

⑮ 锚喷支护施工中，宜采取下列方法减少粉尘浓度。

a. 在保证顺利喷射的条件下，增加骨料含水量。

b. 在距喷头 3～4m 处增加一个水环，用双水环加水；在喷射机或混合搅拌处，设置集尘器。

c. 在粉尘浓度较高地段，设置除尘水幕；加强作业区的局部通风。

⑯ 锚喷作业区的粉尘浓度不应大于 10mg/m³。施工中应按"测定喷射混凝土粉尘的技术要求"测定粉尘浓度。测定次数，每半个月不得少于一次。

⑰ 喷射混凝土时，作业人员宜采用电动送风防尘口罩、防尘帽、压风呼吸器等防护用具。

(14) 换、移支撑时，应先设新支撑，然后再拆旧支撑。支撑的拆除应按回填顺序进行。多层支撑应自下而上逐层拆除，随拆随填。拆除支护结构时，应密切注视附近建（构）筑物的变形情况，必要时应采取加固措施。

二、基坑支护的观测

（一）观测内容

① 挡土结构顶部的水平位移和沉降；挡土结构墙体变形的观测。

② 支撑立柱的沉降观测；周围建（构）筑物、道路的沉降观测和地下管线的变形观测。

③ 坑外地下水位的变化观测。

（二）监测要求

① 基坑开挖前应作出系统的开挖监控方案，监控方案应包括监控目的、监控项目、监控报警值、监控方法及精度要求、检测周期、工序管理和记录制度以及信息反馈系统等。

② 监控点的布置应满足监控要求。以基坑边线以外一到两倍开挖深度范围内的物体应作为保护对象。

③ 监测项目在基坑开挖前应测得始值，且不应少于两次。基坑监测项目的监控报警值应根据监测对象的有关规范及护结构设计要求确定。

④ 各项监测的时间可根据工程施工进度确定。当变形超过允许值，变化速率较大时，应加密观测次数。当有事故征兆时应连续监测。

⑤ 基坑开挖监测过程中应根据设计要求提供阶段性监测结果报告。工程结束时应提交完整的监测报告，报告内容应包括：工程概况、监测项目、各监测点的平面和立面布置图、采用的仪器设备、监测方法、监测数据的处理方法、监测结果过程曲线、监测结果评价等。

三、基坑（槽）和管沟支撑及计算

（一）常见支撑种类及施工安全要点

基坑（槽）和管沟支撑是在基坑（槽）或管沟的侧壁水平或垂直设置挡板，采用水平杆件进行支撑的支撑方式，这种方式不仅适用于较狭窄的基坑（槽）和管沟，也适用于大型基坑土壁的支撑。

1. 基坑（槽）和管沟支撑的种类

（1）间断式　两侧挡土板间隔水平放置，如图 2-9（a），用撑木将木楔顶紧，挖一层土支一层。

（2）断续式　挡土板水平放置，中间留出间隔，如图 2-9（b），然后两侧同时对称立上竖楞木，再用工具式横撑上下顶紧。

（3）连续水平式　挡土板水平放置，相互靠紧，不留间隔，如图 2-9（c），然后两侧同时对称立上竖楞木，上下各顶一根撑木，端头用木楔顶紧。

（4）连续垂直式　挡土板垂直放置，如图 2-9（d），然后每侧上下各水平放置楞木一根用撑木顶紧，再用木楔顶紧。

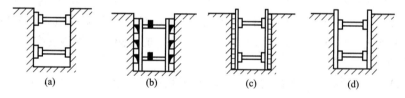

(a)　　　　　(b)　　　　　(c)　　　　　(d)

图 2-9　基坑（槽）和管沟支撑示意图

（5）混凝土钢筋混凝土支护　每挖深 1m，支模板，绑钢筋，浇一节混凝土护壁，再挖深 1m，拆上节模板，支下节，再浇下节混凝土，循环作业直至设计深度，钢筋用搭接或焊接，浇灌口用砂浆堵塞。如图 2-10（a）。

注：图 2-9 和图 2-10 中的标注号详见本章表 2-2 基坑和管沟的支撑方法中的注释。

（6）钢构架支护　在开挖的基坑周围打板桩，在建筑柱位置上打入暂设的钢柱，在基坑中挖土，每下挖 3～4m，装上一层幅度很宽的构架式横撑，挖土在钢构架网格中进行。如图 2-10（b）。

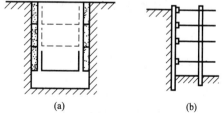

(a)　　　　　　(b)

图 2-10　基坑（槽）和管沟支撑示意图

2. 施工安全要点

① 在基坑或沟槽开挖时，常因受场地的限制不能放坡，或放坡后增加土方量很大，可设支撑，既可保证施工需要，又可保证安全。选择支撑结构需按表 2-3。

② 一般支撑都应进行设计计算，并绘制施工详图，比较浅的基坑（槽）或管沟，若确有成熟可靠的经验，可根据经验绘制简明的施工图，在运用已有经验时，一定要考虑土壁土

表 2-3　支撑结构表

土质情况	基坑(槽)或管沟深度	支撑方法
天然含水量黏性土	3m 以内	不连续支撑
	3～5m	连续支撑
松散的和含水量较高的黏性土	不论深度如何	连续支撑
松散的和含水量较高的黏性土,地下水很多且有带走土粒的危险	不论深度如何	用板桩支撑

注：1. 深度大于 5m 者，应根据设计而定。

2. 基坑宽度较大，横撑自由度过大而稳定性不定时，可采用锚碇式支撑。

的类别、基坑深度、土的干湿程度、基槽边荷载以及支撑材料和做法是否和经验做法相同或近似，不能生搬硬套已有的经验。

③ 施工中经常检查支撑和观测邻近建筑物稳定与变形情况。如发现支撑有松动、变形、位移等现象，应及时采取加固措施。

④ 坑壁支撑选用木材时，要选坚实、无枯节、无穿心裂折的松木或杉木，不宜用杂木。木支撑要随挖随撑，并严密顶紧牢固，不能整个挖好后最后一次支撑。

⑤ 支撑的拆除应按回填顺序依次进行，多层支撑应自下而上拆除，拆除一层，经回填夯实后，再拆除上层。拆除支撑时应注意防止附近建筑物或构筑物产生下沉或裂缝，必要时采取加固措施。

（二）连续水平板式支撑的计算

连续水平板式支撑的构造为：挡土板水平连续放置，不留间隙，然后两侧同时对称立竖楞木（立柱），上、下各顶一根横撑木，端头加木楔顶紧。这种支撑适于较松散的干土或天然湿度的黏土类土、地下水很少，深度为 3～5m 的基坑（槽）和管沟支撑。

1. 计算简图

如图 2-11（a）所示，水平挡土板与梁的作用相同，承受土的水平压力的作用，设土与挡土板间的摩擦力不计，则深度 h 处的主动土压力强度 p_a 为：

$$p_a = \gamma h \tan^2 \left(45° - \frac{\varphi}{2} \right) \tag{2-3}$$

式中　γ——坑壁土的平均重度，$\gamma = \dfrac{\gamma_1 h_1 + \gamma_2 h_2 + \gamma_3 h_3}{h_1 + h_2 + h_3}$，$kN/m^3$；

　　　h——基坑（槽）深度，m；

　　　φ——坑壁土的平均内摩擦角，$\varphi = \dfrac{\varphi_1 h_1 + \varphi_2 h_2 + \varphi_3 h_3}{h_1 + h_2 + h_3}$，(°)。

2. 挡土板计算

挡土板厚度按受力最大的下面一块板计算。设深度 h 处的挡土板宽度为 b。则主动土压力作用在该挡土板上的荷载 $q_1 = p_a b$。

当挡土板视作简支梁，如立柱间距为 L 时，则挡土板承受的最大弯矩为：

$$M_{max} = \frac{q_1 L^2}{8} = \frac{p_a b L^2}{8} \tag{2-4}$$

所需木挡板的截面矩 W 为：

$$W = \frac{M_{max}}{f_m} \tag{2-5}$$

式中　f_m——木材的抗弯强度设计值，N/mm^2。

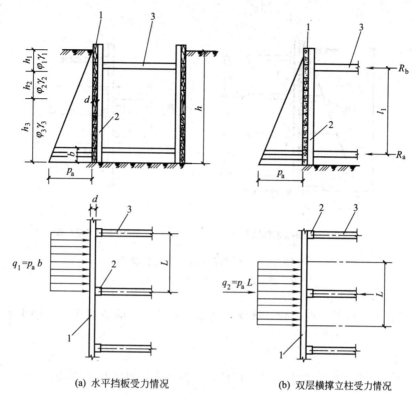

(a) 水平挡板受力情况   (b) 双层横撑立柱受力情况

图 2-11 连续水平板式支撑计算简图

1—水平挡土板；2—立柱；3—横撑木

需用木挡板的厚度 d 为：

$$d=\sqrt{\frac{6W}{b}} \tag{2-6}$$

3. 立柱计算

立柱为承受三角形荷载的连续梁，亦按多跨简支梁计算，并按控制跨设计其尺寸。当坑（槽）壁设二道横撑木，如图 2-11（b），其上下横撑间为 l_1，立柱间距为 L 时，则下端支点处主动土压力的荷载为：$q_2=p_aL$（kN/m²），式中 p_a 为立柱下端的土压力（kN/m²）。

立柱承受三角形荷载作用，下端支点反力为：$R_a=\dfrac{q_2 l_1}{3}$，上端支点反力为：$R_b=\dfrac{q_2 l_1}{6}$，由此可求得最大弯矩所在截面与上端支点的距离为：$x=0.578l_1$。

最大弯矩为：

$$M_{max}=0.064q_2 l_1^2 \tag{2-7}$$

最大应力为：

$$\delta=\frac{M_{max}}{W}\leqslant f_m \tag{2-8}$$

当坑（槽）壁设多层横撑木，如图 2-12（a），可将各跨间梯形分布荷载简化为均布荷载 q_1（等于其平均值），如图 2-12（b）所示，然后取其控制跨度求其最大弯矩：$M_{max}=\dfrac{q_3 l_3^2}{8}$，可同上法决定立柱尺寸。

支点反力可按承受相邻两跨度上各半跨的荷载计算，如图 2-12（b）中间支点的反力为：

$$R=\frac{q_3 l_3+q_2 l_2}{2} \tag{2-9}$$

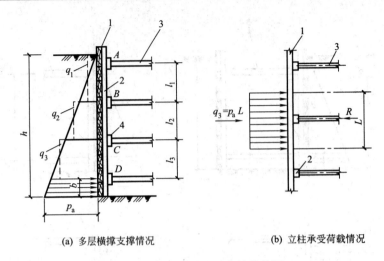

(a) 多层横撑支撑情况　　　　　　(b) 立柱承受荷载情况

图 2-12　多层横撑的立柱计算简图
1—水平挡土板；2—立柱；3—横排木；4—木楔

A、D 两支点外侧无支点，故计算立柱两端的悬臂部分的荷载亦应分别由上下两个支点承受。

4. 横撑计算

横撑木为承受支点反力的中心受压杆件，可按下式计算需用截面积：

$$A_0 = \frac{R}{\varphi f_c} \tag{2-10}$$

式中　A_0——横撑木的截面积，mm^2；

　　　R——横撑木承受的支点最大反力，N；

　　　f_c——木材顺纹抗压及承压强度设计值，N/mm^2；

　　　φ——横撑木的轴心受压稳定系数。

（三）连续垂直板式支撑的计算

连续垂直板式支撑的构造为：挡土板垂直放置，连续或留适当间隙，然后每侧上、下各水平顶一根木方（横垫木），再用横撑木顶紧。这种支撑适用于土质较松散或湿度很高的土，地下水较少，深度可不限的基坑（槽）和管沟支撑。

基坑（槽）和管沟开挖，采用连续垂直板式支撑挡土时，其横垫木和横撑木的布置和计算有等距和不等距（等弯矩）两种方式。

1. 横撑等距布置计算

如图 2-13 所示，横撑木的间距均相等，垂直挡土板与梁的作用相同，承受土的水平压力，可取最下一跨受力最大的板进行计算，计算方法与连续水平板式支撑的立柱相同。承受梯形分布荷载的作用，可简化为均布荷载（等于其平均值），求最大弯矩：$M_{max} = \dfrac{q_4 L^2}{8}$，即可决定垂直挡土板的尺寸。

横垫木的计算及荷载与连续水平板式支撑的水平挡土板相同。

横撑木的作用力为横垫木的支点反力，其截面计算亦与连续水平板式支撑的横撑木计算相同。

这种布置挡土板的厚度按最下面受土压力最大的板跨进行计算，需要厚度较大，不够经

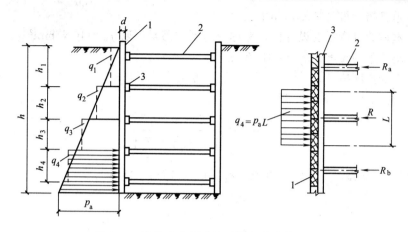

图 2-13 连续垂直板式等距横支撑计算简图
1—垂直挡土板；2—横撑木；3—横垫木

济，但偏于安全。

2. 横撑不等距（等弯矩）布置计算

计算简图如图 2-14 所示，横垫木和横撑木的间距为不等距支设，随基坑（槽、管沟）深度而变化，土压力增大而加密，使各跨间承受弯矩相等。

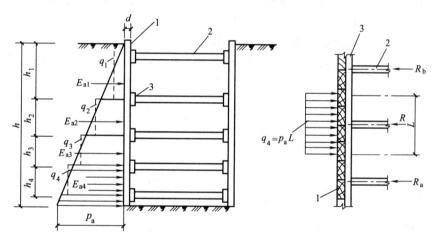

图 2-14 连续垂直板式不等距横支撑计算简图
1—垂直挡土板；2—横垫木；3—横撑木

设土压力 E_{a1} 平均分布在高度 h_1 上，假定垂直挡板各跨均为简支，则 h_1 跨单位长度的弯矩为：

$$M_1 = \frac{E_{a1}h_1}{8} = \frac{d^2}{6}f_m$$

将 $E_{a1} = \frac{1}{2}\gamma h_1^3 \tan^2\left(45° - \frac{\varphi}{2}\right)$ 代入上式得：

$$\frac{1}{16}\gamma h_1^3 \tan^2\left(45° - \frac{\varphi}{2}\right) = \frac{d^2}{6}f_m$$

即

$$h_1^3 = \frac{2.67d^2 f_m}{\gamma \tan^2\left(45° - \frac{\varphi}{2}\right)} \tag{2-11}$$

式中　d——垂直挡土板的厚度，cm；

　　　f_m——木材的抗弯强度设计值，考虑受力不匀因素，取 $f_m = 10\text{N/mm}^2$；

　　　γ——土的平均重度，取 $\gamma = 18\text{kN/m}^3$；

　　　φ——土的内摩擦角，(°)。

将 f_m、γ 值代入式（2-11）得：

$$h_1 = 0.53 \sqrt[3]{\frac{d^2}{\tan^2\left(45° - \dfrac{\varphi}{2}\right)}} \tag{2-12}$$

其余横垫木（横撑木）间距，可按等弯矩条件进行计算，即：

$$
\begin{aligned}
h_2 &= 0.62 h_1 \\
h_3 &= 0.52 h_1 \\
h_4 &= 0.46 h_1 \\
h_5 &= 0.42 h_1 \\
h_6 &= 0.39 h_1
\end{aligned}
\tag{2-13}
$$

如已知垂直挡土板厚度，即可由式（2-12）、式（2-13）求得横木（横撑木）的间距。一般垂直挡土板厚度为 50～80mm，横撑木视土压力的大小和基坑（槽、管沟）的宽、深采用 100mm×100mm～160mm×160mm 方木或直径 80～150mm 圆木。

以上布置挡土板的厚度按等弯矩受力计算较为合理，也是实际常用布置方式。

【例 2-4】　已知基坑槽深为 5m，土的重度为 18kN/m³，内摩擦角 $\varphi = 30°$，采用 50mm 厚木垂直挡土板，试求横垫木（横撑木）的间距。

解　基坑槽深 5m，考虑试用四层横垫木及横撑木。由式（2-12）得，最上层横垫木及横撑木间距为：

$$h_1 = 0.53 \sqrt[3]{\frac{5.0^2}{\tan^2\left(45° - \dfrac{30°}{2}\right)}} = 2.24 \text{（m）}$$

由式（2-13）可算得下两层横垫木及横撑木的间距为：

$$h_2 = 0.62 \times 2.24 = 1.39 \text{(m)}$$
$$h_3 = 0.62 \times 2.24 = 1.16 \text{(m)}$$

（四）计算机软件操作简介

本小节主要介绍品茗施工安全设施计算——浅基坑计算模块中的"基坑和管沟支撑计算"的基本操作方法。该软件提供了"水平挡土板"和"垂直挡土板"两种计算，均为连续式支撑。

1. 进入软件界面

在图 2-5 中，双击"浅基坑计算"图标。软件弹出如图 2-6 所示操作界面。

2. 在图 2-6 中，选择"基坑和管沟支撑计算"，按【确定】按钮。软件弹出如图 2-15 所示操作界面。

3. 在图 2-15 中，进行如下操作：

（1）选择板式支撑类型　单击选项按钮，选择"水平"或"垂直"，板式支撑类型如图 2-16 所示。并输入竖直方向横撑杆根数或水平方向横撑间距；输入基坑或管沟开挖宽度。

（2）选择支撑材料木材种类　软件自动确定支撑材料的相关参数。若需要调整相关参数，可按【提示】按钮，根据软件提供的资料选用。

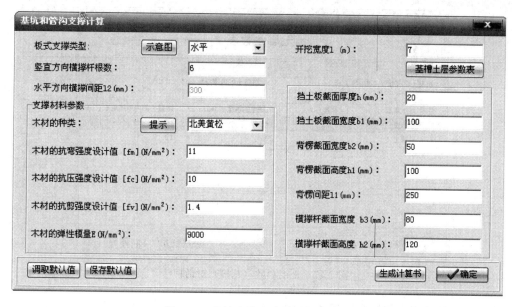

图 2-15　基坑和管沟支撑计算对话框

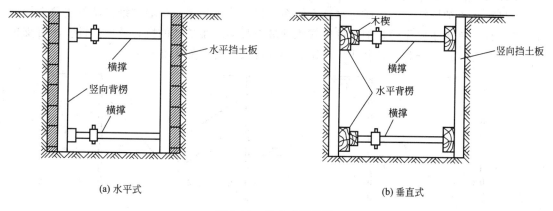

(a) 水平式　　　　　　　　　　　　　(b) 垂直式

图 2-16　板式支撑类型

（3）输入挡板、背楞及横撑杆的几何参数　挡板的几何参数有：截面厚度和宽度。背楞的几何参数有：截面宽度和高度。横撑杆的几何参数有：截面宽度和高度。应根据实际使用的材料确定其几何参数。

（4）输入土层的参数　单击【基槽土层参数】按钮，弹出如图 2-17 所示的对话框，在该对话框中，输入土层参数，输入完成后按【确定】按钮，返回图 2-15。

操作说明：利用【增加】和【修改】按钮以及土类型、土的重度、内摩擦角选项和输入框完成土层参数输入操作，操作顺序如下。

添加：选择土类型→输入土的参数→单击【增加】按钮。

修改：选择待修改的土层→修改土类型及参数→单击【确定】按钮。

四、板桩支护及板桩稳定性计算

板桩支护则是利用板桩自身的材料力学特性以及辅助设施，抵抗来自土壁的土压力，从而保证基坑稳定的一种支护方式，它不受基坑宽度的限制，只与基坑深度、土的类别以及环

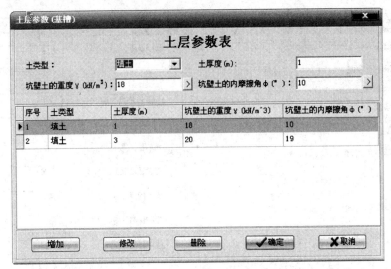

图 2-17 土层参数（基槽）对话框

境条件有关，是目前应用较为广泛的支护方式。

板桩支护体系是由排桩式维护墙或板墙式维护墙、拉锚设施、防渗设施等组成，防渗设施是与排桩式维护墙结合，构成防水挡土体系。排桩式维护墙或板墙式维护墙的主要作用是挡土；拉锚设施的主要作用是加强排桩式维护墙或板墙式维护墙的抗力及稳定性。板桩支护体系根据受力特点又分为：悬臂式、拉锚式和斜撑式三种（如图 2-18）。

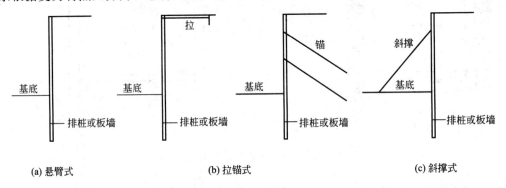

(a) 悬臂式   (b) 拉锚式   (c) 斜撑式

图 2-18 板桩支护体系示意图

PKPM 基坑支护软件 JKZH，提供了排桩、钢板桩、地下连续墙、水泥土墙、土钉墙和 SMW 工法等支护方式，本小节根据 PKPM 基坑支护软件 JKZH 提供的计算模块，重点讲述排桩、土钉墙两种支护方式的施工安全技术及软件操作，由于手工计算较为复杂，这里不作介绍。

（一）板桩支护施工安全技术

板桩支护除支护本身应满足安全要求外，桩的施工过程安全也是施工安全的一部分，本小节将重点讲述部分板桩施工安全要求。

桩的施工方法很多，这里只讲述桩机、预制打入桩、沉管灌注桩、钻（冲）孔灌注桩、螺旋钻孔等施工安全要求。

（1）桩机施工的安全要求

①用扒杆安装塔式桩机时，升降扒杆动作要协调，到位后应拉紧缆风绳，绑牢底脚。组装时应用工具找正螺孔，严禁把手指伸入孔内。

②安装履带式及轨道式柴油打桩机，连接各杆件应放在支架上进行。竖立导杆时，必须锁住履带或用轨钳夹紧，并设置溜绳。导杆升到75°时，必须拉紧溜绳。待导杆竖直装好撑杆后，溜绳方可拆除。

③桩机移动时必须先将桩锤落下，左右缆风绳应有专人操作同步收放，严禁将锤吊在顶部移动桩机。

④电动打桩机移动时，电缆应有专人移动，弯曲半径不得过小，不得强力拖拉，防止碾压。

⑤桩机转向时，桩机底盘下四支点中不得有任何一点悬空，步履式桩机横移液压缸的行程不得超过100mm。

⑥移动塔式桩机时，禁止行人跨越滑车组。其地锚必须牢固，缆风绳附近10m内不得站人。

⑦横移直式桩机时，左右缆风要有专人松紧，两个卷筒要同时卷绕，度盘距扎沟滑轮不得小于1m，注意防止侧滑倾倒。

⑧纵向移动直式桩机时，应将走管上扎沟滑轮及木棒取下，牵引钢丝绳及其滑车组应与桩机底盘平行。移动桩机钢丝绳的空端不得拴在吊装滑轮上。

⑨用卷扬机副卷筒移动桩机时，一根钢丝绳不得同时绕在二个卷筒上。若发生卡索应立即停车翻转解；绕卷筒应戴帆布手套，手距卷筒不得小于60cm。

⑩移动桩机和停止作业时，桩锤应放在最低位置。

（2）混凝土预制打入桩安全要求　混凝土预制打入桩施工中，桩机的架设就位、桩的起吊就位、桩的打入施工以及桩施工中出现的特殊问题是安全控制的重点，混凝土预制打入桩安全要求如下。

①利用桩机吊桩时，桩与桩架的垂直方向距离不应大于4m，偏吊距离不应大于2.5m，吊桩时要慢起，桩身应在两个以上不同方向系上缆索，由人工控制使桩身稳定。

②吊桩前应将锤提升到一定位置固定牢靠，防止吊桩时桩锤坠落，起吊时吊点必须正确，速度要均匀，桩身要平稳，必要时桩架应设缆风绳。

③桩身的附着物要及时清除干净，起吊后人员不准在桩下通过，若吊桩与运桩发生干扰时，应停止运桩。

④插桩时，手脚严禁伸入桩与龙门架之间，用撬棍或板舢等工具矫正桩时，用力不宜过猛。

⑤打桩时应采取与桩型、桩架和桩锤相适应的桩帽及衬垫，发现损坏应及时修整和更换。

⑥锤击不宜偏心，开始落距要小。如遇贯入度突然增大，桩身突然倾斜、位移、桩头严重损坏、桩身断裂、桩锤严重回弹等应停止锤击，经采取措施后方可继续作业。

⑦熬制胶泥要穿好防护用品。工作棚应通风良好，注意防火；容器不准用锡焊，防止熔穿泄漏；胶泥浇注后，上节应缓慢放下，防止胶泥飞溅。

⑧套送桩时，应使送桩、桩锤和桩三者中心在同一轴线上，拔送桩时应选择合适的绳扣，操作时必须缓慢加力，要注意桩架、钢丝绳的变化情况，送桩拔出后，地面孔洞应及时回填或加盖。

（3）沉管灌注桩施工安全要求　沉管灌注桩施工中，桩机的架设就位、沉管施工中桩机的配合以及施工用电是安全控制的重点，沉管灌注桩施工安全要求如下。

① 桩管沉入到设计深度后，将桩帽及桩锤升高到4m以上锁住，方可检查桩管或浇筑混凝土。

② 耳环及底盘上骑马弹簧螺丝，应用钢丝绳绑牢，防止折断时落下伤人，耳环落下时必须用控制绳，禁止让其自由落下。

③ 沉管灌注桩拔管后如有孔洞时，孔口应加盖板封闭，防止事故发生。

④ 拔管时卷扬机用力、速度应均匀。

⑤ 施工用电应符合用电安全的要求。

（4）钻（冲）孔灌注桩施工安全要求

① 钻孔灌注桩浇筑混凝土前，孔口应加盖板，附近不准堆放放重物。

② 冲抓锥或冲孔锤操作时，严禁任何人进入落锤区的施工范围内。

③ 各类成孔钻机操作时，应安放平稳，防止钻机突然倾倒或钻具突然下落而发生事故。

（5）螺旋钻孔机使用安全要求

① 使用钻机的施工现场，必须按钻机说明书的要求清除孔位周围的石块。

② 安装前应详细检查各部件，安装后钻杆的中心线偏斜应小于全长的1‰，10m以上的钻杆不得在地面上接好后一次吊起安装。

③ 钻机应放置平稳、坚实，汽车式钻机应架好支腿，将轮胎支起，并用自动微调或线锤调整挺杆，保持垂直。

④ 启动前将操纵杆放在空挡位置，启动后应空运转试验，检查仪表、温度、音响、制动等各项工作正常，方可作业；钻机应装有钻深限位的报警装置。

⑤ 检查减速箱中的油位，传动带的松紧度及电机的绝缘度。

⑥ 钻孔时应对准桩位，先使钻杆向下，钻头接触地面，再使钻杆转动，不得晃动转杆，钻机发出下钻限位报警信号时，应停钻，将钻杆稍微提升，待解除报警信号后，方可继续下钻。

⑦ 钻孔时，如遇卡钻，应即切断电源，停止下钻，未查明原因前，不得强行启动。

⑧ 短螺旋钻孔必须向孔位较远处甩土，不得在孔位上甩土，钻孔时，如遇机架摇晃、移动、偏斜或钻头内发生有节奏的响声时，应立即停钻，经处理后，方可继续施钻。

⑨ 扩孔达到要求孔径时，应停止扩削，并拢扩孔刀管，稍松数圈，使管内存土全部输送到地面，即可停钻。

⑩ 钻机作业中，电缆应有专人负责收放，如遇停电，应将各控制器放置零位，切断电源，将钻头接触地面；成孔后，必须将孔口加盖保护。

⑪ 钻孔时，严禁用手清除螺旋片的泥土，发现紧固螺栓松动时，应即停机重新紧固后方可继续作业；作业后，应先清除钻杆和螺旋叶片上的泥土。

⑫ 作业后，应将钻头下降接触地面，各部制动住，操纵杆放到空挡位置，切断电源。

（二）排桩式支护

排桩式支护是在基坑土方开挖前，沿基坑四周每隔一定距离设置一根桩，桩顶设置锁口梁，形成一道连续封闭式的排桩墙，用以抵抗土壁侧压力的一种支护方式，排桩可以沿基坑矩形布置，也可以圆形布置，当土壁侧压力较大或对基坑周围建筑（构筑）物有影响时，排桩墙可设置拉、锚或水平支撑来保证支护的安全稳定（如图2-19）。

排桩式支护的桩为预制桩或灌注桩，桩的规格、桩长、数量（间距）应由设计计算确定。PKPM软件基坑支护计算提供了两种方法，其一，规范计算方法；其二，模型输入法，

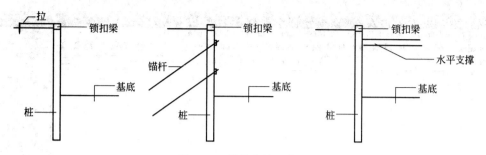

图 2-19 排桩支护示意图

本小节将讲述 PKPM 软件排桩支护的规范计算法的操作。

软件根据规范可以进行悬臂式支护结构和多层支撑结构各种工况的计算,包括锚杆的承载力计算,计算方法包括:m 法(弹性抗力法、地基反力法)和经典法(极限平衡法)。

1. 软件启动

(1) 在图 2-20 左侧选项框内选择的"基坑支护",在右侧的选项框选择"规范计算"后,单击【应用】按钮进入软件操作系统。

图 2-20 PKPM 基坑支护软件主界面

注:图 2-20 中"当前工作目录"默认为"c:\PKPMWORK \",操作者可单击【改变目录】按钮,自行设置工作目录。

当单击【应用】按钮后,软件弹出图 2-21 所示的对话框。

(2) 在图 2-21 右侧菜单栏中单击【>>排桩】按钮,弹出如图 2-22 所示操作界面。

2. 计算参数输入

在图 2-22 右侧菜单栏中单击【计算参数】按钮,弹出如图 2-23 所示的对话框。

该界面由左侧图形显示部分和右侧参数输入选择部分构成。参数分为基本参数,锚杆和土层参数。计算内容有:隆起验算、倾覆验算、渗流验算和承压水验算。参数输入操作及说明如下。

(1) 规范选择 指相关计算采用的规范。本软件提供了一些规范:基坑支护规范(JGJ 120—1999)、上海施工规范、浙江省标准、深圳市标准、广东省标准、福建省标准、北京市标准。操作时根据实际采用的规范选择。

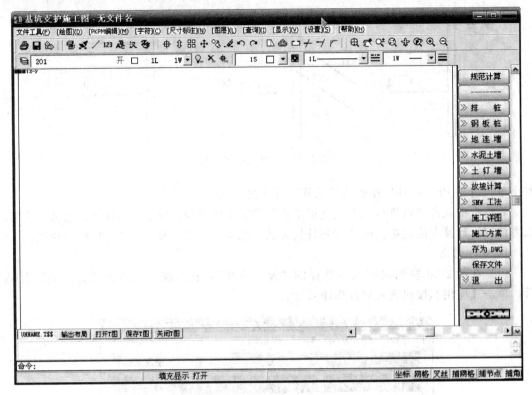

图 2-21　基坑支护规范计算对话框

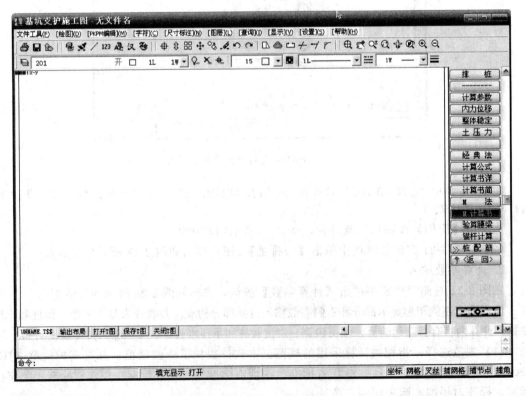

图 2-22　排桩支护对话框

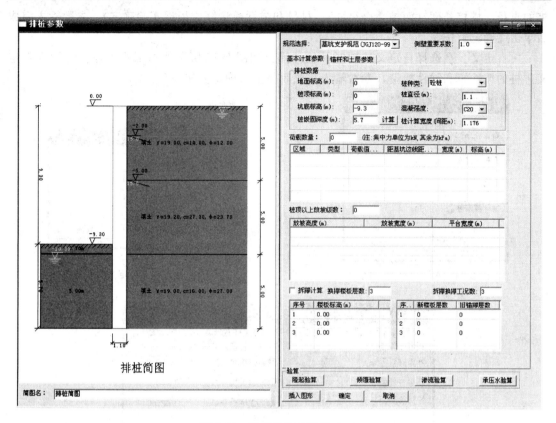

图 2-23 排桩参数对话框（一）

（2）侧壁重要系数 指基坑侧壁的重要程度，即安全等级对应的系数，其安全等级是根据破坏后果划分的，其重要系数如表 2-4 所示。

表 2-4 基坑侧壁安全等级及重要系数

安全等级	破 坏 后 果	γ_0
一级	支护结构破坏、土体失稳或过大变形对基坑周边环境及地下结构施工影响很严重	1.10
二级	支护结构破坏、土体失稳或过大变形对基坑周边环境及地下结构施工影响一般	1.00
三级	支护结构破坏、土体失稳或过大变形对基坑周边环境及地下结构施工影响不严重	0.90

注：有特殊要求的建筑基坑侧壁安全等级可根据具体情况另行确定。

（3）**基本计算参数**

① 排桩数据。排桩数据包括地面标高、桩顶标高、坑底标高、桩嵌固深度、桩的种类、桩的计算宽度（间距）等参数，其中桩的种类和桩嵌固深度操作说明如下。

a. 桩的种类。指支护排桩的种类，软件提供了混凝土桩、水泥土桩、自定义和双排桩四个选项，各选项的操作说明如下。

• 混凝土桩。当选择混凝土桩时，在图 2-23 界面中显示有桩直径和混凝土强度两项内容，操作时根据实际情况输入和选择；

• 水泥土桩。当选择水泥土桩时，软件弹出如图 2-24 所示对话框，在该对话框中输入桩的直径、搭接长度（两桩叠合尺寸）、排数和弹性模量（应根据实验确定）。参数输入完成后单击【确定】按钮。

• 自定义。当选择自定义选项时，软件弹出如图 2-25 所示的对话框，操作时输入自定义排桩的惯性矩和弹性模量，参数输入完成后单击【确定】按钮。

图 2-24　水泥土桩对话框

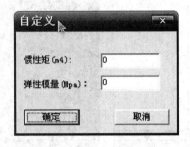

图 2-25　自定义对话框

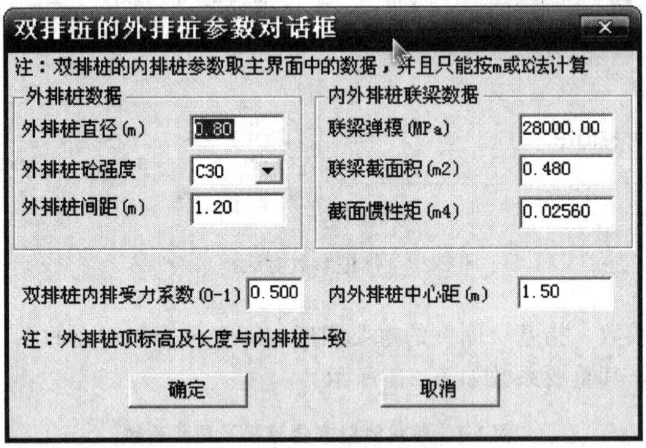

图 2-26　双排桩的外排桩参数对话框

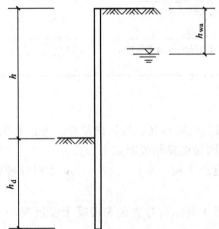

图 2-27　桩埋入基坑底部的深度示意图

• 双排桩。指混凝土桩设置双排时，外排桩的参数输入。当选择"双排桩"时，软件弹出如图 2-26 所示的对话框，在该对话框中输入相关参数，单击【确定】按钮完成操作。

b. 桩嵌固深度。指桩埋入基坑底部的深度（图 2-27），其深度与支护的类型和其他诸多因素有关。《建筑基坑支护技术规程》（JGJ 120—1999）中有相应的计算公式，在软件中操作者可根据以下要求预先确定桩的嵌固深度：悬臂式及单支点支护结构嵌固深度设计值宜取 $h_d \geqslant 0.3h$；多支点支护结构嵌固深度宜取 $h_d \geqslant 0.2h$。

操作：直接输入即可。单击图 2-23 中"桩嵌固深度"右侧的【确定】按钮，弹出如图 2-28 所示界面。

在图 2-28 中有关于桩嵌固深度输入的提示

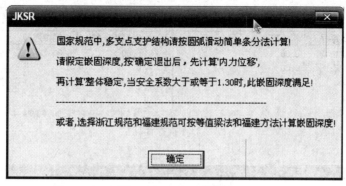

图 2-28　JKSR 对话框

说明。

②　**荷载数量**。指基坑顶面荷载的数量。当输入其数量时，其下方的表格将显示对应荷载数量的参数，如图 2-29 所示，在表中输入荷载参数（集中力单位为 kN，均布荷载单位为 kPa）。

区域	类型	荷载值...	距基坑边线距...	宽度(m)	标高(m)	
主动区	满布	20.00	--	--	0.00	
主动区	满布	20.00	--	--	0.00	

荷载数量：　2　（注：集中力单位为kN，其余为kPa）

图 2-29　荷载数量及相关参数输入栏

③　**桩顶以上放坡级数**。指基坑顶部挖土卸荷的做法。在图 2-30 中输入"桩顶以上放坡级数"，其下表便列出放坡的相关参数，直接输入实际数据即可。

桩顶以上放坡级数：　2

放坡高度(m)	放坡宽度(m)	平台宽度(m)
1.50	2.00	1.80
1.50	2.00	1.80

图 2-30　桩顶以上放坡级数及相关参数输入栏

④　**拆撑计算**。指支撑拆除时的安全计算，一般是指水平支撑的拆除。该项为选项按钮，当有此项时，单击选项框选择此项，该项选择后有两个参数需要完成输入。

a. 换撑楼板层数。在对应的文本框内输入层数，然后在图 2-31 的左侧表中输入每层楼板的标高。

b. 拆撑换撑工况数。在对应的文本框内输入工况数，然后在图 2-31 的右侧表中输入每一工况的新楼板层数和旧锚撑层数。

（4）**土层参数**　在图 2-23 右侧菜单栏中单击［锚杆和土层参数］按钮，如图 2-32 所示。

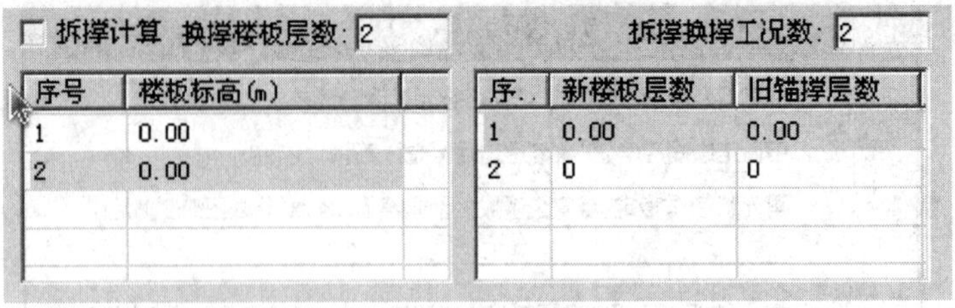

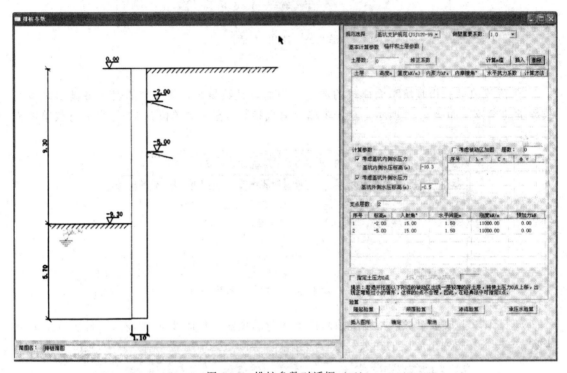

图 2-31 拆撑计算栏

图 2-32 排桩参数对话框（二）

① 土层参数　土层参数应根据地质报告提供的数据资料，在图 2-33 的表中完成输入。

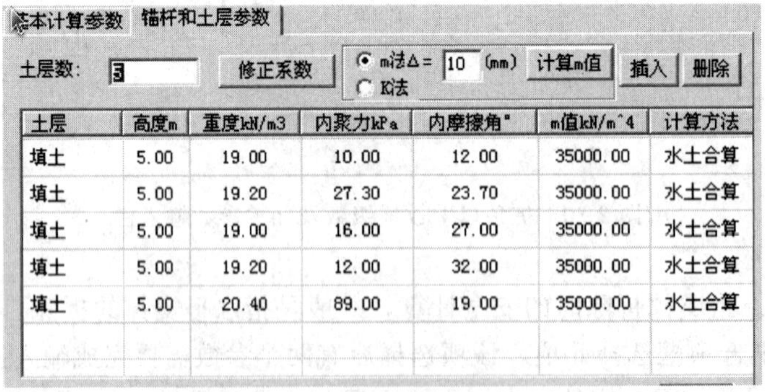

土层	高度m	重度kN/m3	内聚力kPa	内摩擦角°	m值kN/m^4	计算方法
填土	5.00	19.00	10.00	12.00	35000.00	水土合算
填土	5.00	19.20	27.30	23.70	35000.00	水土合算
填土	5.00	19.00	16.00	27.00	35000.00	水土合算
填土	5.00	19.20	12.00	32.00	35000.00	水土合算
填土	5.00	20.40	89.00	19.00	35000.00	水土合算

图 2-33 土层参数输入栏

a. 土层数。指支护计算范围内土层数，直接在对应文本框内输入土层数，并在其下的表中自上而下输入各层土的相关信息。

说明：软件在重度、内聚力、内摩擦角以及 m 值（k 值）的对应栏内提供了可供参考的数值；计算方法有水土合算和水土分算两种方法。

b. m 法（k 法）。计算的两种方法，单击选项框选择，选择后其下表也有所变化，即表中出现 m 值或 k 值。当选择 m 法时，应输入"Δ"值，并右侧的单击【计算】按钮，表中的 m 值将被计算，选择 k 法则不需要计算。

c. 修正系数。单击【修正系数】按钮，弹出如图 2-34 所示的对话框，在该界面中输入相应的修正系数。

土层名称	高.	内聚力修正系数	内摩擦角修正系数	水压力修正系数	主动土压力修正系数	被动土压力修正系数	极限摩阻修正系数
填土	5...	1.00	1.00	1.00	1.00	1.00	1
填土	5...	1.00	1.00	1.00	1.00	1.00	1
填土	5...	1.00	1.00	1.00	1.00	1.00	1
填土	5...	1.00	1.00	1.00	1.00	1.00	1
填土	5...	1.00	1.00	1.00	1.00	1.00	1

图 2-34 修正系数对话框

② 计算参数 计算参数有两个选项（图 2-35），即考虑基坑内侧水压力和考虑基坑外侧水压力，当选择考虑时，应输入侧水压标高。

③ 考虑被动区加固 考虑被动区加固是一个选项按钮，是指被动区是否采取加固措施，即基底是否进行加固处理。其参数主要有处理层数，每层处理的厚度 h，以及处理后的土的内聚力 c 和内摩擦角 ϕ。操作界面如图 2-36 所示。

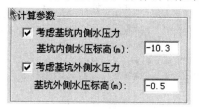

图 2-35 计算参数栏

| ☐ 考虑被动区加固 | 层数：| 2 |
序号	h =	C =	φ =
1	2.00	0.00	0.00
2	2.00	0.00	0.00

图 2-36 考虑被动区加固操作界面

支点层数： 2

序号	标高m	入射角°	水平间距m	刚度kN/m	预加力kN
1	-2.00	15.00	1.50	11000.00	0.00
2	-5.00	15.00	1.50	11000.00	0.00

图 2-37 支点层数栏

注：1. 入射角是指锚杆与水平面的夹角，锚杆倾角宜为 15°～25°，不应大于 45°。
2. 水平间距是指同层相邻锚杆的间距。
3. 标高相对于桩顶输入"一"值。

④ 支点层数　支点层数是指锚杆设置的层数，直接在对应的文本框内输入层数，并在图 2-37 所示的表中输入各层锚杆的相应参数。

⑤ 指定土压力 O 点　若遇开挖面以下附近的被动区出现较好的薄土层，将使土压力 O 点上移，出现正弯矩过小的情形，这样的 O 点不合理，因此，在经典法中可指定 O 点，即消除较好薄土层的影响。该项为选择项，即当出现被动区较好的薄土层影响时选择此项。

（5）验算　计算参数输入完成后，应进行排桩支护的具体情况，选择隆起验算、倾覆验算、渗流验算、承压水验算等验算内容。操作方法是单击【××验算】按钮，计算相应的内容是否满足要求。

【例 2-5】　某基坑采用 C20 钢筋混凝土单排桩支护，桩径 0.6m，地面标高设为 0m，桩顶标高为 0m，基底标高 −9.3m，桩嵌固深度 4m，悬臂式支护，土层参数如表 2-5 所示，土层修正系数均为 1，采用 k 法，不考虑坑内外侧水压，桩计算间距为 2m，基坑重要系数为 1.1，采用规范为《建筑基坑支护技术规程》（JGJ 120—1999）。试进行基坑支护的参数输入，并进行隆起验算和倾覆验算（采用 PKPM 基坑支护软件）。

表 2-5　土层地质资料参数

土层名称	土层厚度/m	重度/(kN/m³)	内聚力/kPa	内摩擦角/(°)	K 值/(kN/m³)	计算方法
填土	2.0	16	5	13	3000	水土合算
细砂	5.0	17	0	18	20000	水土合算
细砂	4.0	18	0	27	30000	水土合算
黏性土	10	18	25	20	50000	水土合算

注：土层自上面下。

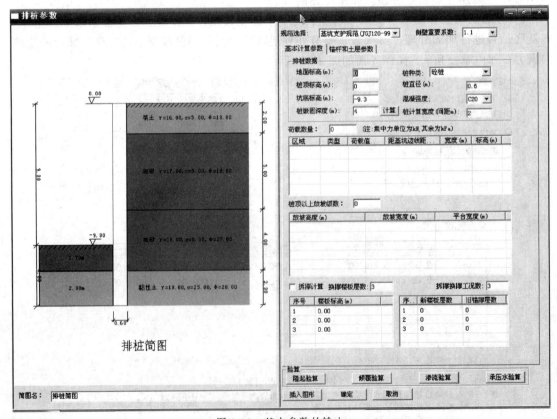

图 2-38　基本参数的输入

假如两项计算均不满足要求，该支护在不加深排桩的前提下，应采取什么措施？

解　(1) 参数输入操作

① 基本参数：在图 2-23 中输入或选择相应的数据，输入选择后的结果，如图 2-38 所示。

② 土层参数：输入选择后的结果，如图 2-39 所示。

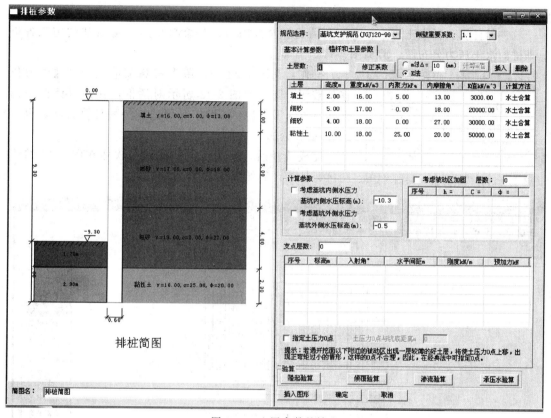

图 2-39　土层参数的输入

(2) 隆起验算　隆起是指基底在排桩水平力作用下隆起。在图 2-39 中，单击右下方【隆起验算】按钮，弹出如图 2-40 所示对话框，该对话框将显示验算结果。

(3) 倾覆验算　倾覆是指排桩在主动土压力作用下倒向基坑内的现象。在图 2-39 中，单击右下方【倾覆验算】按钮，软件弹出如图 2-41 所示对话框，该对话框将显示验算结果。

图 2-40　隆起验算结果

图 2-41　倾覆验算结果

（4）假如两项计算均不满足要求，该支护在不加深排桩的前提下，采取以下措施。

① 当隆起验算不满足时，可考虑被动区加固，即对靠近排桩附近的土进行加固处理。

② 当倾覆验算不满足时，可考虑桩顶土卸荷并可以减短顶部桩长。

3. 内力位移计算

内力位移计算是指结构内力与变形计算值、支点力计算值，应根据基坑开挖及地下结构施工过程的不同工况按有关规定计算。

软件的计算包括水土压力、弯矩、剪力和全部内力，并绘制经典法或 m 法的施工各工况排桩的水土压力分布图、剪力图、弯矩图等。

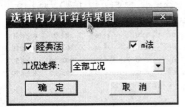

图 2-42　选择内力计算结果图对话框

操作：在图 2-22 中，单击右侧菜单栏中的【内力位移】按钮，弹出如图 2-42 所示对话框，在该对话框中选择计算方法及工况。（操作时可选择一种计算方法，也可选择两种方法。）

完成选择后，按【确定】按钮，软件在图 2-43 的绘图区，插入计算结果图。

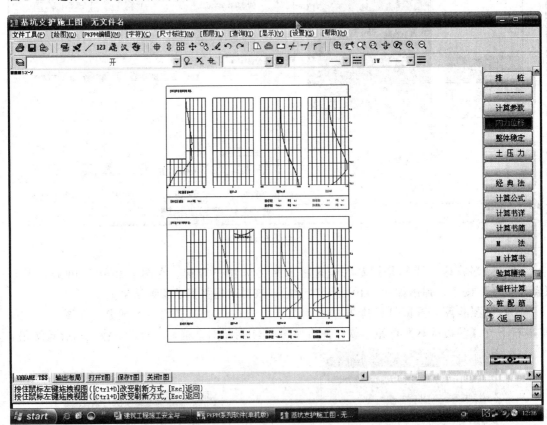

图 2-43　计算结果图

4. 整体稳定和土压力

操作同上。即将计算结果以图形方式插入绘图区。

5. 经典法

经典法完成排桩嵌固深度、水平支撑力的计算，并给出详细的计算书，具体计算细节参见《建筑基坑支护技术规范》(JGJ 120—1999)或各地方规范相应的章节。

(1)【计算公式】按钮　提供排桩或地下连续墙采用经典法的计算公式和计算过程。

(2)【计算公式】按钮　提供排桩或地下连续墙的图文并茂详细计算书。

(3)【计算公式】按钮　提供排桩或地下连续墙的图文并茂详细计算书。

6. m 法

按照弹性地基梁的 m 法和弹性支点杆系有限元法，完成排桩（地下连续墙）位移，弯矩、剪力、水平支撑或锚杆力的计算，并给出详细的计算书。计算细节参见《建筑基坑支护技术规范》(JGJ 120—1999)或各地方规范相应的章节。

【m 计算书】按钮　生成和显示排桩或地下连续墙 m 法计算的原始数据和计算结果。

7. 验算腰梁

腰梁是用于固定锚杆，使其与排桩形成整体的水平梁，腰梁有型钢和钢筋混凝土两种材料，软件还提供了自定义项（根据材料输入相应的参数）。

操作：在图 2-43 中，单击右侧菜单中的【验算腰梁】按钮，弹出图 2-44 所示对话框，操作在该对话框中完成。

输入支点数据及腰梁参数后，按【确定】按钮，软件将显示腰梁计算结果。

8. 锚杆计算

软件能完成锚杆锚固段长度与自由段长度的计算，并给出详细的计算书，具体计算细节参考《建筑基坑支护技术规范》(JGJ 120—1999)。

本书在前述中没有设置锚杆，锚杆的相应参数应在图 2-32 中输入，输入内容主要有支点层数、标高、射入角、水平间距、刚度和预加力等，其中刚度参数除锚杆外还提供了混凝土冠梁和简单对撑的方式。

(1) 对话框启动　在图 2-43 中，单击右侧菜单中【锚杆计算】按钮，弹出如图 2-45 的对话框。

(2) 参数说明

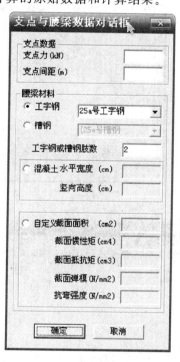

图 2-44　支点与腰梁数据对话框

① 水平拉力设计值：锚杆的计算是半自动完成的，其中的水平拉力设计值需要用户使用 m 法或经典法计算得到后输入，可能需要根据各种规范进行调整，如《建筑基坑支护技术规范》(JGJ 120—1999)第 4.2 节规定支点结构的第 j 层水平拉力设计值要根据 m 法或经典法计算结果乘以系数 1.25 和侧壁重要性系数 (0.9、1.0、1.1)；

② 标高 (m)：锚杆的锚固点以 0.0 为基准面的实际位置标高；

③ 锚固直径 (m)：扩孔锚固体直径；

④ 入射角 (°)：锚杆与水平面的倾角；

⑤ 水平间距 (m)：相邻锚杆水平方向距离；

⑥ 安全系数：锚固段长度计算安全系数（取 1.5～2.0）。

9. 桩配筋

该项提供了排桩配筋计算，按照《建筑基坑支护技术规范》(JGJ 120—1999)m 法或经典法进行的平面计算，可以计算桩的最大弯矩，并根据最大弯矩按照《建筑基坑支护技术规范》(JGJ 120—1999)附录 D 进行桩正截面受弯承载力计算。

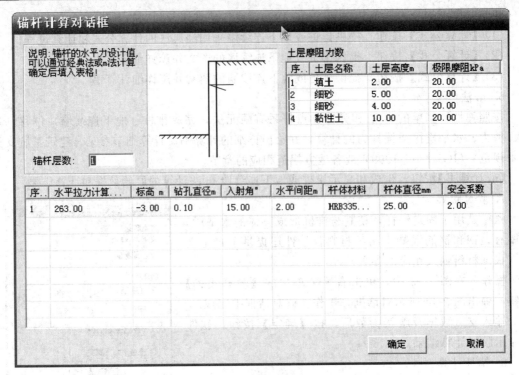

图 2-45　锚杆计算对话框

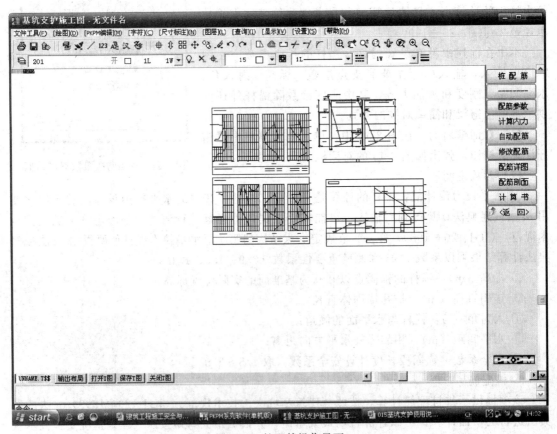

图 2-46　桩配筋操作界面

m 法或经典法进行的平面计算，不能计算内支撑梁的内力，所以不能进行梁自动配筋，但可以录入并绘制梁配筋。

（1）对话框启动　在图 2-43 中，单击右侧菜单中【桩配筋】按钮，弹出如图 2-46 的对话框。该对话框右侧菜单为桩配筋操作菜单。

（2）桩配筋的操作　主要有钢筋参数输入、计算内力、自动配筋等项，此外还有钢筋修改、绘图及计算书等辅助项，本小节重点讲述排桩支护操作，配筋操作不再详细叙述。

（三）土钉墙支护

土钉墙是采用土钉加固基坑侧壁土体与护面等组成的支护结构。它由土钉、钢筋（钢板）网、喷射混凝土三部分组成，其主要作用是加固土方边坡土体的抗滑移能力和护坡。

1. 构造及要求

（1）土钉墙的构造　如图 2-47 所示。

（2）土钉墙的要求

① 土钉墙墙面坡度不宜大于 1∶0.1。

② 土钉必须和面层有效连接，应设置承压板或加强钢筋等构造措施，承压板或加强钢筋应与土钉螺栓连接或钢筋焊接连接。

③ 土钉的长度宜为开挖深度的 0.5～1.2 倍，间距宜为 1～2m，与水平面夹角宜为 5°～20°。

④ 土钉钢筋宜采用Ⅱ、Ⅲ级钢筋，钢筋直径宜为 16～32mm，钻孔直径宜为 70～120mm。

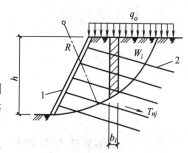

图 2-47　整体稳定性验算简图
1—喷射混凝土面层；2—土钉

⑤ 注浆材料宜采用水泥浆或水泥砂浆，其强度等级不宜低于 M10。

⑥ 喷射混凝土面层宜配置钢筋网，钢筋直径宜为 6～10mm，间距宜为 150～300mm；喷射混凝土强度等级不宜低于 C20，面层厚度不宜小于 80mm；坡面上下段钢筋网搭接长度应大于 300mm。

⑦ 当地下水位高于基坑底面时，应采取降水或截水措施；土钉墙墙顶应采用砂浆或混凝土护面，坡顶和坡脚应设排水措施，坡面上可根据具体情况设置泄水孔。

2. 软件操作

PKPM 基坑支护软件——土钉墙设计计算主要是进行土钉墙的内部整体稳定性、外部整体稳定性与滑移计算及土钉抗拔承载力的计算，并生成图文并茂的计算书。

（1）对话框的启动　在图 2-21 "基坑支护规范计算操作界面"右侧的菜单中，单击【土钉墙】按钮，弹出如图 2-48 所示的对话框，该对话框即为土钉墙设计计算操作界面。

该对话框提供了计算参数输入、工况滑移计算、最后滑移计算和生成计算书等操作。操作程序是：输入计算参数→工况滑移计算→最后滑移计算→生成计算书。

（2）计算参数输入　在图 2-48 中，单击【计算参数】按钮，弹出如图 2-49 所示的对话框，在该对话框中完成基本参数、锚杆和土层参数等参数的输入，操作方法同排桩支护的计算参数输入。输入参数时应注意以下几点。

① 严格按构造要求输入。

② 输入土钉层数时，注意表格内层数一栏数量；两个层数的关系是表格内的层数是指每一土钉层包含几层。

③ 图 2-49 中，【附加花管和锚杆】按钮，是为基坑内侧附加花管、桩和锚杆时操作参数输入提供的选项。

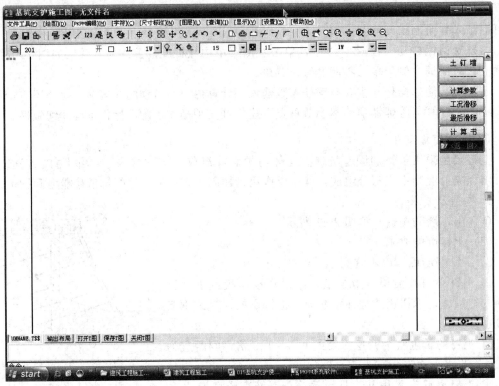

图 2-48　土钉墙设计计算对话框

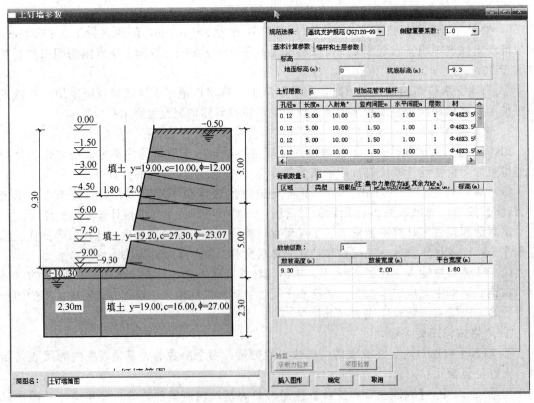

图 2-49　土钉墙计算参数的输入

（3）工况滑移　通过试算确定土钉墙的墙弧形滑移面中安全系数最小的弧线，在图中标识了每个工况相对坐标原地点、滑裂角、对应每个工况（每增加一排土钉作为一个工况）滑移弧线的圆心点和安全系数。

（4）最后滑移　通过试算确定土钉墙全部输入后，最后工况墙弧形滑移面中安全系数最小的弧线，在图中标识了相对坐标原地点、滑裂角、滑移弧线的圆心点和安全系数。

第三节　基坑降排水工程

基坑工程中的降低地下水亦称地下水控制，即在基坑工程施工过程中，地下水要满足支护结构和挖土施工的要求，并且不因地下水位的变化，对基坑周围的环境和设施带来危害。地下水的降低有时会对建筑物地基产生影响，有时会对周围环境带来的危害，制定一个安全有效的基坑降排水方案是十分必要的。

一、概述

（一）地下水控制方法及其选择

基坑降低地下水主要目的是给施工创造一个无水的环境，要求既要降低地下水位，又要确保地基、基坑边坡或支护以及周边环境的稳定与安全，所以地下水控制方法的选择就必须考虑多方面的因素，包括考虑土的类别、透水系数、降水深度以及水文地质特征等因素，此外，还要考虑降水对周围环境的影响。

地下水的控制方法主要有排、降、截和回灌等，其控制方法选择及一般规定如下。

① 地下水控制的设计和施工应满足支护结构设计要求，应根据场地及周边工程地质条件、水文地质条件和环境条件并结合基坑支护和基础施工方案综合分析、确定。

② 地下水控制方法可分为集水明排、降水、截水和回灌等形式单独或组合使用，可按表 2-6 选用。

表 2-6　地下水控制方法的适用条件

方法名称		土类	渗透系数 /(m/d)	降水深度 /m	水文地质特征
集水明排			7～20.0	<5	
降水	真空 井点	填土、粉土、黏性土、砂土	0.1～20.0	单级<6 多级<20	上层滞水或水量不大的潜水
	喷射 井点		0.1～20.0	<20	
	管井	粉土、砂土、碎石土、可溶岩、破碎带	1.0～200.0	>5	含水丰富的潜水、承压水、裂隙水
截水		黏性土、粉土、砂土、碎石土、岩溶土	不限	不限	
回灌		填土、粉土、砂土、碎石土	0.1～200.0	不限	

③ 当因降水而危及基坑及周边环境安全时，宜采用截水或回灌方法。截水后，基坑中的水量或水压较大时，宜采用基坑内降水。

④ 当基坑底为隔水层且层底作用有承压水时，应进行坑底突涌验算，必要时可采取水平封底隔渗或钻孔减压措施保证坑底土层稳定。

（二）降排水方法简介

1. 集水明排

集水明排又叫明沟排水或集水井法。该方法是在基坑四周挖排水沟，沿排水沟每隔一定距离设置集水井，采用水泵将集水井中的水抽出，从而降低水位。该方法是边降水边挖土。如图 2-50。

集水明排法施工主要解决的问题是排水沟的截面尺寸确定、集水井大小和数量的确定、水泵的选择。需要说明的是，该方法降水应考虑流沙问题。

2. 井点降水

井点降水是在基坑土方开挖前，根据地下水的具体情况，沿基坑一侧、两侧或周边布置井点进行降水的方式。井点的种类一般有轻型井点、电渗井点、喷射井点、管井井点和深井井点等。该降水方法的特点是先降水后开挖基坑土方。

（1）轻型井点 又叫真空井点，是由井点管（包括滤管）、集水总管、真空水泵等设备组成的降水系统，如图 2-51 所示。

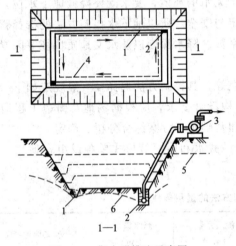

图 2-50 集水明排法示意图

1—排水明沟；2—集水井；3—离心式水泵；4—设备基础或建筑物基础边线；5—原地下水位线；6—降低后地下水位线

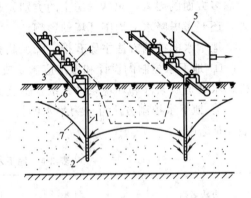

图 2-51 轻型井点降水全貌图

1—井点管；2—滤管；3—集水总管；4—弯联管；5—泵房；6—原水位线；7—降水线

轻型井点降水施工主要解决的问题是井点管平面布置形式的确定、井点管埋设深度的确定及埋设、井点管布置（数量和间距）等。轻型井点有一级轻型井点和多级轻型井点，每级降水深度一般为 3～6m。

（2）喷射井点 属深层降水，可降低地下水位降低 8～20m。其工作原理如图 2-52 所示。

喷射井点的主要工作部件是喷射井管内管底端的扬水装置——喷嘴的混合室；当喷射井点工作时，由地面高压离心水泵供应的高压工作水，经过内外管之间的环形空间直达底端，在此处高压工作水由特制内管的两侧进水孔进入至喷嘴喷出，在喷嘴处由于过水断面突然收缩变小，使工作水流具有极高的流速（30～60m/s），在喷口附近造成负压（形成真空），因而将地下水经滤管吸入，吸入的地下水在混合室与工作水混合，然后进入扩散室，水流从动

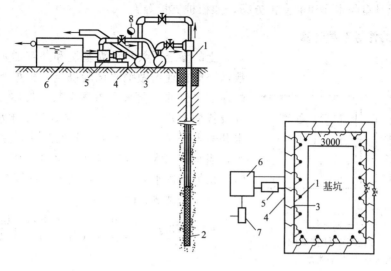

(a) 喷射井点设备简图 　　　　　(b) 喷射井点平面布置图

图 2-52　喷射井点示意图

1—喷射井管；2—滤管；3—供水总管；4—排水总管；

5—离心水泵；6—水池；7—排水泵；8—压力表

能逐渐转变为位能，即水流的流速相对变小，而水流压力相对增大，把地下水连同工作水一起扬升出地面，经排水管道系统排至集水池或水箱，由此再用排水泵排出。

（3）管井井点　管井是由滤水井管、吸水管和抽水机械等组成（图 2-53）。管井设备较为简单，排水量大，降水较深，水泵设在地面，易于维护。适于渗透系数较大，地下水丰富的土层、砂层。但管井属于重力排水范畴，吸程高度受到一定限制，要求渗透系数较大（1～200m/d）。

3. 截水

截水是指利用设置在基坑周边的截水帷幕（又叫隔水帷幕），切断基坑外的地下水流入基坑内部的通道。截水帷幕的厚度应满足基坑防渗要求，截水帷幕的渗透系数宜小于 1.0×10^{-6} cm/s。落底式竖向截水帷幕，应插入不透水层，其插入深度 $l = 0.2h_w - 0.5b$（h_w 为作用水头；b 为帷幕宽度）。

当地下含水层渗透性较强、厚度较大时，可采用悬挂式竖向截水与坑内井点降水相结合或采用悬挂式竖向截水与水平封底相结合的方案。

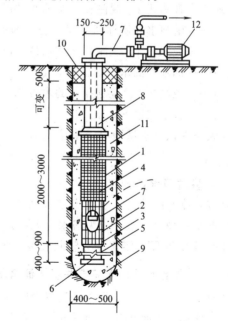

图 2-53　管井构造示意图

1—滤水井管；2—钢筋焊接骨架；3—铁环；4—铁丝网；

5—沉砂管；6—木塞；7—吸水管；8—钢管；9—钻孔；

10—夯填黏土；11—填充砂砾；12—抽水设备

截水帷幕目前常用采用注浆法、旋喷法、深层搅拌水泥土桩挡墙等。若基坑既要考虑支护又要考虑地下水问题时，在确定支护方案时，应选择具有隔水作用的支护方案，如板桩支护等。

（三）土的渗透系数计算

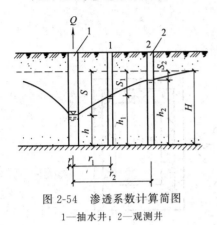

图 2-54　渗透系数计算简图
1—抽水井；2—观测井

土的渗透系数是计算基坑和井点涌水量的重要参数，一般在现场做抽水试验确定，根据观测水井周围的地下水位的变化来求渗透系数。具体方法是：在现场设置抽水井（图 2-54），贯穿到整个含水层，并距抽水井 r_1 与 r_2 处设一个或两个观测孔，用水泵匀速抽水，当水井的水面及观测孔的水位大体上呈稳定状态时，根据所抽水的水量 Q 可按下式计算渗透系数 k 值。

设 1 个观测孔时：

$$k=0.73Q\frac{\lg r_1-\lg r}{h_1^2-h^2}=\frac{\lg r_1-\lg r}{(2H-S-S_1)(S-S_1)}$$

(2-14)

设 2 个观测孔时：

$$k=0.73Q\frac{\lg r_2-\lg r_1}{h_2^2-h_1^2}=\frac{\lg r_2-\lg r_1}{(2H-S_1-S_2)(S_1-S_2)}$$

式中　k——渗透系数，m/d；

　　　Q——抽水量，m³/d；

　　　r——抽水井半径，m；

r_1，r_2——观测孔1、观侧孔2至抽水井的距离，m；

　　　h——由抽水井底标高算起完全井的动水位，m；

h_1，h_2——观测孔1、观测孔2的水位，m；

　　　S——抽水井的水位降低值，m；

S_1，S_2——观测孔1、观测孔2的水位降低值，m；

　　　H——含水层厚度，m。

当无条件做抽水试验时，渗透系数 k 值可参考《建筑施工计算手册》相关章节参考表选取。

二、基坑涌水量计算

基坑降排水的关键在于确定基坑涌水量，而基坑涌水量的大小与地下水的具体情况有关，根据水井理论，水井分为潜水（无压）完整井、潜水（无压）非完整井、承压完整井、承压非完整和承压-潜水非完整井五种。每种井的涌水量计算公式有所不同。

（一）均质含水层潜水完整井基坑涌水量计算

均质含水层潜水完整井根据水源不同又分为基坑远离地面水源、基坑近河岸、基坑位于两地表水体之间和基坑靠近隔水边界四种情况，如图 2-55 所示。各种情况涌水量计算如下。

1. 基坑远离地面水源时涌水量计算 ［图 2-55（a）］

$$Q=1.366k\frac{(2H-S)S}{\lg\left(1+\dfrac{R}{r_0}\right)}$$

(2-15)

式中　Q——基坑涌水量；

　　　k——土壤的渗透系数；

H——潜水含水层厚度；

S——基坑水位降深；

R——降水影响半径；宜通过试验或根据当地经验确定，当基坑安全等级为二、三级时，对潜水含水层按下式计算：$R=2S\sqrt{kH}$；对承压含水层按下式计算：$R=10S\sqrt{k}$；

r_0——基坑等效半径；当基坑为圆形时，基坑等效半径取圆半径。当基坑非圆形时，对矩形基坑的等效半径按下式计算：$r_0=0.29(a+b)$，a、b分别为基坑的长、短边；对不规则形状的基坑，其等效半径按下式计算：$r_0=\sqrt{A/\pi}$，A为基坑面积。

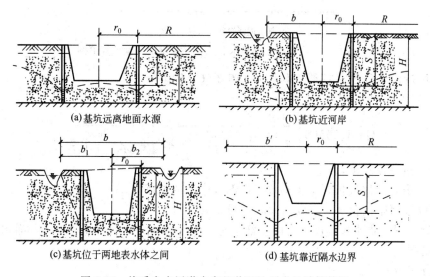

(a)基坑远离地面水源　　(b)基坑近河岸

(c)基坑位于两地表水体之间　　(d)基坑靠近隔水边界

图 2-55　均质含水层潜水完整井基坑涌水量计算简图

2. 基坑近河岸时 ［图 2-55 （b）］

$$Q=1.366k\frac{(2H-S)S}{\lg\dfrac{2b}{r_0}}\quad(b<0.5R)\tag{2-16}$$

3. 基坑位于两地表水体之间或位于补给区与排泄区之间时 ［图 2-55 （c）］

$$Q=1.366k\frac{(2H-S)S}{\lg\left[\dfrac{2(b_1+b_2)}{\pi r_0}\cos\dfrac{\pi(b_1-b_2)}{2(b_1+b_2)}\right]}\tag{2-17}$$

4. 当基坑靠近隔水边界时 ［图 2-55 （d）］

$$Q=1.366k\frac{(2H-S)S}{2\lg(R+r_0)-\lg r_0(2b+r_0)}\tag{2-18}$$

（二）均质含水层潜水非完整井基坑涌水量计算

均质含水层潜水非完整井根据水源不同又分为基坑远离地面水源，基坑近河岸且含水层厚度不大和基坑近河岸且含水层厚度很大三种，如图 2-56 所示。涌水量计算如下。

1. 基坑远离地面水源 ［图 2-56 （a）］

$$Q=1.366k\frac{H^2-h_m^2}{\lg\left(1+\dfrac{R}{r_0}\right)+\dfrac{h_m-l}{l}\lg\left(1+0.2\dfrac{h_m}{r_0}\right)}\qquad h_m=(H+h)/2\tag{2-19}$$

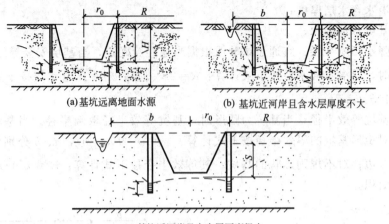

(a) 基坑远离地面水源   (b) 基坑近河岸且含水层厚度不大

(c) 基坑近河岸且含水层厚度很大

图 2-56　均质含水层潜水非完整井基坑涌水量计算简图

2. 基坑近河岸且含水层厚度不大时 [图 2-56 (b)]

当 $b > M/2$

$$Q = 1.366kS\left[\frac{l+S}{\lg\frac{2b}{r_0}} + \frac{l}{\lg\frac{0.66l}{r_0} + 0.25\frac{l}{M}\lg\frac{b^2}{M^2 - 0.14l^2}}\right] \tag{2-20}$$

式中　l——过滤器长度，m；

　　　M——由含水层底板到滤头有效工作部分中点的长度。

3. 基坑近河岸且含水层厚度很大时 [图 2-56 (c)]

基坑近河岸，含水层厚度很大时，涌水量取决于基坑距近河岸的距离 b，涌水量计算有以下两种情况。

(1) 当 $b > l$

$$Q = 1.366kS\left[\frac{l+S}{\lg\frac{2b}{r_0}} + \frac{l}{\lg\frac{0.66l}{r_0} - 0.22\mathrm{arsh}\frac{0.44l}{b}}\right] \tag{2-21}$$

注：arsh 是双曲正弦函数 sh 的反函数，$\mathrm{arsh}x = \ln(x + \sqrt{x^2+1})$，例如，$\mathrm{arsh}(10) = \ln(10 + \sqrt{101})$。

(2) 当 $b < l$

$$Q = 1.366kS\left[\frac{l+S}{\lg\frac{2b}{r_0}} + \frac{l}{\lg\frac{0.66l}{r_0} - 0.11\frac{l}{b}}\right] \tag{2-22}$$

（三）均质含水层承压水完整井基坑涌水量计算

均质含水层承压水完整井根据水源不同又分为基坑远离地面水源、基坑近河岸和基坑位于两地表水体之间三种，如图 2-57 所示。各种情况涌水量计算如下。

1. 基坑远离地面水源 [图 2-57 (a)]

$$Q = 2.73k\frac{MS}{\lg\left(1 + \frac{R}{r_0}\right)} \tag{2-23}$$

式中　M——承压含水层厚度。

2. 基坑近河岸 [图 2-57 (b)]

$$Q = 2.73k\frac{MS}{\lg\left(\frac{2b}{r_0}\right)} \qquad (b < 0.5r_0) \tag{2-24}$$

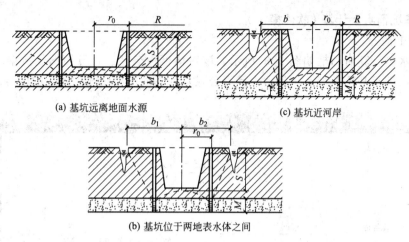

图 2-57　均质含水层承压水完整井涌水量计算简图

3. 基坑位于两地表水体之间［图 2-57（c）］

$$Q = 2.73k \frac{(2H-S)S}{\lg\left[\dfrac{2(b_1+b_2)}{\pi r_0}\cos\dfrac{\pi(b_1+b_2)}{2(b_1+b_2)}\right]} \tag{2-25}$$

（四）均质含水层承压水非完整井基坑涌水量计算

如图 2-58 所示，其涌水量的计算见式（2-26）。

涌水量计算：
$$Q = 2.73k \frac{MS}{\lg\left(1+\dfrac{2b}{r_0}\right)+\dfrac{M-l}{l}\lg\left(1+0.2\dfrac{M}{r_0}\right)} \tag{2-26}$$

（五）均质含水层承压-潜水非完整井基坑涌水量计算

如图 2-59 所示，其涌水量计算见式（2-27）。

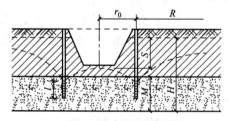

图 2-58　均质含水层承压水非
完整井涌水量计算简图

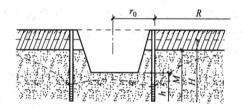

图 2-59　均质含水层承压-潜水非
完整井基坑涌水量计算简图

涌水量计算：
$$Q = 1.366k \frac{(2H-M)M-h^2}{\lg\left(1+\dfrac{R}{r_0}\right)} \tag{2-27}$$

三、降排水工程计算

　　基坑降排水计算与降排水方法以及地下水的具体情况密切相关，本小节主要讲述 PK-PM 系列软件—基础施工—降水计算的软件操作及相关知识。该小节计算依据为《建筑基坑支护技术规范》（JGJ 120—1999）。

（一）基坑涌水量计算（软件操作）

1. 对话框简介

基坑涌水量计算对话框如图 2-60 所示。该对话框由公式、计算简图和数据录入部件三部分构成，当选择基坑类型及位置后，计算公式及计算简图栏将显示对应的内容。

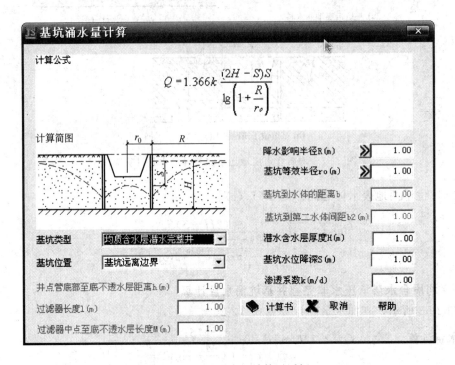

图 2-60　基坑涌水量计算对话框

2. 操作及部分参数说明

（1）**基坑类型**　即涌水量计算类型（按水井理论）分为均质含水层潜水完整井；均质含水层潜水非完整井；均质含水层承压完整井；均质含水层承压非完整井；均质含水层承压-替水非完整井。当选中一种井时，计算简图就显示该类型的基坑计算简图。

（2）**基坑位置**　指基坑与水源的位置，每种基坑类型其位置关系有所不同。例如：均质含水层潜水完整井分为基坑远离边界、岸边降水、基坑位于两地表水体间、基坑靠近隔水边界等四种；均质含水层潜水非完整井则分为基坑远离边界、近河基坑含水层厚度不大、近河基坑含水层厚度很大（$b>l$）和近河基坑含水层厚度很大（$b<l$）四种。操作时，应根据实际情况选择。

（3）**降水影响半径**　宜通过试验或根据当地经验确定，当基坑侧壁安全等级为二、三级时，可通过以下操作计算确定。

① 单击"降水影响半径"右侧的【》】按钮，弹出如图 2-61 所示的对话框。

② 输入计算参数后，按【确定】按钮，即完成"降水影响半径"的计算。

（4）**基坑等效半径**　当基坑为圆形时，基坑等效半径应取圆半径，可直接输入；当基坑为非圆形时，等效半径可通过以下操作来确定。

① 单击"基坑等效半径"右侧的【》】按钮，弹出如图 2-62 所示的对话框。

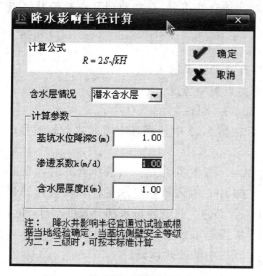

图 2-61 降水影响半径计算对话框

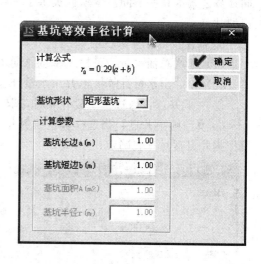

图 2-62 基坑等效半径计算对话框

② 选择基坑类型。软件提供了矩形基坑、不规则块状基坑和圆形基坑等三种基坑类型。

③ 输入计算参数后，按【确定】按钮，即完成"基坑等效半径"的计算。

（5）渗透系数　指土含水层的渗透系数，可参照表 2-6 确定。当采用喷射井点降水时，可按表 2-7 取值。

表 2-7　喷射井点降水渗透系数参考表

井点型号	1.5 型并列式	2.5 型圆心式	4.0 型圆心式	6.0 型圆心式
渗透系数	0.1～5.0	0.1～5.0	5.0～10.0	10.0～20.0

（6）其余参数　每种基坑类型以及基坑与水源的位置不同，其计算参数也不同，可参照计算简图确定。

（二）降水井数量计算

1. 操作界面简介

降水井数量计算对话框由计算公式和计算参数输入两部分构成（图 2-63），井点类型不

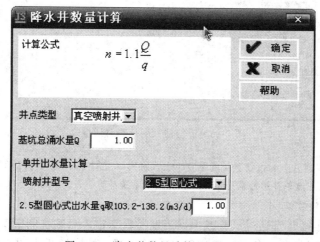

图 2-63　降水井数量计算对话框（一）

同计算公式也有所不同。本软件提供了一般井点（轻型井点）、真空喷射井点和管井井点等三种井点。

2. 操作及部分参数说明

(1) 基坑总涌水量　可按"基坑总涌水量"计算的结果输入。

(2) 单井出水量计算　单井出水量计算根据井点类型考虑。

① 一般井点：当选择一般井点时，取 36～60（m^3/d）；

② 真空喷射井点：当选择真空喷射井点时，在图 2-63 中选择真空喷射井点的型号，系统根据井点型号查表确定；

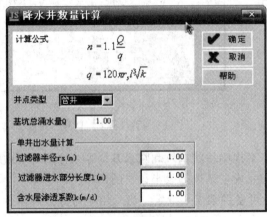

③ 管井井点：当选择管井时，在图 2-64 中，输入单井出水量计算参数过滤器半径（r_s）、过滤器进水部分长度（l）和含水层渗透系数（k），软件自动按图中计算公式栏中的公式计算。

图 2-64　降水井数量计算操作界面（二）

（三）过滤器长度计算

过滤器长度过滤器长度与地下水有无压力关系密切，不同井点过滤器长度计算方式有所不同，本软件提供了潜水（无压）完整井和承压完整井两种井点类型的过滤器长度计算。

1. 对话框简介

过滤器长度计算对话框由计算公式和计算参数输入两部分构成（图 2-65），井点类型不同计算公式也有所不同。

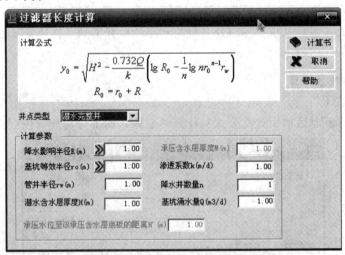

图 2-65　过滤器长度计算对话框

注：真空井点和喷射井点的过滤器长度不宜小于含水层厚度的 1/3；管井过滤器长度宜与含水层厚度一致；群井抽水时，各井点单井过滤净部分的长度按本系统计算。

2. 操作及部分参数说明

(1) 降水影响半径　宜通过试验或根据当地经验确定，当基坑侧壁安全等级为二、三级时，可通过单击图 2-65 中"降水影响半径"右侧的【》】按钮弹出的对话框进行计算（同操作图 2-61）。

（2）基坑等效半径 当基坑为圆形时，基坑等效半径取圆半径，可直接输入；当基坑为非圆形时，等效半径确定操作同图 2-62。

（3）渗透系数 指土含水层的渗透系数，可参照本章第一节的相关内容确定。当采用喷射井点降水时，可按表 2-7 取值。

（四）水位降深计算

块状基坑降水深度可采用本软件系统进行计算。对于非完整井或非稳定流，应根据具体情况采用相应的计算方法。

1. 对话框简介

水位降深计算操作界面由计算公式和计算参数输入两部分构成（图 2-66）。该软件只提供潜水完整井稳定流和承压完整井稳定流两种井点类型的降水深度计算。

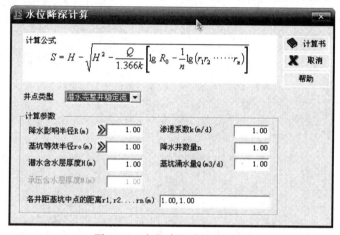

图 2-66 水位降深计算对话框

2. 操作及部分参数说明

（1）降水影响半径 宜通过试验或根据当地经验确定，当基坑侧壁安全等级为二、三级时，可通过图 2-61 操作方法确定。

（2）基坑等效半径 当基坑为圆形时，基坑等效半径应取圆半径；当基坑为非圆形时，等效半径可按图 2-62 的方法进行计算。

（3）渗透系数（同上）

思 考 题

1. 基坑（槽）边坡的稳定与哪些因素有关？
2. 试对土方边坡稳定进行分析。
3. 滑坡的产生有哪些因素？
4. 基坑开挖遇有哪些情况之一时，应设置坑壁支护结构？
5. 基坑（槽）和管沟支撑的有哪几种？
6. 根据受力特点分析板桩支护体系的主要作用。
7. 简述基坑降排水工程的目的点又分为哪几种？试用简图表示。
8. 简述土钉墙支护结构的构成及其影响。
9. 地下水控制方法有哪几种？
10. 常用的井点降水方法有哪几种？

计 算 题

1. 某工程坑壁土类型为黏土，土的重度 $\gamma = 18.50 \mathrm{kN/m^3}$，土的内摩擦角 $\phi = 30.5°$，土黏聚力 $c = 12.0 \mathrm{kN/m^2}$，坑顶护道上均布荷载 $q = 4.0 \mathrm{kN/m^2}$，试计算该基坑不放坡挖土的最大深度。

2. 某工程基坑，坑壁土类型为黏土，土的重度 $\gamma = 18.50 \mathrm{kN/m^3}$，土的内摩擦角 $\phi = 22°$，土黏聚力 $c = 10.0 \mathrm{kN/m^2}$，坑顶护道上均布荷载 $q = 5.0 \mathrm{kN/m^2}$，$\theta = 60°$，试计算确定基坑土方开挖深度。

3. 已知某基坑挖土深度为 5m，土的重度为 $17 \mathrm{kN/m^3}$，内摩擦角 $\varphi = 30°$，采用 50mm 厚木垂直挡土板，试求横垫木（横撑木）的间距。

第三章 脚手架工程

学习目标

　　本章主要讲述脚手架工程施工安全技术与计算等相关内容。通过本章的学习，能够熟悉、了解和掌握脚手架工程施工安全技术知识以及计算方法。

基本要求

　　1. 了解落地式钢管脚手架、型钢悬挑脚手架安全技术的基本理论和相关知识。

　　2. 熟悉落地式钢管脚手架、型钢悬挑脚手架的基本要求和施工的一般安全要求；熟悉型钢悬挑脚手架的计算理论。

　　3. 掌握落地式钢管脚手架的计算方法和步骤，建议要求学生掌握计算机安全计算软件操作。

第一节　脚手架工程概述

　　脚手架是建筑施工中必不可少的辅助设施，也是建筑施工中安全事故多发的部位，是施工安全控制的重中之重。本节以 PKPM 施工安全设施计算系列软件 SGJS 中提供的"脚手架工程"计算模块为主线，讲述落地式钢管脚手架、型钢悬挑脚手架、门式落地脚手架、竹木脚手架以及卸料平台等的施工安全技术及有关计算。

一、脚手架的基本要求

　　架脚手架是建筑施工时搭设的上料、堆料与施工作业用的临时结构架。无论是工业建筑还是民用建筑，都是由各种建筑材料、构件组合而成。砖墙的砌筑、墙面的抹灰、装饰和粉刷，结构构件的安装等，都需要搭设脚手架，它是进行施工操作，运送材料以及构件不可缺少的施工辅助设施，脚手架的搭设除满足施工操作以外，还必须确保施工现场职工人身安全的高处防护作用。

　　脚手架对建筑施工速度、工作效率、工程质量以及工人的人身安全有着直接的影响。如果脚手架搭设不及时，就会拖延工程进度；脚手架搭设不符合施工需要，工人操作就不方便，质量得不到保证，工效也提不高；脚手架搭设不牢固，不稳定，就会造成施工中的重大伤亡事故。因此，对脚手架的选型、构造、搭设质量等决不可疏忽大意。

　　1. 脚手架专项施工方案的编制要求

　　脚手架搭设之前，施工企业应根据工程的特点、施工工艺和不同的施工阶段确定脚手架的类型和相应的搭设施工方案（必要时要求附设计计算书），施工方案必须经技术负责人审批，并报监理工程师审核批准后实施。脚手架的内容应包括基础处理（支撑体系）、搭设要求、杆件间距、连墙设置的位置及连接方法，并绘制施工详图及结点大样图；还应包括脚手架的搭设时间以及拆除时间和顺序等。

2. 使用要求

① 要有足够的操作面，满足材料堆放、运输和工人操作的要求。

② 施工作业期间在各种荷载和气候条件作用下，保证坚固、不变形、不摇晃、不倾斜、稳定。

③ 搭拆简单，搬移方便，能多次周转使用。

④ 因地制宜，就地取材，节约材料。

3. 安全要求

① 使用荷载：脚手架具有荷载安全系数的规定。脚手架的使用荷载是以脚手板上实际作用的荷载为准。一般规定，结构用的里、外承重脚手架，均布荷载不超过 $2.7kN/m^2$，即在脚手架上，堆砖只准单行侧放三层；用于装修工程，均布荷载不超过 $2.0kN/m^2$，桥式、吊挂和挑式等架子，使用荷载必须经过计算和试验来确定。

② 安全系数：脚手架搭拆比较频繁，施工荷载变动较大，因此，安全系数一般均采用允许应力计算，考虑总的安全系数 K，一般取 $K=3$。

多立杆式脚手架大、小横杆的允许挠度，一般暂定为杆件长度的 1/150，桥式架的允许挠度暂定为 1/200。

4. 作业安全要求

负责从事脚手架作业的工人称为架子工，现在规定为建筑登高架设作业人员。

由于架子搭设的技术要求较高，其搭设质量对施工人员的人身安全和施工效率有直接影响，架子搭得不符合要求，容易发生坍塌、坠落等事故。架子工在为他人创造安全的劳动条件，同时自身也可能出现不安全、无防护的高处作业极易发生高处坠落事故。按国家有关规定，施工企业一直把架子工按特殊工种管理。

二、脚手架的分类

脚手架的种类很多，不同种类的脚手架有不同的特点，其搭设方式也不同。脚手架有多种分类方法，常见的分类方法有以下几种。

1. 按用途划分

(1) 操作（作业）脚手架　又分为结构作业脚手架（俗称"砌筑脚手架"）和装修作业脚手架。可分别简称为"结构脚手架"和"装修脚手架"，其架面施工荷载标准值分别规定为 $3kN/m^2$ 和 $2kN/m^2$；

(2) 防护用脚手架　架面施工（搭设）荷载标准值可按 $1kN/m^2$ 计；

(3) 承重、支撑用脚手架　按架面荷载实际使用值计。

2. 按构架方式划分

(1) 杆件组合式脚手架　俗称"多立杆式脚手架"，简称"杆组式脚手架"；

(2) 框架组合式脚手架（简称"框组式脚手架"）　即由简单的平面框架（如门架、梯架、"口"字架、"日"字架和"目"字架等）与连接、撑拉杆件组合而成的脚手架，如门式钢管脚手架、梯式钢管脚手架和其他各种框式构件组装的鹰架等。

(3) 格构件组合式脚手架　即由桁架梁和格构柱组合而成的脚手架，如桥式脚手架〔又有提升（降）式和沿齿条爬升（降）式两种〕。

(4) 台架　具有一定高度和操作平面的平台架，多为定型产品，其本身具有稳定的空间结构。可单独使用或立拼增高与水平连接扩大，并常带有移动装置。

3. 按脚手架的设置形式划分

(1) 单排脚手架　只有一排立杆的脚手架，其横向平杆的另一端搁置在墙体结构上。

（2）双排脚手架　具有两排立杆的脚手架。

（3）多排脚手架　具有三排以上立杆的脚手架。

（4）满堂脚手架　按施工作业范围满设的、两个方向各有三排以上立杆的脚手架。

（5）满高脚手架　按墙体或施工作业最大高度、由地面起满高度设置的脚手架。

（6）交圈（周边）脚手架　沿建筑物或作业范围周边设置并相互交圈连接的脚手架。

（7）特形脚手架　具有特殊平面和空间造型的脚手架，如用于烟囱、水塔、冷却塔以及其他平面为圆形、环形、"外方内圆"形、多边形和上扩、上缩等特殊形式的建筑施工脚手架。

4. 按脚手架的支固方式划分

（1）落地式脚手架　搭设（支座）在地面、楼面、屋面或其他平台结构之上的脚手架。

（2）悬挑脚手架（简称"挑脚手架"）　采用悬挑方式支固的脚手架，其挑支方式又有以下三种，如图 3-1 所示。其中支挑结构有斜撑式、斜拉式、拉撑式和顶固式等。

（3）附墙悬挂脚手架（简称"挂脚手架"）在上部或中部挂设于墙体挑挂件上的定型脚手架。

（4）悬吊脚手架（简称"吊脚手架"）　悬吊于悬挑梁或工程结构之下的脚手架。当采用篮式作业架时，称为"吊篮"。

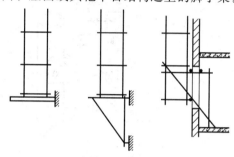

(a) 悬挑梁　　(b) 悬挑三角桁架　(c) 杆件支挑结构

图 3-1　挑脚手架的挑支方式

（5）附着升降脚手架（简称"爬架"）　附着于工程结构、依靠自身提升设备实现升降的悬空脚手架（其中实现整体提升者，也称为"整体提升脚手架"）。

（6）水平移动脚手架　带行走装置的脚手架（段）或操作平台架。

5. 按脚手架平、立杆的连接方式划分

（1）承插式脚手架　在平杆与立杆之间采用承插连接的脚手架。常见的承插连接方式如图 3-2 所示。

（2）扣接式脚手架　使用扣件箍紧连接的脚手架，即靠拧紧扣件螺栓所产生的摩擦作用构架和承载的脚手架。

（3）销栓式脚手架　采用对穿螺栓或销杆连接的脚手架，此种形式已很少使用。

此外，还按脚手架的材料划分为竹脚手架、木脚手架、钢管或金属脚手架；按使用对象或场合划分为高层建筑脚手架、烟囱脚手架、水塔脚手架、凉水塔脚手架以及外脚手架、里脚手架。还有定型与非定型、多功能与单功能之分，但均非严格的界限。

三、脚手架施工安全一般要求

（1）脚手架搭设前应根据工程的特点按照规范、规定，制定施工方案和搭设的安全技术措施。

（2）脚手架搭设或拆除人员必须由符合劳动部颁发的《特种作业人员安全技术培训考核管理规定》经考核合格，领取《特种作业人员操作证》的专业架子工进行。

（3）操作人员应持证上岗。操作时必须配戴安全帽、安全带、穿防滑鞋。

（4）脚手架与高压线路的水平距离和垂直距离必须按照"施工现场对外电线路的安全距离及防护的要求"有关条文要求执行。

（5）大雾及雨、雪天气和 6 级以上大风时，不得进行脚手架上的高处作业。雨、雪天后

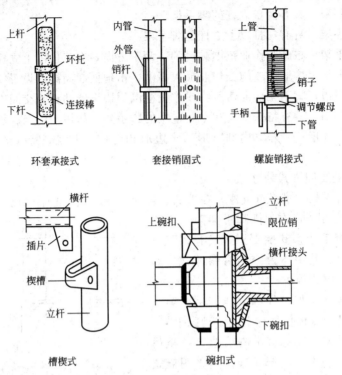

图 3-2 承插连接构造的形式

作业，必须采取安全防滑措施。

（6）脚手架搭设作业时，应按形成基本构架单元的要求逐排、逐跨和逐步地进行搭设，矩形周边脚手架宜从其中的一个角部开始向两个方向延伸搭设。确保已搭部分稳定。

门式脚手架以及其他纵向竖立面刚度较差的脚手架，在连墙点设置层宜加设纵向水平长横杆与连接件连接。

（7）搭设作业，应按以下要求作好自我保护和保护好作业现场人员的安全。

① 在架上作业人员应穿防滑鞋和佩挂好安全带。保证作业的安全，脚下应铺设必要数量的脚手板，并应铺设平稳，且不得有探头板。当暂时无法铺设落脚板时，用于落脚或抓握、把（夹）持的杆件均应为稳定的构架部分，着力点与构架节点的水平距离应不大于0.8m，垂直距离应不大于1.5m。位于立杆接头之上的自由立杆（尚未与水平杆连接者）不得用作把持杆。

② 架上作业人员应作好分工和配合，传递杆件应掌握好重心，平稳传递。不要用力过猛，以免引起人身或杆件失衡。对每完成的一道工序，要相互询问并确认后才能进行下一道工序。

③ 作业人员应佩戴工具袋，工具用后装于袋中，不要放在架子上，以免掉落伤人。

④ 架设材料要随上随用，以免放置不当时掉落。

⑤ 每次收工以前，所有上架材料应全部搭设上，不要存留在架子上，而且一定要形成稳定的构架，不能形成稳定构架的部分应采取临时撑拉措施予以加固。

⑥ 在搭设作业进行中，地面上的配合人员应避开可能落物的区域。

（8）架上作业时的安全注意事项具体如下。

① 作业前应检查作业环境是否可靠，安全防护设施是否齐全有效，确认无误后方可

作业。

② 作业时应注意随时清理落在架面上的材料，保持架面上规整清洁，不要乱放材料、工具，以免影响作业的安全和发生掉物伤人。

③ 在进行撬、拉、推等操作时，要注意采取正确的姿势，站稳脚跟，或一手把持在稳固的结构或支持物上，以免用力过猛身体失去平衡或把东西甩出。在脚手架上拆除模板时，应采取必要的支托措施，以防拆下的模板材料掉落架外。

④ 当架面高度不够、需要垫高时，一定要采用稳定可靠的垫高办法，且垫高不要超过50cm；超过50cm时，应按搭设规定升高铺板层。在升高作业面时，应相应加高防护设施。

⑤ 在架面上运送材料经过正在作业中的人员时，要及时发出"请注意"、"请让一让"的信号。材料要轻搁稳放，不许采用倾倒、猛磕或其他匆忙卸料方式。

⑥ 严禁在架面上打闹戏耍、退着行走和跨坐在外防护横杆上休息。不要在架面上抢行、跑跳，相互避让时应注意身体不要失衡。

(9) 在脚手架上进行电气焊作业时，要铺铁皮接着火星或移去易燃物，以防火星点燃易燃物。并应有防火措施。一旦着火时，及时予以扑灭。

(10) 其他安全注意事项具体如下。

① 运送杆配件应尽量利用垂直运输设施或悬挂滑轮提升，并绑扎牢固。尽量避免或减少用人工层层传递。

② 除搭设过程中必要的1～2步架的上下外，作业人员不得攀缘脚手架上下，应走房屋楼梯或另设安全梯；在搭设脚手架时，不得使用不合格的架设材料。

③ 作业人员要服从统一指挥，不得自行其是。

(11) 钢管脚手架的高度超过周围建筑物或在雷暴较多的地区施工时，应安设防雷装置。其接地电阻应不大于4Ω。

(12) 架上作业应按规范或设计规定的荷载使用，严禁超载。并应遵守如下要求。

① 作业面的荷载包括脚手板、人员、工具和材料，当施工组织设计无规定时，应按规范的规定值控制，即结构脚手架不超过3kN/m²；装修脚手架不超过2kN/m²；维护脚手架不超过1kN/m²。

② 脚手架铺脚手板的层和同时作业层的数量不得超过规定。

③ 垂直运输设施（如物料提升架等）与脚手架之间的转运平台的铺板层数和荷载控制应按施工组织设计的规定执行，不得任意增加铺板层的数量和在转运平台上超载堆放材料。

④ 架面荷载应力求均匀分布，避免荷载集中于一侧。

⑤ 过梁等墙体构件要随运随装，不得存放在脚手架上。

⑥ 较重的施工设备（如电焊机等）不得放置在脚手架上。严禁将模板支撑、缆风绳、泵送混凝土及砂浆的输送管等固定在脚手架上及任意悬挂起重设备。

(13) 架上作业时，不要随意拆除基本结构杆件和连墙件，因作业的需要必须拆除某些杆件和连墙点时，必须取得施工主管和技术人员的同意，并采取可靠的加固措施后方可拆除。

(14) 架上作业时，不要随意拆除安全防护设施，未有设置或设置不符合要求时，必须补设或改善后，才能上架进行作业。

(15) 脚手架拆除作业前，应制订详细的拆除施工方案和安全技术措施。并对参加作业全体人员进行技术安全交底，在统一指挥下，按照确定的方案进行拆除作业，注意事项如下。

① 要按照先上后下、先外后里、先架面材料后构架材料、先辅件后结构件和先结构件后附墙件的顺序、逐一地松开联结、取出并随即吊下（或集中到毗邻的未拆的架面上，扎捆后吊下）。

② 拆卸脚手板、杆件、门架及其他较长、较重、有两端联结的部件时，必须要两人或多人一组进行。禁止单人进行拆卸作业，防止把持杆件不稳、失衡而发生事故。拆除水平杆件时，松开结后，水平托持取下。拆除立杆时，在把稳上端后，再松开下端联结取下。

③ 多人或多组进行拆卸作业时，应加强指挥，并相互询问和协调作业步骤，严禁不按程序进行的任意拆卸。

④ 因拆除上部或一侧的附墙拉结而使架子不稳时，应加设临时撑拉措施，以防因架子晃动影响作业安全。

⑤ 拆卸现场应有可靠的安全围护，并设专人看管，严禁非作业人员进入拆卸作业区内。

⑥ 严禁将拆卸下的杆部件和材料向地面抛掷。已吊至地面的架设材料应随时运出拆卸区域，保持现场文明。

第二节　脚手架工程中的安全事故及其防止措施

建筑脚手架在搭设、使用和拆除过程中发生的安全事故，一般都会造成程度不同的人员伤亡和经济损失，甚至出现导致死亡 3 人以上的重大事故，带来严重的后果和不良的影响。在屡发不断、为数颇多的事故中，反复出现的多发事故占了很大的比重。

一、脚手架工程多发事故的类型

① 整架倾倒或局部垮架；

② 整架失稳、垂直坍塌；

③ 人员从脚手架上高处坠落；

④ 落物伤人（物体打击）；

⑤ 不当操作事故（闪失、碰撞等）。

二、引发事故的直接原因

在造成事故的原因中，有直接原因和间接原因。这两方面原因都很重要，都要查找。在直接原因中有技术方面的、操作和指挥方面的以及自然因素的作用。

1. 诱发以下两类多发事故的主要直接原因

（1）整架倾倒、垂直坍塌或局部垮架

① 构架缺陷：构架缺少必需的结构杆件，未按规定数量和要求设连墙件等；

② 在使用过程中任意拆除必不可少的杆件和连墙件；

③ 构架尺寸过大、承载能力不足或设计安全度不够与严重超载；

④ 地基出现过大的不均匀沉降。

（2）人员高空坠落

① 作业层未按规定设置围挡防护；

② 作业层未满铺脚手板或架面与墙之间的间隙过大；

③ 脚手板和杆件因搁置不稳、扎结不牢或发生断裂而坠落；

④ 不当操作产生的碰撞和闪失。

2. 不当操作大致有以下情形

① 用力过猛，致使身体失去平衡；

② 在架面上拉车退着行走或拥挤碰撞；

③ 集中多人搬运重物或安装较重的构件；

④ 架面上的冰雪未清除，造成滑跌。

3. 防止事故发生的措施

（1）必须确保脚手架的构架和防护设施达到承载可靠和使用安全的要求。在编制施工组织设计、技术措施和施工应用中，必须对以下方面作出明确的安排和规定：

① 对脚手架杆配件的质量和允许缺陷的规定；

② 脚手架的构架方案、尺寸以及对控制误差的要求；

③ 连墙点的设置方式、布点间距，对支承物的加固要求（需要时）以及某些部位不能设置时的弥补措施；在工程体形和施工要求变化部位的构架措施；

④ 作业层铺板和防护的设置要求；

⑤ 对脚手架中荷载大、跨度大、高空间部位的加固措施；

⑥ 对实际使用荷载（包括架上人员、材料机具以及多层同时作业）的限制；

⑦ 对施工过程中需要临时拆除杆部件和拉结件的限制以及在恢复前的安全弥补措施；

⑧ 安全网及其他防（围）护措施的设置要求；

⑨ 脚手架地基或其他支承物的技术要求和处理措施。

（2）必须严格地按照规范、设计要求和有关规定进行脚手架的搭设、使用和拆除，坚决制止乱搭、乱改和乱用情况。在这方面出现的问题很多，难以全面地归纳起来，大致归纳如下。

乱改和乱搭问题：

① 任意改变构架结构及其尺寸；任意改变连墙件设置位置，减少设置数量；

② 使用不合格的杆配件和材料；任意减少铺板数量、防护杆件和设施；

③ 在不符合要求的地基和支承物上搭设；

④ 不按质量要求搭设，立杆偏斜，连接点松弛；

⑤ 不按规定的程序和要求进行搭设和拆除作业。在搭设时未及时设置拉撑杆件；在拆除时过早地拆除拉结杆件和连接件；

⑥ 在搭、拆作业中未采取安全防护措施，包括不设置防（围）护和不使用安全防护用品；

⑦ 不按规定要求设置安全网。

乱用问题：

① 随意增加上架的人员和材料，引起超载；

② 任意拆去构架的杆配件和拉结；任意抽掉、减少作业层脚手板；

③ 在架面上任意采取加高措施，增加了荷载，加高部分无可靠固定、不稳定，防护设施也未相应加高；站在不具备操作条件的横杆或单块板上操作；

④ 工人进行搭设和拆除作业不按规定使用安全防护用品；

⑤ 在把脚手架作为支撑和拉结的支撑物时，未对构架采用相应的加强措施；

⑥ 在架上搬运超重构件和进行安装作业；

⑦ 在不安全的天气条件（六级以上风天，雷雨和雪天）下继续施工；

⑧ 在长期搁置以后未作检查的情况下重新启用。

（3）必须健全规章制度、加强规范管理、制止和杜绝违章指挥和违章作业。

（4）必须完善防护措施和提高施管人员的自我保护意识和素质。

三、防止脚手架事故的技术与管理措施

（1）随着高层和高难度施工工程的大量出现，多层建筑脚手架的构架作法已不能适应和满足它们的施工要求，不能仅靠工人的经验进行搭设，必须进行严格的设计计算，并使施工管理人员掌握其技术和施工要求，以确保安全。

（2）对于首次使用，没有先例的高、难、新脚手架，在周密设计的基础上，还需要进行必要的荷载试验，检验其承载能力和安全储备，在确保可靠后才能正式使用。

（3）对于高层、高耸、大跨建筑以及有其他特殊要求的脚手架，由于在安全防护方面的要求相应提高，因此，必须对其设置、构造和使用要求加以严格的限制，并认真监控。

（4）建筑脚手架多功能用途的发展，对其承载和变形性能（例如作模板支撑架时，将同时承受垂直和侧向荷载的作用）提出了更高的要求，必须予以考虑。

（5）按提高综合管理水平的要求，除了技术的可靠性和安全保证性外，还要考虑进度、工效、材料的周转与消耗综合性管理要求；对已经落后或较落后的架设工具的改造与更新要求。

脚手架安全技术规范是实施规范化管理的依据，其编制工作已进行近 20 年，目前，已公布实施的有《建筑施工扣件式钢管脚手架安全技术规范》（JGJ 130—2001）、《建筑施工门式钢管脚手架安全技术规范》（JGJ 128—2000）以及对附着升降脚手架管理的暂行规定等。

第三节　脚手架的设计计算

一、脚手架设计计算的统一规定

（一）脚手架的设计内容及方法

1. 建筑施工脚手架的设计内容。

（1）设置方案的选择　包括：①脚手架的类别；②脚手架构架的形式和尺寸；③相应的设置措施［基础、支承、整体拉结和附墙连接、进出（或上下）措施等］。

（2）承载可靠性的验算　包括：①构架结构和杆件验算；②地基、基础和其他支承结构的验算；③专用加工件验算。

（3）安全使用措施　包括：①作业面的防（围）护；②整架和作业区域（涉及的空间环境）的防（围）护；③进行安全搭设、移动（升降）和拆除的措施；④安全使用措施。

2. 脚手架结构设计采用的方法

各种脚手架结构都属于临时（设）性建筑结构范畴，因此，一律采用《建筑结构可靠度设计统一标准》（GB 50068—2001）规定的"概率极限状态设计法"，其基本概念扼要介绍如下。

不论什么结构，当其整个结构或结构的一部分超过某一特定状态就不能满足设计规定的某一功能要求时，这个特定状态就称为该功能的极限状态。结构的极限状态有两类。

（1）承载能力极限状态　结构或结构构件达到其最大承载能力或出现不适于继续承载的变形的某一特定的状态。对于建筑工程结构，当出现下列状态时，即认为超过了承载能力极限状态。

① 整个结构或结构的一部分作为刚体失去平衡（如倾覆等）；

② 结构构件或连接节点构造的承载因超过材料的强度而破坏（包括疲劳）或因出现过

度的塑性变形而不适于继续承载；

③ 结构转变为机动体系；结构或构件丧失稳定（如压屈等）。

（2）正常使用极限状态 结构或构件达到正常使用或耐久性能的某项规定限值的特定状态。对于建筑工程结构，当出现下列状态之一时，即认为超过了正常使用状态。

① 影响正常使用的外观的变形；

② 影响正常使用的耐久性能的局部损坏（包括裂缝）；

③ 影响正常使用的振动；影响正常使用的其他特定状态。

对于建筑脚手架结构（包括使用脚手架材料组装的支撑架）来说，由于对构架杆配件的质量和缺陷都作了规定，且在出现正常使用极限状态时会有明显的征兆和发展过程，有时间采取相应措施而不会出现突发性事故。因此，在脚手架设计时一般不考虑正常使用极限状态，而主要考虑其承载能力极限状态。

在上述四种承载能力极限状态中，倾覆问题可通过加强结构的整体性和附墙拉结来解决（对拉结件进行抗水平力作用的计算）；转变为机动体系的问题也可用合理的构造（如加设适量的斜杆和剪刀撑）来解决而不必计算。因此应考虑的是强度和稳定的计算。而脚手架整体或局部丧失稳定是脚手架破坏的主要危险所在，因而是最主要的设计计算项目。

对于结构的各种极限状态，均应规定或给予明确的标志或限值，即给定或预先规定用以量度结构的可靠度的可靠指标。

结构在规定的时间内和规定的条件下完成预定功能（即设计要求）的概率，称为结构的可靠度。它是结构可靠性的概率量度，并采用以概率理论为基础的极限状态设计方法确定。在各种因素的影响下，结构完成预定功能的能力不能事先确定，只能用概率来描述，这是从统计数学出发的、比较科学的方法。

由于"概率极限状态设计法"中所涉及的作用效应和抗力值等都是以大量的统计数据为基础并经过概率分析后确定的，而对于各种脚手架结构来说，虽然也作了一些数据统计工作，但远远达不到用概率理论确定它的数据的程度。为了与现行建筑结构规范的计算理论和方法衔接，以便可以利用它们的计算方法和有关适合的数据。

因此，建筑脚手架结构可靠度的校核方法规定为：按概率极限状态设计法计算的结果，在总体效果上应与脚手架使用的历史经验大体一致。

（二）脚手架构架结构的计（验）算项目

① 构架的整体稳定性计算。构架的整体稳定性计算，可转化为立杆稳定性计算。

② 单肢立杆的稳定性计算。当单肢立杆稳定性计算已包括在整体稳定性计算中，且立杆未显著超出构架的计算长度和使用荷载时，可以略去此项计算。

③ 平杆的强度、稳定和刚度计算。

④ 附着和连墙件的强度和稳定验算；抗倾覆验算。

⑤ 悬挂件、挑支撑拉件的验算（根据其受力状态确定验算项目）。

⑥ 地基基础和支撑结构的验算。

（三）脚手架荷载计算

脚手架荷载计算的规定具体如下。

（1）荷载类别的划分

① 恒荷载（永久荷载）：脚手架构架材料、脚手板和防护设施材料的自重。

② 活荷载（可变荷载）：包括施工荷载（作业层上人员、材料、机具的重量）和风荷

载。计算时不考虑雪荷载、地震作用等其他活荷载。

（2）荷载标准值的确定

① 恒荷载标准值 G_k　一般按《建筑结构荷载规范》（GB 5007—2001）附录一确定。对木脚手板、竹串片脚手板，考虑到搭接、吸水、沾浆等因素，取自重标准值为 0.35kPa（按厚度 50mm 计，其他厚度时，可按厚度比予以调整）。

其他情况下可采用：①材料自重的理论值；②材料自重的测定统计值，即按相应材料检验标的采样批量（无标准时，可根据单件材料自重的变化程度酌定）测定其自重的平均值 $\overline{G_x}$，然后加上 2 倍标准差，即：

$$G_k = \overline{G_x} + 2\sqrt{\frac{1}{n-1}\sum_{i=1}^{n}(G_{xi} - \overline{G_x})^2} \tag{3-1}$$

式中　n——统计的数量（件）。

② 施工荷载标准值 Q_k　对结构作业架取 3kN/mm²；对装修作业架取 2kN/mm²；对吊篮、桥式脚手架等轻荷载脚手架按实际值取用，但不得低于 1kN/mm²。

一般应控制脚手架的使用荷载不超过该规定值。若施工中脚手架的实用施工荷载超过以上规定时，应按可能出现的最大值进行计算。

③ 风荷载标准值 W_k

垂直于脚手架外表面的风压标准值 W_k，按下式计算：

$$W_k = 0.7\mu_s\mu_z W_0 \tag{3-2}$$

式中　μ_z——风压高度变化系数，按《建筑结构荷载规范》（GBJ 9—87）表 6.2.1 选用；

W_0——基本风压（kN/m²），采用《建筑结构荷载规范》（GBJ 9—87）中的规定值；

0.7——按 5 年重现期计算的基本风压折减系数。对某些特殊情况，可采用高于 0.7 的值，但不得低于此值；

μ_s——风荷载体型系数，按表 3-1 选用。

表 3-1　脚手架风荷载体型系数 μ_s

背靠建筑物的状况		全封闭	敞开、开洞
脚手架状况	各种封闭情况	1.0φ	1.3φ
	敞开	μ_{stw}	

注：1. μ_{stw} 为按桁架确定的脚手架本身构架结构的风荷载体型系数，可参照《建筑结构荷载规范》（GBJ 9—87）表 6.3.1 中第 31、32 和 36 项计算。

2. φ 为按脚手架封闭情况确定的挡风系数，φ＝挡风面积 A_n/迎风面积 A_w。

3. 各种封闭情况包括全封闭、半封闭和局部封闭。

在基本风压小于 0.35kN/m² 的地区，对于敞开式脚手架，当搭设高度小于 50m，连墙件均匀设置且每点覆盖面积不大于 30m²，构造符合规范规定时，验算脚手架的稳定性，可以不考虑风荷载的作用。在其他情况下，设计中均应考虑风荷载。

二、落地式扣件钢管脚手架计算

扣件式钢管脚手架主要由钢管和扣件组成。脚手架的搭设，根据使用不同，分为单排、双排、满堂红等数种。钢管规格一般采用外径 48mm 壁厚 3.5mm 的焊接钢管或外径 51mm 壁厚 3～4mm 的无缝钢管，整个脚手架系统则由立杆、小横杆、大横杆、剪刀撑、拉撑件、脚手板以及连接它们的扣件组成。立杆用对接扣件连接，纵向设大横杆连接，与立杆用直角扣件或回转扣件连接，并设适当斜杆以增强稳定性。在顶部横杆上设小横杆，上铺脚手板（图 3-3）。一般扣件式钢管脚手架的构造参数详见表 3-2。

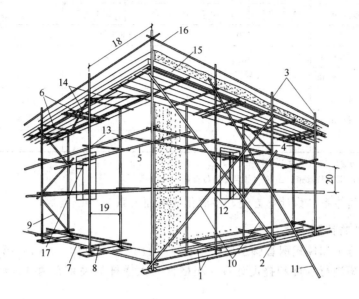

图 3-3　钢管扣件式脚手架构造

1—垫板；2—底座；3—外立柱；4—内立柱；5—纵向水平杆；6—横向水平杆；7—纵向扫地杆；8—横向扫地杆；9—横向斜撑；10—剪刀撑；11—抛撑；12—旋转扣件；13—直角扣件；14—水平斜撑；15—挡脚板；16—防护栏杆；17—连墙件；18—柱距；19—排距；20—步距

表 3-2　脚手架基本构造尺寸参数　　　　　　　　　　　　　　　　　　　m

材　料	类　型	基本尺寸参数						备　注
		内立杆距墙	立杆间距		小横杆		大横杆步距	
			横向	纵向	外伸	间距		
木杆脚手	单排		1.2~1.5	1.5~1.8		≤1	1.2~1.4	
	双排	0.5	1~1.5	1.5~1.8	0.4~0.45	≤1	1.2~1.4	
竹脚手		0.5	1~1.3	1.3~1.5	0.4~0.5	≤0.75	1.2	
钢管脚手	单排		1.2~1.5	2.0		0.67	1.2~1.4	
	双排	0.5	1.5	2	0.4~0.45	1.0	1.2~1.4	
	单排		1.2~1.5	2.2		1.1	1.6~1.8	装修
	双排	0.5	1.5	2.2	0.4~0.45	1.1	1.6~1.8	

作用在脚手架上的荷载，一般有施工荷载（操作人员和材料及设备等重力）和脚手架自重力。各种荷载的作用部位和分布可按实际情况采用。脚手架用小横杆附在砖墙上（单排）或用拉撑件与建筑物拉结。荷载的传递程序是：脚手板→小横杆→大横杆→立杆→底座→地基。

扣件是构成架子的连接件和传力件，它通过与立杆之间形成的摩擦阻力将横杆的荷载传给立杆。试验资料表明，由摩阻力产生的抗滑能力约为 10kN，考虑施工中的一些不利因素，可采用安全系数 $k=2$，取 5kN。表 3-3 为扣件性能试验规定的合格标准。

表 3-3　扣件性能试验的合格标准

性能试验名称		直角扣件		旋转扣件		对接扣件	底　座
抗滑试验	荷载/N	7200	10200	7200	10200	—	—
	位移值/mm	$\Delta_1 \leqslant 0.7$	$\Delta_2 \leqslant 0.5$	$\Delta_1 \leqslant 0.7$	$\Delta_2 \leqslant 0.5$	—	—
抗破坏试验/N		25500		17300		—	—
扭转刚度试验	力矩/N·m	918				—	—
	位移值或转角	无规定				—	—
抗拉试验	荷载/N	—				4100	—
	位移值/mm					$\Delta \leqslant 2.0$	—
抗压试验/N		—				—	51000

注：1. 试验采用的螺旋扭力矩为 10kN·m。

2. 表中 Δ_1 为横杆的垂直位移值；Δ_2 为扣件后部的位移值。

脚手架为空间体系，为计算方便，多简化成平面力系。

（一）小横杆的计算

根据《建筑施工扣件式钢管脚手架安全技术规范》（JGJ 130—2001）第 5.2.4 条规定，小横杆按照简支梁进行强度和挠度计算。小横杆与大横杆的关系有两种，计算方式也有所不同。

若大横杆在小横杆的上面，用大横杆支座的最大反力计算值作为小横杆集中荷载，在最不利荷载布置下计算小横杆的最大弯矩和变形；

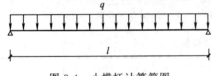

图 3-4　小横杆计算简图

若小横杆在大横杆的上面，按照小横杆上面的脚手板和活荷载作为均布荷载计算小横杆的最大弯矩和变形。本教材只讲述小横杆在大横杆的上面的计算。计算简图如图 3-4 所示。

1. 小横杆弯曲强度计算

小横杆按实际堆放位置的标准计算其最大弯矩，其弯曲强度可按下式计算：

$$\sigma = \frac{M_x}{W_n} \leqslant f \tag{3-3}$$

式中　σ——小横杆的弯曲应力，N/mm^2；

M_x——小横杆计算的最大弯矩，$M_x = ql^2/8$，$N \cdot m$；

W_n——小横杆的净截面抵抗矩，mm^4；

f——钢管的抗弯、抗压强度设计值，$f = 205N/mm^2$。

2. 小横杆挠度核算

小横杆挠度核算，将荷载换算成等效均布荷载，按下式进行核算：

$$\omega = \frac{5ql^4}{384EI} \leqslant [\omega] \tag{3-4}$$

式中　ω——小横杆的挠度；

q——脚手板作用在小横杆上的等效均布荷载；

l——小横杆的跨度；

E——钢材的弹性模量；

I——小横杆的截面惯性矩；

$[\omega]$——受弯杆件的容许挠度，取 $1/150$。

（二）大横杆计算

1. 弯曲强度计算

大横杆按三跨连续梁计算（图 3-5）。用小横杆支座最大反力计算值。在最不利荷载布置计算其最大弯矩值，其弯曲强度按式（3-3）核算。

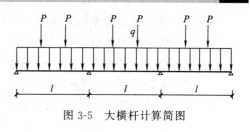

图 3-5　大横杆计算简图

当脚手架外侧有遮盖物或有六级以上大风时，须按双向弯曲求取最大组合弯矩，再进行核算。

2. 挠度核算

用标准值的最大反力值进行最不利荷载布置求其最大弯矩值，然后核算成等效均布值，可按下式进行挠度核算：

$$\omega = \frac{0.99q'l^4}{100EI} \leqslant [\omega] \qquad (3-5)$$

式中　q'——脚手板作用在大横杆上的等效均布荷载。

（三）立杆计算

作用于脚手架的荷载包括静荷载、活荷载和风荷载。静荷载标准值包括以下内容：每米立杆承受的结构自重标准值（kN）；脚手板的自重标准值（kN/m²）；栏杆与挡脚手板自重标准值（kN/m）；吊挂的安全设施荷载，包括安全网（kN/m²）等。活荷载为施工荷载标准值产生的轴向力总和，内、外立杆按一个纵距内施工荷载总和的 1/2 取值。

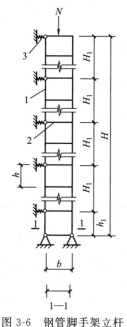

图 3-6　钢管脚手架立杆
稳定性计算简图

1—立杆；2—小横杆；3—弹性支承；
H—搭设高度；H_1—连墙点竖向间距；
h—步距；b—立杆横距；h_1—脚手架底步或门洞处的步距

1. 立杆的稳定性计算

脚手架立杆的整体稳定，按图 3-6 所示轴心受力格构式压杆计算，其格构式压杆由内、几外排立杆及横向水平杆组成。

（1）不考虑风载时，立杆按下式核算：

$$\frac{N}{\varphi A} \leqslant K_A K_H f \qquad (3-6)$$

其中
$$N = 1.2(n_1 N_{GK1} + N_{GK2}) + 1.4 N_{QK} \qquad (3-7)$$

式中　N——格构式压杆的轴心压力；

N_{GK1}——脚手架自重产生的轴力，高为一步距，宽为一个纵距的脚手架，自重可由表 3-4 查得；

N_{GK2}——脚手架附件及物品重产生的轴力，一个纵距脚手架的附件及物品重可由表 3-5 查得；

N_{QK}——一个纵距内脚手架施工荷载标准值产生的轴力，可由表 3-6 查得；

n_1——脚手架的步距数；

φ——格构式压杆整体稳定系数，按换算长细比 $\lambda_{cx} = \mu \lambda_x$ 由表 3-7 查取；

λ_x——格构式压杆长细比，由表 3-8 查取；

μ——换算长细比系数，由表 3-9 查取；

A——脚手架内外排立杆的毛截面之和，mm^2；

K_A——与立杆截面有关的调整系数，当内外排立杆均采用两根钢管组合时，取 $K_A=$ 0.7；内外排均为单根时，$K_A=0.85$；

K_H——与脚手架高度有关的调整系数，当 $H \leqslant 25m$ 时，取 $K_H=0.8$；$H>25m$ 时，$K_H=1/(1+H/100)$，H 为脚手架高度；

f——钢管的抗弯、抗压强度设计值，N/mm^2。

(2) 考虑风载时，立杆按下式核算：

$$\sigma = \frac{N}{\varphi A} + \frac{M}{b_1 A_1} \leqslant K_A K_H f \tag{3-8}$$

式中 M——风荷载作用对格构式压杆产生的弯矩，可按 $M = q_1 H^2/8$ 计算；

q_1——风荷载作用于格构式压杆的线荷载，N/m；

b_1——截面系数，取 $1.0 \sim 1.15$；

A_1——内排或外排的单排立杆危险截面的毛截面积，mm^2；

其他符号意义同前。

表 3-4　一步一纵距的钢管、扣件重量 N_{GK1}　　　　　kN

立杆纵距 L/m	步　距　h/m				
	1.2	1.35	1.5	1.8	2.0
1.2	0.351	0.366	0.380	0.411	0.431
1.5	0.380	0.396	0.411	0.442	0.463
1.8	0.4098	0.425	0.441	0.474	0.496
2.0	0.429	0.445	0.462	0.495	0.517

表 3-5　脚手架一个立杆纵距的附件及物品重 N_{GK2}　　　　　kN

立杆横距 b/m	立杆纵距 L/m	脚手架上脚手板铺设层数		
		二层	四层	六层
1.05	1.2	1.372	2.360	3.348
	1.5	1.715	2.950	4.185
	1.8	2.058	3.540	5.022
	2.0	2.286	3.933	5.580
1.3	1.2	1.549	2.713	3.877
	1.5	1.936	3.391	4.847
	1.8	2.324	4.069	5.816
	2.0	2.581	4.521	6.492
1.55	1.2	1.725	3.066	4.406
	1.5	2.156	3.832	5.508
	1.8	2.587	4.598	6.609
	2.0	2.875	5.109	7.344

注：本表根据脚手板 $0.3kN/mm^2$，操作层的档脚板 $0.036N/m$，护栏 $0.037N/m$，安全网 $0.049kN/m^2$（沿脚手架纵向）计算，当实际与此不符时，应根据实际荷载计算。

表 3-6 一个立杆纵距的施工荷载标准值产生的轴力 N_{QK} kN

立杆横距 b/m	立杆纵距 L/m	均布施工荷载/(kN/m²)				
		1.5	2.0	3.0	4.0	5.0
1.05	1.2	2.52	3.36	5.04	6.72	8.40
	1.5	3.15	4.20	6.30	8.40	10.50
	1.8	3.78	5.04	7.56	10.08	12.60
	2.0	4.20	5.60	8.40	11.20	14.00
1.3	1.2	2.97	3.96	5.94	7.92	9.90
	1.5	3.71	4.95	7.43	9.90	12.38
	1.8	4.46	5.94	8.91	11.80	14.85
	2.0	4.95	6.60	9.90	13.20	16.50
1.55	1.2	3.12	4.56	6.84	9.12	11.40
	1.5	4.28	5.70	8.55	11.40	14.25
	1.8	5.13	6.84	10.26	13.68	17.10
	2.0	5.70	7.60	11.40	15.20	19.00

表 3-7 轴心受压构件的稳定系数 φ (Q235 钢)

λ	0	1	2	3	4	5	6	7	8	9
0	1.000	0.997	0.995	0.992	0.989	0.987	0.984	0.981	0.979	0.976
10	0.974	0.971	0.968	0.966	0.963	0.960	0.958	0.955	0.952	0.949
20	0.947	0.944	0.941	0.938	0.936	0.933	0.930	0.927	0.924	0.921
30	0.918	0.915	0.912	0.909	0.906	0.903	0.899	0.896	0.893	0.889
40	0.886	0.882	0.879	0.875	0.872	0.868	0.864	0.861	0.858	0.855
50	0.852	0.849	0.846	0.843	0.839	0.836	0.832	0.829	0.852	0.822
60	0.818	0.814	0.810	0.806	0.802	0.797	0.793	0.789	0.784	0.779
70	0.775	0.770	0.765	0.760	0.755	0.750	0.744	0.739	0.733	0.728
80	0.722	0.716	0.710	0.704	0.698	0.692	0.686	0.680	0.673	0.677
90	0.661	0.654	0.648	0.641	0.634	0.625	0.618	0.611	0.603	0.595
100	0.588	0.580	0.573	0.566	0.558	0.551	0.544	0.537	0.530	0.523
110	0.516	0.509	0.502	0.496	0.489	0.483	0.476	0.470	0.346	0.458
120	0.452	0.446	0.440	0.434	0.428	0.423	0.417	0.421	0.406	0.401
130	0.390	0.391	0.386	0.381	0.376	0.371	0.367	0.362	0.357	0.353
140	0.349	0.344	0.340	0.336	0.332	0.328	0.324	0.320	0.316	0.321
150	0.308	0.306	0.301	0.298	0.294	0.291	0.287	0.284	0.281	0.277
160	0.274	0.271	0.268	0.265	0.262	0.259	0.256	0.253	0.251	0.248
170	0.245	0.243	0.240	0.237	0.235	0.232	0.230	0.227	0.225	0.223
180	0.220	0.218	0.216	0.214	0.211	0.209	0.207	0.205	0.203	0.201
190	0.199	0.191	0.195	0.193	0.191	0.189	0.188	0.186	0.184	0.182
200	0.180	0.179	0.177	0.175	0.174	0.172	0.171	0.169	0.167	0.166
210	0.164	0.163	0.161	0.160	0.159	0.157	0.156	0.154	0.153	0.152
220	0.150	0.149	0.148	0.146	0.145	0.144	0.143	0.141	0.141	0.139
230	0.138	0.137	0.136	0.135	0.133	0.132	0.131	0.130	0.129	0.128
240	0.127	0.126	0.125	0.124	0.123	0.122	0.121	0.120	0.119	0.118
250	0.117									

表 3-8   格构式压杆的长细比 λ_x

脚手架的立杆横距/m	脚手架与主体结构连墙点竖向间距 H_1/m								
	2.7	3.0	3.6	4.0	4.05	4.5	4.8	5.4	6.0
1.05	5.14	5.71	6.86	7.62	7.71	8.57	9.14	10.28	11.43
1.30	4.15	4.62	5.54	6.15	6.23	6.92	7.38	8.31	9.23
1.55	3.50	3.87	4.65	5.16	5.23	5.81	6.19	6.97	7.7

注：1. 表中数据根据 $\lambda_x = \dfrac{2H_1}{b}$ 计算。H_1 为脚手架连墙点的竖向间距，b 为立杆横距。

2. 当架手架底步以上的步距 h 及 H_1 不同时，应从底步以上较大的 H_1 作为查表依据。

表 3-9   换算长细比系数 μ

脚手架立杆横距/m	脚手架与主体结构连墙点的竖向间距 H_1（步距数）		
	2h	3h	4h
1.05	25	20	16
1.30	32	24	19
1.55	40	30	24

注：表中数据是根据脚手架连墙点纵向间距为 3 倍立杆纵距计算所得，若为 4 倍时应乘以 1.03 的增大系数。

2. 双排脚手架单杆稳定性按下式核算：

$$\frac{N_1}{\varphi_1 A_1} + \sigma_m \leqslant K_A K_H f \tag{3-9}$$

式中　N_1——不考虑风载时由 N 计算的内排或外排计算截面的轴心压力，kN；

φ_1——按 $\lambda_1 = h_1 / i_1$ 查表 3-10 得的稳定系数；

h_1——脚手架底步或门洞处的步距，m；

i_1——内排或外排立杆的回转半径，mm；

A_1——内排或外排立杆的毛截面积，mm^2；

σ_m——操作处水平杆对立杆偏心传力产生的附加应力，当施工荷载 $Q_K = 20\text{kN/m}^2$ 时，取 $\sigma_m = 35\text{N/mm}^2$；当 $Q_K = 30\text{kN/m}^2$ 时，取 $\sigma_m = 55\text{N/mm}^2$，非施工层的 $\sigma_m = 0$。

其他符号意义同前。

注：当底步步距较大，而 H 及上部步距较小时，此项计算起控制作用。

（四）脚手架与结构的连接计算

1. 连接件抗拉、抗压强度计算

（1）抗拉强度计算公式：　　　$\sigma = \dfrac{N_t}{A_n} \leqslant 0.85 f \tag{3-10}$

（2）抗拉强度计算公式：　　　$\sigma = \dfrac{N_c}{A_n} \leqslant 0.85 f \tag{3-11}$

式中　σ——连接件的抗拉或抗压强度；

$N_t (N_c)$——风荷载作用对连墙点处产生的拉力或压力，由 $N_t (N_c) = 1.4 H_1 L_1 W$ 计算；

H_1，L_1——连墙点的竖向及水平间距，m；

W——风载标准值，kPa；

A_n——连接件的净截面积，mm^2；

f——钢管的抗拉、抗压强度设计值，N/mm^2。

2. 连接件与脚手架及主体结构的连接强度按下式计算：

$$N_t(N_c) \leqslant [N_V^C] \tag{3-12}$$

式中　$[N_V^C]$——连接件的抗压或抗拉设计承载力，采用扣件时，$[N_V^C]=6kN/$只。

（五）脚手架最大搭设高度计算

双排扣件式钢管脚手架一般搭设高度不宜超过50m，当超过50m时，应采取分段搭设或分段卸荷的措施。

由地面起或挑梁上的每段脚手架最大搭设高度可按下式计算：

$$H_{max} \leqslant \frac{H}{1+H/100} \tag{3-13}$$

其中

$$H = \frac{K_A \varphi_{Af} - 1.3(N_{GK2}+1.4N_{QK})}{1.2N_{GK1}}h \tag{3-14}$$

式中　H_{max}——脚手架最大搭设高度，m；

φ_{Af}——格构式压杆的稳定系数，可由表3-10查取；

h——脚手架的步距，m。

其他符号意义同前。

表3-10　格构式压杆的 φ_{Af}　　　　　　　　　　　　　　kN

立杆横距 b/m	H_1	步　距 h/m				
		1.20	1.35	1.50	1.80	2.00
1.05	$2h$	97.756	80.876	67.521	48.491	39.731
	$3h$	72.979	58.808	48.491	34.362	27.971
	$4h$	64.769	52.217	42.988	30.321	24.714
1.30	$2h$	92.899	76.511	63.641	45.447	37.345
	$3h$	76.511	62.159	51.264	36.357	29.783
	$4h$	69.705	56.465	46.388	32.808	26.743
1.55	$2h$	86.018	70.532	58.475	41.605	34.124
	$3h$	70.532	57.110	47.028	33.289	27.232
	$4h$	62.876	50.664	41.605	29.302	23.925

注：表中钢管截面采用 $\phi 48 \times 3.5mm$，$f=205N/mm^2$。

【例3-1】　某高层建筑施工，需搭设50.4m高双排钢管外脚手架，已知立杆横距 $b=1.05m$，立杆纵距 $L=1.5m$，内立杆距外墙距离 $b_1=0.35m$，脚手架步距 $h=1.8m$，铺设钢脚手板6层，同时进行施工的层数为2层，脚手架与主体结构连接的布置，其竖向间距 $H_1=2h=3.6m$，水平距离 $L_1=3L=4.5m$，钢管规格为 $\phi 48 \times 3.5$，施工荷载为 $4.0kN/m^2$，试计算采用单根钢管立杆的允许搭设高度。

解　根据已知条件分别查表3-13、表3-8、表3-9、表3-7，分别查得：$\varphi_{Af}=48.97kN$、$N_{GK2}=4.185kN$、$N_{QK}=8.40kN$、$N_{GK1}=0.442kN$，且已知 $K_A=0.85$。

因立杆采用单根钢管，则：

$$H = \frac{K_A \varphi_{Af} - 1.3(N_{GK2}+1.4N_{QK})}{1.2N_{GK1}}h$$

$$= \frac{0.85 \times 48.97 - 1.3(4.185+1.4 \times 8.40)}{1.2 \times 0.442} \times 1.8 = 65.8 \text{ (m)}$$

最大允许搭设高度为：

$$H_{max} \leq \frac{H}{1+H/100}$$

$$= \frac{65.8}{1+65.8/100} = 39.7 \ (m) < 50.4 \ (m)$$

由计算知只允许搭设 39.7m 高。

【例 3-2】 已知条件同上例，根据验算单根钢管作立杆只允许搭设 39.7m 高，现采取措施由顶往下算 39.7～50.4m 之间用双钢管作立杆，试验算脚手架结构的稳定性。

解 脚手架上部 39.7m 为单管立杆，其折合步数 $n_1 = 39.7/1.8 = 22$ 步，实际高为 $22 \times 1.8 = 39.6m$，下部双管立杆的高度为 10.8m，折合步数 $n_1 = 10.8/1.8 = 6$ 步。

1. 验算脚手架的整体稳定性

（1）求 N 值 因底部压杆轴力最大，故验算双钢管部分，每一步一个纵距脚手架的自重为：

$$N'_{GK1} = N_{GK1} + 2 \times 1.8 \times 0.0376 + 0.014 \times 4 = 0.442 + 0.135 + 0.056 = 0.633 \ (kN)$$

$$N = 1.2 \times (n_1 N_{GK1} + n'_1 N'_{GK1} + N_{GK2}) + 1.4 N_{QK}$$

$$= 1.2 \times (22 \times 0.442 + 6 \times 0.633 + 4.185) + 1.4 \times 8.4 = 33 \ (kN)$$

其中，N'_{GK1} 是指双管脚手架一步一纵距的钢管、扣件重量。

（2）计算 φ 值 由 $b = 1.05m$ $H_1 = 3.6m$，计算 λ_x：

$$\lambda_x = \frac{H_1}{b/2} = \frac{3.6}{1.05/2} = 6.86$$

由 b、H_1 查表 3-9 得：$\mu = 25$

所以

$$\lambda_{cx} = \mu\lambda_x = 25 \times 6.86 = 171.25$$

再由 λ_{0x} 查表 3-7，用插入法求得：$\varphi = 0.242$

（3）验算整体稳定性 因立杆为双钢管，$K_A = 0.7$，计算高度调整系数 K_H：

$$K_H = \frac{1}{1+H/100} = \frac{1}{1+50.4/100} = 0.665$$

则

$$\frac{N}{\varphi A} = \frac{33 \times 10^3}{0.242 \times 4 \times 4.893 \times 10^2} = 69.6 \ (N/mm^2)$$

$$K_A K_H f = 0.7 \times 0.665 \times 205 = 95.4 \ (N/mm^2) > 69.6 \ (N/mm^2)$$

故安全。

2. 验算单根钢管立杆的局部稳定

单根钢管最不利步距位置为由顶往下数 39.6m 处往上的一个步距，最不利荷载在 39.6m 处，为一个操作层，其往上还有一个操作层，6 层脚手板均在 39.6m 处往上的位置铺设，最不利立杆为内立杆，要多负担小横杆向里挑出 0.35m 宽的脚手板及其上活荷载，故其轴向力 N_1 为：

$$N_1 = \frac{1}{2} \times 1.2 n_1 N_{GK1} + \frac{0.5 \times 1.05 + 0.35}{1.4}(1.2 N_{GK2} + 1.4 N_{QK})$$

$$= \frac{1}{2} \times 1.2 \times 22 \times 0.442 + \frac{0.875}{1.4}(1.2 \times 4.185 + 1.4 \times 8.4)$$

$$= 5.834 + 10.489 = 16.32 \ (kN)$$

由 $\lambda_1 = h_1/i_1 = 1800/15.78 = 114$ 查表 3-10 得：$\varphi = 0.489$（$i_1 = 15.78$ 是立杆的回转半径）

已知 $Q_K = 2.0kN/m^2$，$K_A = 0.85$

则

$$\frac{N}{\varphi A}+\sigma_m=\frac{16320}{0.489\times489}+35=103.25\ （N/mm^2）$$

$$K_A K_H f=0.85\times0.665\times205=115.88\ （N/mm^2）>103.25\ （N/mm^2）$$

故安全。

（六）扣件抗滑移承载力计算

多立杆脚手架是由扣件相互连接而成，力是通过扣件扣紧杆件的程度传递的，例如，大横杆将其自重及荷载，通过扣件传递给立杆。扣件抗滑移承载力按下式计算：

$$R\leqslant R_c \tag{3-15}$$

式中　R——扣件节点处的支座反力的计算值（计算时，取结构的重要性系数 $\gamma_0=1.0$，荷载分项系数依前规定）；

R_c——扣件抗滑移承载力设计值，每个直角扣件和旋转扣件取 8.5kN。

（七）立杆底座和地基承载力验算

1. 立杆底座验算

$$N\leqslant R_b \tag{3-16}$$

2. 立杆地基承载力验算

$$\frac{N}{A_d}\leqslant K f_k \tag{3-17}$$

式中　N——上部结构传至立杆底部的轴心力设计值，kN；

R_b——底座承载力（抗压）设计值，一般取 40kN；

A_d——立杆基础的计算底面积，可按以下情况确定，m^2；

f_k——地基承载力标准值，按《建筑地基基础设计规范》（GB 5007—2002）的规定确定，kPa；

K——调整系数，按以下规定采用：碎石土、砂土、回填土 0.4；黏土 0.5；岩石、混凝土 1.0。

3. 立杆基础的计算底面积

（1）仅有立杆支座（支座直接放于地面上）时，A 取支座板的底面积。

（2）在支座下设厚度为 50～60mm 的木垫板（或木脚手板），则 $A=a\times b$（a 和 b 为垫板的两个边长，且不小于 200mm，当 A 的计算值大于 0.25m^2 时，则取 0.25m^2 计算。

（3）在支座下采用枕木作垫木时，A 按枕木的底面积计算。

（4）当一块垫板或垫木上支承 2 根以上立杆时，$A=\frac{1}{n}a\times b$（n 为立杆数）。且用木垫板时应符合（2）的取值规定。

（5）当承压面积 A 不足而需要作适当基础以扩大其承压面积时，应按式（3-18）的要求确定基础或垫层的宽度和厚度：

$$b\leqslant b_0+2H_0\tan\alpha \tag{3-18}$$

式中　b——基础或垫层的宽度，m；

b_0——立杆支座或垫板（木）的宽度，m；

H_0——基础或垫层的厚（高）度，m；

$\tan\alpha$——基础台阶宽高比的允许值，按表 3-11 选用。

表 3-11　刚性基础台阶高宽比的允许值

基础材料	质　量　要　求		台阶高宽比允许值		
			$p \leqslant 100$	$100 < p \leqslant 200$	$200 < p \leqslant 300$
混凝土基础	C10 混凝土		1：1.0	1：1.10	1：1.25
	C7.5 混凝土		1：1.0	1：1.25	1：1.50
毛石混凝土基础	C7.5-C10 混凝土		1：1.0	1：1.25	1：1.50
砖基础	砖不低于 MU7.5	M5 砂浆	1：1.50	1：1.50	1：1.50
		M2.5 砂浆	1：1.50	1：1.50	
毛石基础	M2.5～M5 砂浆		1：1.25	1：1.50	
	M1 砂浆		1：1.50		
灰土基础	体积比 3：7 或 2：8 最小密度： 粉土 1.55t/m³ 粉质黏土 1.50t/m³ 黏土 1.45t/m³		1：1.25	1：1.50	
三合土基础	体积比 1：2：4～1：3：6(石灰：砂：骨料)， 每层约虚铺 220mm，夯至 150mm		1：1.50	1：2.00	

注：1. P 为基础底面处的平均应力（kN/m²）。

2. 阶梯形毛石基础的每阶伸出宽度，不宜大于 200mm。

3. 当基础由不同材料叠合组成时，应对接触部分作抗压验算。

4. 对混凝土基础，当基础底面处的平均应力超过 300kN/m² 时，尚应按上式进行抗剪验算。

4. 剪力设计值计算

$$\tau \leqslant 0.7 f_c A \tag{3-19}$$

式中　τ——剪力设计值，N/mm²；

　　　f_c——混凝土轴心抗压强度设计值，N/mm²；

　　　A——台阶高度变化处的剪切断面，mm²。

三、型钢悬挑脚手架的计算

悬挑式脚手架简称挑架，脚手架搭设在建筑物外伸的悬挑结构上，将脚手架的荷载传递给建筑结构。在悬挑结构上搭设的双排外脚手架与落地式脚手架相同，分段悬挑脚手架的高度一般控制在 25m 以内。该种形式的脚手架适用于高层建筑或特殊外形建筑物的施工。由于脚手架系沿建筑物高度分段搭设，故在一定条件下，当上层还在施工时，其下层即可提前交付使用；而对于有裙房的高层建筑，则可使裙房与主楼不受外脚手架的影响，同时展开施工。

（一）型钢悬挑式脚手架的基本构成及分类

1. 基本构成

型钢悬挑式脚手架是由脚手架、悬挑构件以及支拉装置三部分组成（如图 3-7）。

由图可见，型钢悬挑式脚手架的安全计算应包括脚手架的安全计算和悬挑部分的安全计算两方面的内容。

2. 分类

（1）按搭设形式分类　型钢悬挑式脚手架按照搭设形式分为有连梁和无连梁两种。有连梁是指挑梁之间设有连接梁，脚手架通常搭设在联梁上；无联梁是指脚手架直接搭设在挑梁上。

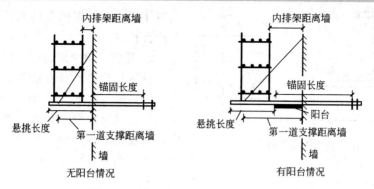

图 3-7　型钢悬挑式型钢脚手架示意图

（2）**按支拉形式分类**　悬挑式型钢脚手架按支拉形式分为悬臂式、上拉式、下撑式和拉撑混合式，如图 3-8 所示。

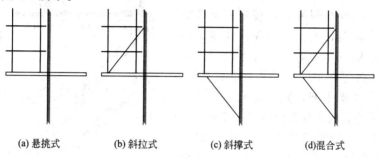

(a) 悬挑式　　　(b) 斜拉式　　　(c) 斜撑式　　　(d)混合式

图 3-8　悬挑式型钢脚手架示意图

（3）**按悬挑的构件分类**　悬挑支撑结构有用型钢焊接制作的三角桁架下撑式结构、型钢水平悬挑式结构和用钢丝绳斜拉的水平型钢挑梁的斜拉式结构三种主要形式，如图 3-9 所示。

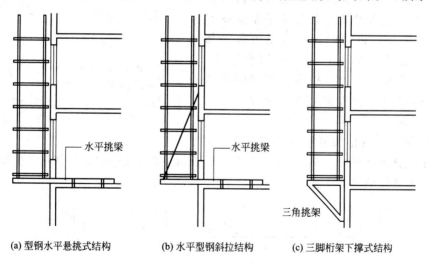

(a) 型钢水平悬挑式结构　　　(b) 水平型钢斜拉结构　　　(c) 三脚桁架下撑式结构

图 3-9　悬挑式脚手架构造示意图

（二）挑梁及其构造

1.悬挑梁的构造

悬挑梁通常采用工字形或槽钢（槽钢可立挑或平挑），挑梁一端外伸出建筑物，另一端固定在建筑物的水平承重构件（楼板）上，固定方式采用螺栓或钢筋（图 3-10），当挑梁通

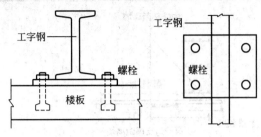

图 3-10 悬挑梁固定构造

过墙体时，应根据挑梁的截面大小，在墙体上预留孔洞。

2. 悬挑三角架的构造（图 3-11）

悬挑三角架的安装方法有以下两种。

（1）先将水平挑梁和斜杆组成一个整体，浇注结构混凝土时，将水平挑梁埋入混凝土内，只需施焊斜杆根部即可。这种方法较安全可靠，但遇到结构中钢筋过密时埋入困难，不易埋设准确。

（2）采用上下均埋设预埋件的方法。安装时先在建筑物结构上测量并标出安装位置，在斜杆根部先焊上一只小钢牛腿，作为三角架斜杆的临时搁置，斜杆与钢挑梁连接处销上临时固定螺栓，而后将斜杆上、下端和挑梁端部实施焊接。安装悬挑三角架时，一般下段脚手架已搭好，操作人员可在下段脚手架上进行操作，如果要先搭设上段脚手架，则安装悬挑架时应先设置安全可靠的临时性操作台或挑脚手架。

悬挑三角架上设置钢排梁，以便在钢排梁上架横梁和搭脚手架。钢排梁可以在地面上整体组装后利用塔式起重机吊装于悬挑三角架上，再用螺栓与之连接，也可分件带至悬挑三角架上组装。钢排架安装后，在其上安装小横梁（用匚8槽钢）作为脚手架立柱的支座，小横梁与钢排梁的连接宜用可移动和可校正的压板方式固定，不宜用螺栓连接。小横梁与脚手架立柱的连接宜在槽钢的槽口内焊接短钢管，脚手架的立柱就插在其中，如图 3-12 所示。

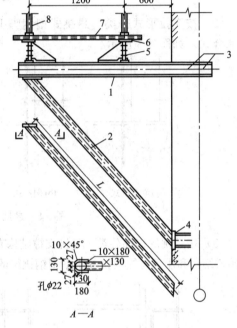

图 3-11 悬挑三角架的构造

1—工字型钢挑梁；2—圆钢管斜杆；3—水平挑梁埋入结构结点；4—斜杆与结构连接埋件；5—水平联梁；6—压板；7—槽钢横梁；8—脚手架

悬挑三角架和钢排梁可用塔式起重机、屋顶安装人字拔杆或在屋面上安装台灵架来拆除、悬挑架以上部分的脚手架搭、拆要求同钢管扣件式脚手架和门型脚手架。

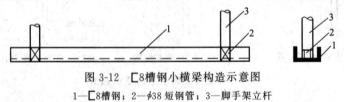

图 3-12 匚8槽钢小横梁构造示意图

1—匚8槽钢；2—φ38 短钢管；3—脚手架立杆

（三）型钢悬挑式脚手架的计算

型钢悬挑式脚手架的计算包括脚手架的计算和悬挑部分的计算两方面的内容。脚手架的计算同扣件式钢管脚手架，不再赘述。这里主要介绍型钢悬挑梁、联梁的计算。

1. 悬挑脚手架按带悬臂的单跨梁计算

型钢悬挑脚手架一端固定在楼板结构，另一端悬出，其悬出端受挑脚手架荷载 N 的作用；里端为锚固点或压重点（在锚拉构造能力不足时，可增配压重），对 N 的作用产生平衡力 $N_1(=-R_B)$，在支点（座）A 处产生向上的支座反力 R_A。此外，还有梁的全长均布自重荷载 q，而挑脚手架荷载也可能为两个集中力或两个集中力加上作业层的均布荷载 q_1。因此，带悬臂单跨梁挑支构造的荷载情况大致有三种，如图 3-13。

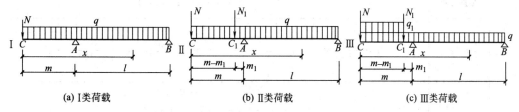

(a) I类荷载	(b) II类荷载	(c) III类荷载

图 3-13 带悬臂单跨梁挑支构造的荷载

（1）内力计算 由图 3-13 可知，荷载情况大致有三种，对于每一种情况，将单荷载的内力值相加即可得到组合荷载作用下的内力，内力计算分别列于表 3-12～表 3-14 中。

表 3-12 I类荷载带悬臂单跨梁的内力

λ	内力名称	内 力 计 算 式
$\dfrac{m}{l}$	支座反力	$R_A = N(1+\lambda) + \dfrac{ql}{2}(1+\lambda)^2$ $R_B = -N\lambda + \dfrac{ql}{2}(1-\lambda^2)$
	平衡力	$N_2 = N\lambda - \dfrac{ql}{2}(1-\lambda^2)$
	支座弯矩	$M_A = -m\left(N + \dfrac{qm}{2}\right)$
	挠度	$\omega_C = \dfrac{ml}{3EI}\left[Nm(1+\lambda) + \dfrac{ql^2}{8}(-1+4\lambda^2+3\lambda^2)\right]$
	剪力	$V_{A左} = -(N+qm)$ $V_{A右} = N\lambda + \dfrac{ql}{2}(1-\lambda)^2$ $V_B = N\lambda - \dfrac{ql}{2}(1-\lambda^2)$

表 3-13 II类荷载带悬臂单跨梁的内力

λ	内力名称	内 力 计 算 式
$\dfrac{m}{l}$	支座反力	$R_A = N(2+\lambda+\lambda_1) + \dfrac{ql}{2}(1+\lambda)^2$ $R_B = -N(\lambda+\lambda_1) + \dfrac{ql}{2}(1-\lambda^2)$
	支座弯矩	$M_A = -N(m+m_1) - \dfrac{qm^2}{2}$
	挠度	$\omega_C = \dfrac{ml}{3EI}\left[Nm(1+\lambda) + \dfrac{ql^2}{8}(-1+4\lambda^2+3\lambda^3)\right] + \dfrac{m_1^2 lN}{3EI}(1+\lambda_1)$
	剪力	$V_{A左} = -(2N+qm)$ $V_{A右} = N(\lambda+\lambda_1) + \dfrac{ql}{2}(1-\lambda)^2$ $V_B = N(\lambda+\lambda_1) - \dfrac{ql}{2}(1-\lambda^2)$

表 3-14　Ⅲ类荷载带悬臂单跨梁的内力

λ	内力名称	内 力 计 算 式
$\dfrac{m}{l}$	支座反力	$R_A = N(2+\lambda+\lambda_1) + \dfrac{ql}{2}(1+\lambda)^2 + \dfrac{q_1 m}{2}(2+\lambda)$ $R_B = -N(\lambda+\lambda_1) + \dfrac{ql}{2}(1-\lambda^2) - \dfrac{q_1 m^2}{2l}$
	支座弯矩	$M_A = -N(m+m_1) - \dfrac{m^2}{2}(q+q_1)$
	挠度	$\omega_C = \dfrac{ml}{3EI}\left[Nm(1+\lambda) + \dfrac{ql^2}{8}(-1+4\lambda^2+3\lambda^3) + \dfrac{q_1 m^2}{8}(4+3\lambda) \right] + \dfrac{m_1^2 lN}{3EI}(1+\lambda_1)$
	剪力	$V_{A左} = -2N - m(q+q_1)$ $V_{A右} = N(\lambda+\lambda_1) + \dfrac{ql}{2}(1-\lambda^2) - \dfrac{q_1 m^2}{2l}$ $V_B = N(\lambda+\lambda_1) - \dfrac{ql}{2}(1-\lambda^2) - \dfrac{q_1 m^2}{2l}$

（2）悬挑梁的整体稳定性计算

$$\sigma = \frac{M}{\varphi_b W_x} \leqslant [f] \qquad (3\text{-}20)$$

式中　σ——悬挑梁型钢弯曲应力值，N/mm^2；

M——悬挑梁型钢弯矩，$N\cdot m$；

φ_b——均匀弯曲的受弯构件整体稳定系数，φ_b 的确定参照《钢结构设计规范》（GB 50017—2003）附录 B 计算；

W_x——型钢截面抵抗矩，mm^3；

$[f]$——型钢允许抗弯应力，N/mm^2。

（3）锚固端与楼板连接的计算　型钢挑梁与楼板采用铰接有两种方法，其一是螺栓连接（如图 3-10）；其二是采用钢筋环连接。锚固端与楼板连接的计算主要是计算锚固螺栓、钢筋环的抗拉强度，预埋件在混凝土中的锚固能力，埋件对混凝土的局部压力等。

① 水平钢梁与楼板采用钢筋拉环强度计算：

$$\sigma = \frac{N}{A} \leqslant [f] \qquad (3\text{-}21)$$

式中　N——作用在钢筋拉环拉力，kN；

A——拉环钢筋的截面面积（每个拉环按照两个截面计算），mm^2；

其他符号意义同前。

② 水平钢梁与楼板采用螺栓，螺栓黏结力锚固强度计算：

$$h \geqslant \frac{N}{\pi d [f_b]} \qquad (3\text{-}22)$$

式中　N——作用于楼板螺栓的轴向拉力，kN；

d——楼板螺栓的直径，mm；

$[f_b]$——楼板螺栓与混凝土的容许黏结强度，N/mm^2；

h——楼板螺栓在混凝土楼板内的锚固深度，mm。

③ 水平钢梁与楼板采用螺栓，混凝土局部承压计算：

$$N \leqslant \left(b^2 - \frac{\pi d^2}{4} \right) f_{cc} \qquad (3\text{-}23)$$

式中　N——作用于楼板螺栓的轴向拉力，kN；

　　　d——楼板螺栓的直径，mm；

　　　b——楼板内的螺栓锚板边长，mm；

　　　f_{cc}——混凝土的局部挤压强度设计值，N/mm²。

2. 拉撑悬挑脚手架的计算

拉撑悬挑脚手架是在悬挑脚手架的基础上，在悬挑部分设置斜拉或斜撑，从而保证悬挑型钢梁稳定支撑脚手架的一种悬挑脚手架的形式，它有拉、撑和拉撑结合三种形式，如图3-8（b）、（c）、（d）。撑通常采用型钢做撑杆，拉通常采用钢丝绳，撑或拉有平行和共点两种做法。平行是指多个支杆或拉绳在挑梁上多点平行设置；共点是指多个支杆或拉绳在挑梁上有多个支拉点，结构上的固定点只有一点（见图3-14）。

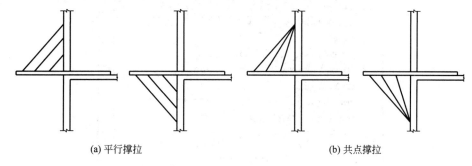

(a) 平行撑拉　　　　　　　　　(b) 共点撑拉

图 3-14　悬挑型钢撑拉示意图

拉撑杆件体系由作为承载主体的水平梁式杆件与撑拉杆件（斜杆）组成。水平杆件在不同的撑拉构造下呈受拉或受拉弯作用、或者受压弯作用；起撑拉作用的斜杆相当于设在水平杆件悬挑一端的支座。拉撑杆件体系的拉撑杆件节点所形成的这种支座有一个或多个，因此可以把其转化为受拉、压作用的单跨梁或多跨连续梁（一般为不等跨）来分析其内力，结构简图，如图3-15所示。

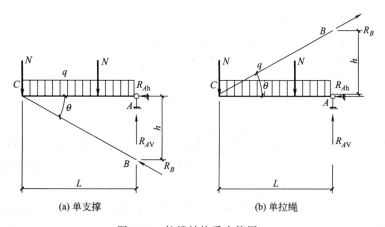

(a) 单支撑　　　　　　　　　(b) 单拉绳

图 3-15　拉撑结构受力简图

拉撑悬挑脚手架的具体计算方法、步骤请参阅《建筑工程施工手册》(第四版)第五章的相关内容。

第四节　脚手架计算软件操作简介

一、落地式外钢管脚手架

1. 对话框的启用

方法一：选择动态菜单【脚手架】下拉菜单中的【落地式外钢管脚手架计算】命令，系统弹出如图 3-16 所示的对话框。

方法二：双击工具箱窗口中"落地式外钢管脚手架计算"目录，系统弹出如图 3-16 所示的对话框。

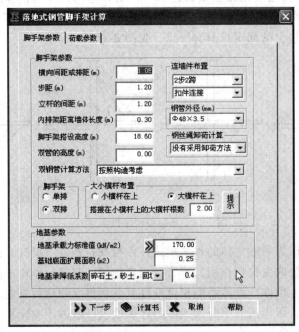

图 3-16　落地式钢管脚手架计算对话框（脚手架参数）

2. 脚手架参数说明与操作

落地式外钢管脚手架的计算参数主要包括脚手架搭设构造、搭设高度、钢丝绳卸荷计算以及材料品种选择等。其部分构造如图 3-17 所示。

3. 基本设置

（1）脚手架类别　有单排和双排，在图 3-16 中对应的选项按钮，单击鼠标选择脚手架类别。

（2）大小横杆布置　软件提供了两种布置方式，南方地区通常采用小横杆上铺设大横杆的方式，北方反之；其传力过程不同，具体根据当地情况选择计算。其布置方式如图 3-18 所示。

操作：在图 3-16 中对应的选项按钮，单击鼠标选择大小横杆的布置形式。

（3）连墙件布置

① 布置形式：连墙件布置形式有 2 步 2 跨、2 步 3 跨、3 步 3 跨和 4 步 3 跨，是指连墙

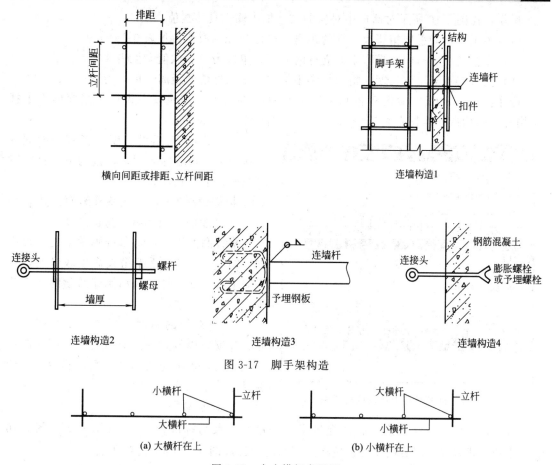

横向间距或排距、立杆间距　　　　　　　连墙构造1

连墙构造2　　　　　　连墙构造3　　　　　　连墙构造4

图 3-17　脚手架构造

(a) 大横杆在上　　　　　　(b) 小横杆在上

图 3-18　大小横杆布置图

杆水平和垂直方向布置间距。

操作：单击图 3-16 对应的下拉列表，选择布置形式。

② 连接方式：软件提供了四种连墙件的连接方式，即扣件连接、焊缝连接、螺栓连接和膨胀螺栓连接（图 3-17）。

操作：单击图 3-16 对应的下拉列表，选择连接形式。

（4）卸荷方式（钢丝绳卸荷计算）　钢丝绳卸荷是脚手架工程中的一种构造设施，即利用结构为固定物，采用钢丝绳将脚手架与结构相连接。如图 3-19 所示。

钢丝绳卸荷计算有四种：①没有采用卸荷方法，②卸荷按照构造考虑，③弹性支点法计算，④完全卸荷。用户可根据实际情况选择计算方法。

操作：单击图 3-16 对应的下拉列表，选择卸荷形式。

（5）钢管外径（钢管类型）　在《建筑施工扣件式钢管脚手架规范》中提供了 $\phi48 \times 3.5$ 和 $\phi51 \times 3.0$ 两种，实际应用中

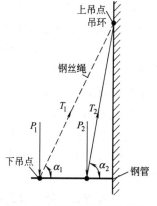

图 3-19　钢丝绳卸荷示意图

可能会有 $\phi48 \times 3.25$、$\phi48 \times 3.2$ 和 $\phi48 \times 3.0$。用户可从图 3-16 下拉列表中选择。

（6）脚手架搭设尺寸确定　横向间距或排距：横向间距或排距是指双排脚手架内外立杆的间距，单排脚手架取立杆距外墙的距离，单位为 m。取值参见表 3-2。

操作：在图 3-16 所示对话框中对应的文本框中输入具体数值。

（7）步距　指脚手架相邻大横杆的距离，单位为 m。取值参见表 3-2。

（8）立柱间距　指同一排脚手架立杆的间距，单位为 m。取值参见表 3-2。

（9）内排架距离墙体长度　指双排脚手架内立杆据外墙的距离，单位为 m。

操作：在图 3-16 中输入双排脚手架的计算外伸长度，按照规范说明，当横向水平杆（小横杆）的构造外伸长度取 500mm 时，计算外伸长度取 300mm，即 0.3m。

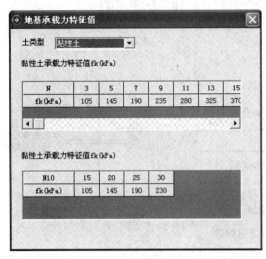

图 3-20　地基承载力特征值对话框

（10）脚手架搭设高度　指脚手架立杆从地面到其顶端的高度，单位为 m。计算时可按照以下公式计算。

脚手架搭设高度(m)＝｜室外地面标高｜＋
屋面板顶标高＋防护高度

搭设高度说明：①单排脚手架的搭设高度≤24m；②当脚手架搭设高度较高时，可采取下部设双立杆以及利用建筑物结构卸荷等方式。

（11）双管的高度　指脚手架立杆为双管的高度，单位为 m。取值要求：可先假定搭设高度，也可先按单管计算，然后根据计算结果确定双管的高度。

4. 地基参数

（1）地基承载力标准值　软件提供了部分地基承载力标准值（kN/m²），单击图 3-16 中，地基承载力标准值右侧【〉〉】按钮后，系统弹出如图 3-20 所示的对话框。

在该对话框中，单击"土类型"对应的下拉列表框。从中选择土的类型，在其下的列表中显示地基承载力标准值，单击所需数值，完成地基承载力标准值的选择。也可在图 3-16 界面中，"地基承载力标准值"所对应得文本框中直接输入数值。

（2）基础底面扩展面积　指立杆底部与地基的接触面积（m²），系统默认的是底盘面积（0.25m²），也可根据实际情况在文本框中输入实际面积。

（3）地基承载力降低系数　在图 3-16 中对应的下拉列表中列有①碎石、砂、回填土；②黏土；③岩石、混凝土三种地基，根据实际情况选择其中一种，地基承载力降低系数将显示在对应的文本框中。

5. 荷载参数

荷载参数包括风荷载计算参数、静荷载计算参数和活荷载计算参数，每一类参数中又包括相关的参数选项，这些参数与脚手架的参数相对应，为脚手架计算提供依据。如图 3-21 所示。

（1）风荷载计算　规范中立杆的稳定性计算考虑与不考虑风荷载时计算方法是不同的。若考虑风荷载则选择图 3-21 中的风荷载计算选项按钮，否则不选。

① 基本风压：按照《建筑结构荷载规范》（GB 50009—2001）的规定，根据不同地区采用。其操作方法是：单击基本风压右侧【〉〉】按钮，系统弹出如图 3-22 所示对话框；选择所在省、市后，单击【确定】按钮系统自动确定"基本风压"。

② 风荷载高度变化系数：按照《建筑结构荷载规范》（GB 50009—2001），由建筑物所

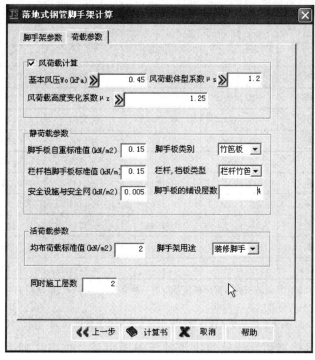

图 3-21 落地式钢管脚手架计算对话框（荷载参数）

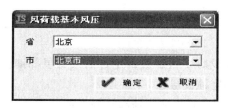

图 3-22 风荷载基本风压对话框

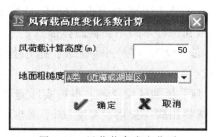

图 3-23 风荷载高度变化系
数计算对话框

在地区（A 类——近海或湖岸区、B 类——城市郊区、C 类——有密集建筑群市区和 D 类——有密集建筑群城且房屋较高市区）与计算高度查表确定。即单击图 3-21 中，风荷载高度变化系数右侧【》】按钮，通过图 3-23 所示对话框完成选择操作。

③ 风荷载体型系数：扣件式钢管脚手架安全技术规范中规定，风荷载体型系数由挡风系数 $\phi = 1.2 \times$ 挡风面积/迎风面积确定，用户不必拘泥挡风面积与迎风面积的具体数值，只要正确选择脚手架类型，它们的比值正确就可以得到正确的结果。即单击图 3-21 中，风荷载体型系数右侧【》】按钮，通过图 3-24 所示对话框完成选择操作。

（2）静荷载计算 静荷载标准值包括以下几个内容，如图 3-21。

① 每米立杆承受的结构自重标准值（kN/m），按表 3-15 确定（该项在软件中不需输入，由软件自动计算）。

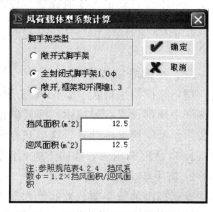

图 3-24 风荷载体型系数计算对话框

表 3-15 ϕ48×3.5 钢管脚手架每米立杆承受的结构自重标准值   kg/m

步距/m	脚手架类型	纵距/m				
		1.2	1.5	1.8	2.0	2.1
1.20	单排	0.1581	0.1723	0.1865	0.1958	0.2004
	双排	0.1489	0.1611	0.1734	0.1815	0.1856
1.35	单排	0.1473	0.1601	0.1732	0.1818	0.1851
	双排	0.1379	0.1491	0.1601	0.1674	0.1711
1.50	单排	0.1384	0.1505	0.1626	0.1706	0.1746
	双排	0.1291	0.1394	0.1495	0.1562	0.1596
1.80	单排	0.1253	0.1360	0.1467	0.1539	0.1575
	双排	0.1161	0.1248	0.1337	0.1395	0.1424
2.00	单排	0.1195	0.1298	0.1405	0.1471	0.1504
	双排	0.1094	0.1176	0.1259	0.1312	0.1338

注：1. 双排脚手架每米立杆承受的结构自重标准值是指内、外立杆的平均值；单排脚手架每米立杆承受的结构自重标准值系按双排脚手架外立杆等值采用；

2. 当采用 ϕ51×3 钢管时，每米立杆承受结构自重标准值可按表中数值乘以 0.96 采用。

② 脚手板的自重标准值，规范给出了冲压钢脚手板、竹串片脚手板和木脚手板的标准值。

③ 栏杆与挡脚手板自重标准值（kN/m），规范给出了栏杆冲压钢脚手板、栏杆竹串片脚手挡板和栏杆木脚手挡板的标准值。

④ 安全设施及安全网荷载：指吊挂的安全设施荷载，包括安全网（kN/m²），通常取 0.005。

⑤ 脚手板的铺设层数：根据实际施工中同时铺设脚手板层数确定，如果每层都铺设脚手板，需要用脚手架搭设高度/脚手架步距的结果确定铺设层数。

⑥ 其他：包括脚手板类型、栏杆和挡板类型。用户根据实际情况正确选择。

（3）活荷载计算 扣件式钢管脚手架安全技术规范根据脚手架的用途给出了用于装修、结构和其他方面的活荷载标准值，活荷载是其标准值与施工层数的乘积确定。

操作：在图 3-21 中，单击脚手架用途右侧的下拉列表框，选择脚手架用途，软件提供了结构脚手架、装修脚手架和其他用途三个选项，可根据实际选择，选择后在施工荷载对应的文本框中会自动填入荷载数值。也可根据实际情况在文本框中输入荷载值。

软件提供的施工荷载：结构脚手架 3kN/mm²；装修脚手架 2kN/mm²；其他用途 1kN/mm²。

二、型钢悬挑脚手架

型钢悬挑脚手架在 PKPM 安全设施计算软件中，有带连梁和不带连梁两种，每种型钢悬挑脚手架都设置有斜拉钢丝绳或斜撑型钢的方法（平行或共点），此外还专门提供了特殊部位阳角型钢挑梁的计算。这里只介绍不带连梁型钢悬挑脚手架的软件操作。

1. 对话框调用（方法同落地式钢管脚手架，如图 3-25 所示）

2. 脚手架参数

对话框中的脚手架参数的操作与落地架是基本一致的，不再赘述。

3. 水平支撑梁参数及其设置

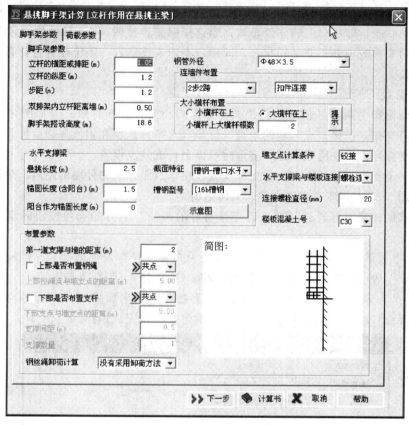

图 3-25　悬挑脚手架计算对话框

（1）悬挑长度　悬挑长度（m）是指水平支撑梁露出建筑物主体结构以外的部分。要求它应该稍微大于内立杆距离墙体长度与脚手架排距的和。操作：直接在图 3-25 对应的文本框中输入具体数值。

（2）锚固长度（含阳台）　指水平支撑梁与建筑物主体结构的插入点，距离水平支撑梁与楼板连接锚固点（如果两锚固点，选择距离比较近的）的长度。操作：直接在图 3-25 对应的文本框中输入具体数值。

（3）阳台作为锚固长度　指当阳台作为挑梁的支撑构件时的长度，单位为 m。

需要特别指出，通常情况下即使有阳台，一般的阳台也不作为锚固受力段考虑，也就是说参数"阳台作为锚固长度"输入 0 值；但在比较特殊的情况下，如阳台比楼板厚或阳台边上有支撑点时，阳台锚固段长度按实际外伸长度考虑。操作：直接在图 3-25 对应的文本框中输入具体数值。

（4）截面特征　指挑梁横截面形状。该软件提供了以下三种：热轧工字钢、槽钢-槽口水平、槽钢-槽口竖向。操作：根据实际情况从图 3-25 下拉列表框中选择其中一种截面。

（5）槽（工字）钢型号　指所选型钢截面特征对应的型号尺寸。操作：先确定型钢的截面特征，再从图 3-25 下拉列表框中选择工字钢或槽钢的型号。

（6）墙支点计算条件　指挑梁与墙体的连接形式，系统仅提供了铰接和固接两种形式。操作：在图 3-25 下拉列表框中，根据实际情况选择"铰接或固接"。

（7）水平支撑与楼板连接　指挑梁与楼板的连接形式，系统仅提供了螺栓连接和钢筋连接两种形式。操作：在图 3-25 下拉列表框中，根据实际情况选择"螺栓连接或钢筋链接"。

说明：当选择螺栓连接时，图 3-25 中的"连接螺栓直径"和"楼板混凝土号"两个参数项处于活动状态，即用户应输入该参数；当选择钢筋连接时，"连接螺栓直径"和"楼板混凝土号"两个参数项处于非活动状态，即用户不输入该参数，系统在进行计算时，计算出所需钢筋直径。

4. 布置参数

悬挑式型钢脚手架有悬挑式、斜拉式、斜撑式和混合式四种形式（如图 3-8）。布置参数包括第一道支撑（拉接）点与墙的距离、拉接（支撑）选项和钢丝绳卸荷计算等。

拉接或支撑可设置 1 道或多道，多道时可以平行或共点设置。

（1）第一道支撑与墙的距离 指支撑（或拉接）点距建筑物外墙的距离，单位为 m。操作：直接在图 3-25 中相应文本框内输入具体数值。

支撑方式的确定，可通过"第一道支撑与墙的距离"下方的选项按钮确定。具体操作如下。

① 单击"上部是否布置钢绳"或"下部是否布置支杆"左侧的"□"型复选框，若方框内出现"√"表明该选项被选中，即布置钢绳（或支杆），否则不布置。

② 单击"上部是否布置钢绳"右侧的【》】按钮，弹出如图 3-26 所示的对话框。在该对话框中选择拉杆或拉绳截面参数后，单击【确定】按钮完成操作。

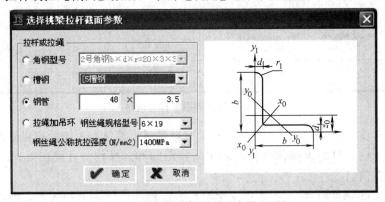

图 3-26 选择挑梁拉杆截面参数对话框

单击"下部是否布置支杆"右侧的【》】按钮，弹出如图 3-27 所示的对话框。在该对话框中选择支杆截面参数后，单击【确定】按钮完成操作。

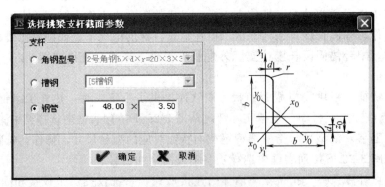

图 3-27 选择挑梁支杆截面参数对话框

③ 选择"共点或平行"。当挑梁上设有多个支（拉）点时，拉杆（或支杆）可固定在建筑物的某一点（供点），也可每根拉杆（或支杆）各设固定点，固定点的确定应使各拉杆

（或支杆）平行。用户可根据实际情况，单击下拉列表框选择"共点或平行"。

注：在选择悬挑式型钢脚手架形式时，图3-25中"简图"窗口中将显示脚手架的搭设形式。当水平支撑梁与建筑物主体结构采用螺栓或钢筋与楼板相连接时，采用铰接计算，这时水平支撑梁的锚固长度参数必须大于0；当水平支撑梁与建筑物主体结构的预埋件采焊接连接时，采用固接计算，这时水平支撑梁的锚固长度参数必须等于0。

（2）钢丝绳卸荷计算（同落地式外钢管脚手架）

5. 荷载参数（同落地式外钢管脚手架）

三、悬挑架阳角型钢计算

悬挑架阳角型钢是悬挑型钢脚手架特殊部位。它位于建筑物外侧转角部位，除承担上部脚手架荷载之外，还起着脚手架转向的作用，构造及受力与一般型钢悬挑梁不同，在计算时需要单独进行计算。其计算对话框如图3-28所示。

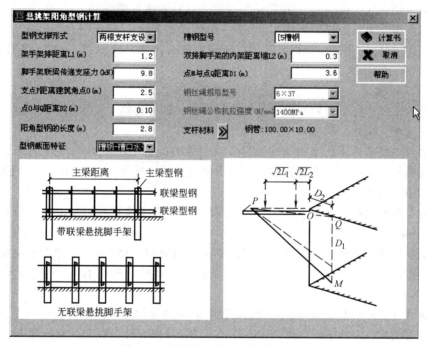

图 3-28 悬挑架阳角型钢计算对话框

1. 悬挑架阳角型钢的构造形式

悬挑架阳角型钢的构造形式如图3-29所示。

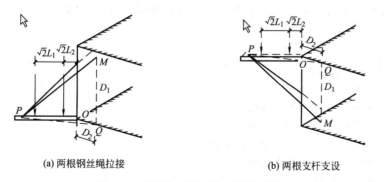

(a) 两根钢丝绳拉接   (b) 两根支杆支设

图 3-29 悬挑架阳角型钢的构造形式

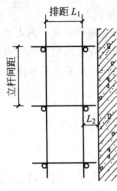

图 3-30　脚手架排距

2. 基本操作说明

（1）型钢脚手架的支撑形式　软件提供了两根钢丝绳拉接或两根支杆支设两种形式。操作：单击图 3-28 中对应的下拉列表选择。

（2）脚手架排距（m）　如图 3-30 所示，操作：直接在对应的文本框内输入具体数据。

（3）脚手架联梁传递支座力（kN）　由带联梁型钢悬挑脚手架的计算所得的结果（联梁传递的集中力）作为依据，操作同上。

（4）支（拉）点 P 距离建筑角点 O（m）：指阳角型钢梁支（拉）点到墙角边的水平距离，如图 3-29 所示。操作同上。

（5）点 O 与 Q 距离 D_2（m）　角点 O 与斜支杆支承点 M 点的水平距离，如图 3-29 所示；操作同上。

（6）阳角型钢的长度（m）　指阳角型钢梁的计算长度。操作同上。

（7）双排脚手架的内架距离墙 L_2（m）　如图 3-30 所示，操作同上。

（8）点 M 与 Q 距离 D_1（m）　角点 O 与斜支杆（拉绳）支（拉）点 M 点的垂直距离，如图 3-29 所示。操作同上。

3. 阳角型钢梁

（1）型钢截面特征　指阳角型钢梁的截面类型，软件提供了工字钢、槽钢水平放置和槽钢竖向放置三种。操作：单击对应的下拉列表框选择。

（2）型号　指所选阳角型钢梁的型号，当型钢截面特征确定后，在图 3-28 中就会显示对应的型钢型号，例如，当选择槽钢，则显示槽钢型号。操作：在对应的下拉列表框选择。

4. 支（拉）材料

当型钢支撑形式选择之后，在图 3-28 中将会显示与支撑形式对应的支（拉）材料的输入操作项。

（1）钢丝绳规格型号　它对应的支撑形式是"两根钢丝绳拉接"，即型钢挑梁有两根钢丝绳斜拉。操作：在对应的下拉列表框选择，软件提供的钢丝绳有 6×19、6×37、6×61 三种。

（2）钢丝绳公称抗拉强度（N/mm²）　该项对应的支撑形式同上，操作同上，软件提供的抗拉强度等级有 1400MPa、1550MPa、1700MPa、1850MPa 和 2000MPa 五种。

（3）支杆材料　它对应的支撑形式是"两根支杆支设"，即型钢挑梁由两根支杆斜支。可选择角钢、槽钢、钢管等。操作：在图 3-28 中，单击支杆材料右侧【〉〉】按钮，弹出如图 3-27 所示的对话框，操作方法同图 3-27 的操作。

当所有参数输入选择完成后，单击图 3-28【计算书】按钮，即可进行相关计算。

思　考　题

1. 脚手架的基本要求有哪些？
2. 脚手架按构架方式划分为哪几类？
3. 架上作业时的安全注意事项有哪些？
4. 脚手架工程多发事故的有哪几种类型？
5. 脚手架承载可靠性的验算包括哪几项内容？
6. 小横杆和大横杆强度计算是如何确定计算单元的？
7. 内、外立杆如何选择计算单元？计算时包括哪些荷载？
8. 如何确定立杆基础的计算底面积？

9. 简述型钢悬挑式脚手架的构成及分类。

计 算 题

1. 某高层建筑施工，需搭设 52.4m 高双排钢管外脚手架，已知立杆横距 $b=1.05m$，立杆纵距 $L=1.5m$，内立杆距外墙距离 $b_1=0.35m$，脚手架步距 $h=1.4m$，铺设钢脚手板 4 层，同时进行施工的层数为 2 层，脚手架与主体结构连接的布置，其竖向间距 $H_1=2h=3.6m$，水平距离 $L_1=3L=4.5m$，钢管规格为 $\phi48\times3.5$，施工荷载为 $3.0kN/m^2$，试计算采用单根钢管立杆的允许搭设高度。

2. 已知条件同题 1，若单根钢管作立杆只允许搭设 40.7m 高，现采取措施由顶往下算 $40.7\sim52.4m$ 之间用双钢管作立杆，试验算脚手架结构的稳定性。

3. 某高层建筑采用的脚手架为落地式外钢管双排脚手架，钢管类型为 $\phi48\times3.5$，搭设高度为 60m，立杆采用单立管。搭设尺寸为：立杆的纵距 1.50m，立杆的横距 1.25m，步距 1.40m。连墙件采用 3 步 3 跨，内立杆距墙 0.3m 小横杆在上布置，脚手板和挡脚板均为冲压钢板，安全设施及安全网荷载为 0.005kN/m^2，结构用脚手架，施工均布荷载为 $3.0kN/m^2$，同时施工 2 层，脚手板共铺设 6 层。碎石土地基，地基承载力为 170kPa，风荷载按所在地区取值，脚手架为全封闭。试利用 PKPM 施工设施安全计算软件完成脚手架的验算。

第四章　施工机具与垂直运输设备

学习目标

　　本章主要讲述施工机具和垂直运输设备安全技术与计算等相关内容。通过本章的学习，能够熟悉、了解和掌握垂直运输设施施工安全技术知识以及计算方法。

基本要求

　　1. 了解垂直运输设施的分类以及垂直运输设施的一般设置要求。

　　2. 熟悉施工机具、型钢井架、塔吊的基本要求和施工的一般安全要求；熟悉型钢井架、塔吊的相关计算理论。

　　3. 掌握型钢井架及塔吊天然地基基础的计算方法和步骤，建议掌握计算机软件操作。

第一节　施工机具安全技术

　　建筑工程施工使用的机具种类繁多，为了全面完成建筑工地的施工任务，除需使用各种大、中型建筑机械（例如：塔吊、施工电梯、井架、混凝土机械等）外，还需要有大量的种类齐全的配套施工机具。中华人民共和国行业标准《建筑施工安全检查标准》（JGJ 59—1999）施工机具检查评分表列出了建筑施工常用的和易发生伤亡事故的 10 种机具，这 10 种机具是平刨、圆盘锯、手持电动工具、钢筋机械、电焊机、搅拌机、气瓶、翻斗车、潜水泵和打桩机械。这些机具设备与大型设备相比较其可能造成的危险性虽然较小，但由于它数量多，使用广泛，所以发生事故的概率大；又因其设备体积较小，所以往往在安全管理上容易被忽视，在施工现场存在的安全隐患较多。

　　因此，在进行安全检查时，要求也与大型设备一样，凡进入施工现场的施工机具，必须是经过建筑安全管理部门验收，确认符合要求时，发准用证或有验收手续方能使用，不能把不合格的机具运进施工现场使用。施工机具都必须按照《施工现场临时用电安全技术规范》的要求，三级配电两级保护，除做保护接零外，还必须在设备负荷线的首端处设置漏电保护装置。另外，所有施工机具在使用之前必须经过验收方可安全使用。

　　本小节将重点讲述木工机械（平刨、圆盘锯）、手持电动工具、钢筋机械、电焊机、搅拌机和桩机械安全技术及使用要求。

一、木工机械

　　木工机械种类繁多，涉及的安全问题主要是用电安全和机械安全。本小节只就涉及安全施工较为突出的平刨和圆盘锯的安全技术作一简要介绍，其他机械在施工时，可参照相应情况也应考虑其安全问题。

（一）平刨

　　木工刨床是用来专门加工木料表面（如表面的整直、修光、刨平等）的机具。木工刨床分平刨床和压刨床两种。其平刨床又分手压平刨床和直角平刨床；压刨床分单、双面压刨床和四面刨床三种。

本节主要介绍在施工现场被广泛使用的木工手压平刨床，它主要采用手工操作，即利用刀轴的高速旋转，使刀架获得 25m/s 以上的切削速度，此时用手把持木料并推动木料紧贴工作台面进料，使它通过刀轴，而木料就在这复合运动中受到刨削。在平刨上断手指的事故率是很高的，在木工机械事故中占首位，俗称"老虎口"。

1. 事故隐患

① 由于木质不均匀（有节疤或倒丝纹），其硬度超过周围木质的几倍，刨削时碰到节疤时，其切削力也相应增加几倍，使得两手推压木料原有的平衡突然遭到破坏，木料弹出或翻倒，而操作人员的两手仍按原来的方式施力，因而伸进刨口，手指被切去。

② 加工的木料过短，木料长度小于 250mm。

③ 临时用电不符规范要求，如三级配电二级保护不完善，缺漏电保护器或失效，未做保护接零等。

④ 传动部位无防护罩。

⑤ 操作人员违章操作或操作方法不正确。

2. 安全要求

① 必须使用圆柱形刀轴，绝对禁止使用方轴。

② 刨刀刃口伸出量不能超过外径 1.1mm。

③ 刨口开口量不得超过规定值。

④ 每台木工平刨上必须装有安全防护装置（护手安全装置及传动部位防护罩），并配有刨小薄料的压板或压棍。

⑤ 刨削工件时的最短长度不得小于刨口开口量的 4 倍，而且刨削时必须用推板压紧工件进行刨削操作。

⑥ 刨削前必须仔细检查木料有无节疤和铁钉。如有应用冲头冲进去。

⑦ 刨削过程中如感到木料振动太大，送料推力较重时，说明刨刀刃口已经磨损，必须停机更换新磨锋利的刨刀。

⑧ 开机后切勿立即送料刨削，一定要等到刀轴运转平稳后方可进行刨削。因为刀轴的转速一般都在 5000r/min 以上，从启动电源到刀轴转动平稳需经过一段时间。如果一启动就立即进行刨削，则刨削是在切削速度从低到高的变化过程中进行的，因而容易发生事故。

⑨ 施工用电必须符合规范要求，要有保护接零（TN-S 系统）和漏电保护器。

⑩ 平刨在施工现场应置于木工作业区内，并搭设防护棚。若位于塔吊作业范围内的，应搭设双层防坠棚，且在施工组织设计中予以策划和标识，同时在木工棚内落实消防措施、安全操作规程及其责任人。

⑪ 机械运转时，不得进行维修，更不得移动或拆除护手装置进行刨削。

3. 预防措施

① 平刨在进入施工现场前，必然经过建筑安全管理部门验收，确认符合要求时，发给准用证或有验收手续方能使用。设备挂上合格牌。

② 平刨、电锯、电钻等多用联合机械在施工现场严禁使用。

③ 手压平刨必须有安全装置，并在操作前检查机械各部件及安全防护装置是否松动或失灵，并检查刨刀锋利程度，经试车 1～3min 后，才能进行正式工作，如刨刃已钝，应及时调换。

④ 吃刀深度一般调为 1～2mm。

⑤ 操作时左手压住木料，右手均匀推进，不要猛推猛拉，切勿将手指按于木料侧面。刨料时，先刨大面当作标准面，然后再刨小面。

⑥ 在刨较短、较薄的木料时，应用推板去推压木料；长度不足 400mm 或薄而窄的小料不得用手压刨。

⑦ 两人同时操作时，须待料推过刨刃 150mm 以外，下手方可接拖。

⑧ 操作人员衣袖要扎紧，不准戴手套。

⑨ 施工用电必须符合规范要求，并定期进行检查。

（二）圆盘锯

圆盘锯又叫圆锯机，是应用很广的木工机械，它是由床身、工作台和锯轴组成。大型圆锯机坐必须安装在结实可靠的基础上，小型的可以直接安放在地面上，工作台的高度约 900mm。锯轴装在机座的轴承内，锯轴的转动一般用皮带传动，但新式的机床都用电动机直接带动。有些圆锯机的工作台能够倾斜成 45°角，比较新式的锯机的工作台，始终保持水平，但是锯片能够自动倾斜，这不仅对工作带来很大方便，而且也比较安全。

1. 事故隐患

① 圆锯片在装上锯床之前未校正中心，使得圆锯片在锯切木材时，仅有一部分锯齿参加工作。这些锯齿因受力较大而变钝，引起木材飞掷的危险。

② 圆锯片有裂缝、凹凸、歪斜等缺陷，锯齿折断使得圆锯片在工作时发生撞击，引起木材飞掷及圆锯本身破裂等危险。

③ 传动皮带防护不严密。

④ 护手安全装置残损。

⑤ 未作保护接零和漏电保护或其装置失效。

2. 安全要求

① 锯片上方必须安装安全防护罩、挡板、松口刀，皮带传动处应有防护罩。

② 锯片不得连续断齿 2 个，裂纹长度不超过 20mm、有裂纹则应在其末端冲上裂孔（阻止其裂纹进一步发展）。

③ 施工用电应符合要求，作保护接零，设置漏电保护器并确保有效。

④ 操作必须采用单向按钮开关，无人操作时断开电源。

3. 预防措施

① 圆盘锯在进入施工现场前，必须经过建筑安全管理部门验收，确认符合要求，发给准用证或有验收手续方能使用。设备应挂上合格牌。

② 操作前应检查机械是否完好，电器开关等是否良好，熔丝是否符合规格，并检查锯片是否有断、裂现象，并装好防护罩，运转正常后方能投入使用。

③ 操作人员应戴安全防护眼镜；锯片必须平整，不准安装倒顺开关，锯口要适当，锯片要与主动轴匹配、紧牢，不得有连续缺齿。

④ 操作时，操作者应站在锯片左面的位置，不应与锯片站在同一直线上，以防止木料弹出伤人。

⑤ 木料锯到接近端头时，应由下手拉料进锯，上手不得用手直接送料，应用木板推送。锯料时，不准将木料左右搬动或高抬；送料不宜用力过猛，遇木节要减慢进锯速度，以防木节弹出伤人。

⑥ 锯短料时，应使用推棍，不准直接用手推，进料速度不得过快，下手接料必须使用

刨钩。剖短料时，料长不得小于锯片直径的 1.5 倍，料高不得大于锯片直径的 1/3。截料时，截面高度不准大于锯片直径的 1/3。

⑦ 锯线走偏，应逐渐纠正，不准猛扳。锯片运转时间过长，温度过高时，应用水冷却，直径 600mm 以上的锯片在操作中，应喷水冷却。

⑧ 木料若卡住锯片时，应立即停车后处理。

⑨ 用电应符合规范要求，采用三级配电二级保护，三相五线保护接零系统。定期进行检查，注意熔丝的选用，严禁采用其他金属丝作为代用品。

二、搅拌机

搅拌机是用于拌制砂浆或混凝土的施工机械，在建筑施工中应用非常广泛，它以电为动力，机械传动方式有齿轮传动和皮带传动，以齿轮传动为主。搅拌机种类较多，根据用途不同分为砂浆搅拌机和混凝土搅拌机（也可用于拌制砂浆）两类；根据工作原理分为自落式和强制式两类。

砂浆搅拌机是用来搅拌各种砂浆、灰浆的专用机械，搅拌时拌筒一般固定不动，以筒内带条形拌叶的转轴来搅拌物料。按其生产状态可分为周期作用式和连续作用式两种；按其安装方式又可分为固定式和移动式两种。

混凝土搅拌机是由搅拌筒、上料机构、搅拌机构、配水系统与出料机构、传动机构和动力部分组成。大型搅拌机通常是固定的，但移动式搅拌机已日益受到重视，多用于无搅拌设备的地方或混凝土需要量较大的施工现场，可由卡车托运。混凝土搅拌机按生产过程的连续性可分为周期或强制式两类；按加料是否连续，可分为连续式或分批式（即周期式）两类。连续式搅拌机，由于物料在搅拌机内停留时间短，一般都制成强制式；分批式搅拌机按搅拌原理又可分为自落式和强制式两类。混凝土搅拌机类型及工作示意如表 4-1 所示。

表 4-1 混凝土搅拌机类型

自落式			强制式				
鼓筒式	双 锥 式		立 轴 式				卧轴式 （单轴、双轴）
	反转出料	倾翻出料	涡浆式	行星式			
				定盘式	盘转式		

（一）事故隐患

① 临时施工用电不符规范要求，缺少漏电保护或保护失效，而造成触电事故。

② 机械设备本身在安装、防护装置上存在问题，造成对操作人员的伤害。

③ 施工人员违反操作规程。

（二）安全要求及预防措施

1. 安全要求

① 安装场地应平整夯实，机械安装要平稳牢固。

② 各类搅拌机（除反转出料搅拌机外），均为单向旋转进行搅拌，因此在接电源时应注意搅拌筒转向要符合搅拌筒上的箭头方向。

③ 开机前，先检查电气设备的绝缘和接地是否良好（如采用保护接地时），皮带轮保护罩是否完整。

④ 工作时，机械应先启动进行试运转，待机械运转正常后再加料搅拌，要边加料边加水，若遇中途停机停电时，应立即将料卸出；不允许中途停机后，再重载启动。

⑤ 砂浆搅拌机加料时，不准用脚踩或用铁锹、木棒在筒口往下拨、刮拌和料，工具不能碰撞搅拌叶，更不能在转动时，把工具伸进料斗里扒浆。搅拌机料斗下方不准站人，起斗停机时，必须挂上安全钩。

⑥ 常温施工时，机械应安放在防雨棚内。

⑦ 非操作人员，严禁开动机械。

⑧ 操作手柄应有保险装置；料斗应有保险挂钩。

⑨ 作业后，要进行全面冲洗，筒内料要出净，料斗降落到最低处坑内。

2. 预防措施

① 搅拌机在使用前，必须经过建筑安全管理部门验收，确认符合要求，发给准用证或有验收手续方能使用。设备应挂上合格牌。

② 临时施工用电应做好保护接零，配备漏电保护器，具备三级配电两级保护。

③ 搅拌机应设防雨棚，若机械设置在塔吊运转作业范围内的，必须搭设双层安全防坠棚。

④ 搅拌机的传动部位应设置防护罩。

⑤ 搅拌机安全操作规程应上墙，明确设备责任人，定期进行安全检查、设备维修和保养。

三、钢筋加工机械

钢筋工程包括钢筋基本加工（除锈、调直、切断、弯曲）、钢筋冷加工、钢筋焊接、绑扎和安装等工序。在工业发达国家的现代化生产中，钢筋加工则由自动生产线连续完成。钢筋机械主要包括：电动除锈机、机械调直机、钢筋切断机、钢筋弯曲机、钢筋冷加工机械（冷拉机具、拔丝机）、对焊机等。

（一）钢筋加工机械的种类及安全要求

1. 钢筋除锈机械

钢筋由于保管不善或存放过久，就会与空气中的氧起化合反应，在钢筋表面生成一层氧化铁（即铁锈），严重时则成为锈皮，应予清除。钢筋除锈的方法很多，主要分为人工除锈、机械除锈和化学除锈三大类，机械除锈又分为调直除锈和除锈机除锈。有关调直除锈的安全要求，将在钢筋调直部分讲述，这里只讲述钢筋除锈的安全要求，具体如下。

① 使用电动除锈机除锈，要先检查钢丝刷固定螺丝有无松动，检查封闭式防护罩装置及排尘设备的完好情况，防止发生机械伤害。

② 使用移动式除锈机，要注意检查电气设备的绝缘及接地是否良好。

③ 操作人员要将袖口扎紧，并戴好口罩、手套等防护用品，特别是要戴好安全保护眼镜，防止圆盘钢丝刷上的钢丝甩出伤人。

④ 送料时，操作人员要侧身操作，严禁在除锈机的正前方站人，长料除锈需两人互相呼应，紧密配合。

2. 钢筋调直机械

直径小于 12mm 的盘状钢筋，使用前必须经过放圈、调直工序；局部曲折的直条钢筋，也需调直后使用。这种工作一般利用卷扬机完成。工作量大时，则采用带有剪切机构的自动调直机，不仅生产率高、体积小、劳动条件好，而且能够同时完成钢筋的清刷、矫直和剪切等全部工序，还能矫直高强度钢筋。

钢筋调直方法有三种，即人工拉伸调直、调直机械调直和手工调直。其中拉伸调直和调直机械调直的安全要求如下。

（1）人工拉伸调直

① 用人工绞磨调直钢筋时，绞磨地锚必须牢固，严禁将地锚绳拴在树干、下水井及其他不坚固的物体或建筑物上。

② 人工推转绞磨时，要步调一致，稳步进行，严禁任意撒手。

③ 钢筋端头应用夹具夹牢，卡头不得小于100mm。

④ 钢筋产生应力并调直到预定程度后，应缓慢回车卸下钢筋，防止机械伤人。手工调直钢筋，必须在牢固的操作台上进行。

（2）机械调直

① 用机械冷拉调直钢筋，必须将钢筋卡紧，防止断折或脱扣，机械的前方必须设置铁板加以防护。

② 机械开动后，人员应在两侧各1.5m以外，不准靠近钢筋行走，以预防钢筋断折或脱扣弹出伤人。

3. 钢筋切断机

钢筋的切断方法，应视钢筋直径大小而定，直径20mm以下的钢筋用手动机床切断，大直径的钢筋则必须用专用机械。手动切断装置一般有固定部分与活动部分。各装一个刀片。当刀片产生相对运动后，即可切断钢筋。直径12mm以下的钢筋，一个工人即可切断；直径12～20mm的钢筋，则需两人才能切断。机动切断设备的工作原理与手动相同，也有固定刀片和活动刀片，后者装在滑块上，靠偏心轮轴的转动获得往复运动，装在机床内部的曲轴连杆机构，推动活动刀片切断钢筋。这种切断机生产率约为每分钟切断30根。直径40mm以下的钢筋均可切断。切割直径12mm以下的钢筋时，每次可切5根。其机械切断操作的安全要求如下。

① 切断机切钢筋，料最短不得小于1m，一次切断的根数，必须符合机械的性能，严禁超量进行切割。

② 切断直径12mm以上的钢筋，须两人配合操作。人与钢筋要保持一定的距离，并应当把稳钢筋。

③ 断料时料要握紧，并在活动刀片向后退时，将钢筋送进刀口，以防止钢筋末端摆动或钢筋蹦出伤人。

④ 不要在活动刀片已开始向前推进时，向刀口送料，这样常因措手不及，不能断准尺寸，往往还会发生机械或人身安全事故。

4. 钢筋弯曲机

钢筋弯曲机械是用来将下料切段好的钢筋弯成设计所要求的形状、尺寸和角度。钢筋直径小于25mm且加工量不大时，采用手动弯曲设备弯曲钢筋；大量制作钢筋骨架或弯曲重型钢筋时，须使用自动控制的钢筋弯曲机。自动钢筋弯曲机的驱动电机和所有传动装置均放在用钢板制成的机架内。机架装有两个能使整机移动的行走滚轮。主轴的定心销子上套有按被弯曲钢筋直径确定的各种直径可换滚子。工作圆盘上有弯曲销子定位用的8个孔。带有圆孔的两纵向平板中安装有可换的推销。工作时，钢筋放在中心滚轴与弯曲销子之间。盘顺时针转动，将钢筋按所要求角度弯曲。圆盘反转，取下钢筋（用电磁启动器控制）。钢筋弯曲的安全要求如下。

（1）手工弯曲成型　用横口扳子弯曲粗钢筋时，要注意掌握操作要领，脚跟要站稳，两腿站成弓步，搭好扳子，注意扳距，扳口卡牢钢筋，起弯时用力要慢，不要用力过猛，防止扳子扳脱，人被甩倒。不允许在高处或脚手架上弯粗钢筋，避免因操作时脱扳，造成高处坠落。

（2）机械弯曲成型

① 在机械正式操作前，应检查机械各部件，并进行空载试运转正常后，方能正式操作。

② 操作时注意力要集中，要熟悉工作盘旋转的方向，钢筋放置要和挡架、工作盘旋转方向相配合，不能放反。

③ 操作时，钢筋必须放在插头的中、下部，严禁弯曲超截面尺寸的钢筋，回转方向必须准确，手与插头的距离不得小于 200mm。

④ 机械运行过程中，严禁更换芯轴、销子和变换角度等，不准加油和清扫。

⑤ 转盘换向时，必须待停机后再进行。

5. 钢筋对焊机

钢筋对焊的原理是利用对焊机产生的强电流，使钢筋两端在接触时产生热量，待钢筋两端部出现熔融状态时，通过对焊机加压顶锻，将钢筋连接成一体。它适用于焊接直径 10～40mm 的 Ⅰ、Ⅱ、Ⅲ 级钢筋。

根据焊接过程和操作方法的不同，对焊机可分为电阻焊和闪光焊两种。施焊作业时，在对焊机的闪光区域内需设置铁皮挡隔，焊接时其他人员应停留在闪光范围之外，以防火花灼伤；在对焊机上安置活动顶罩，防止飞溅的火花灼伤操作人员有较好的效果。另外，对焊机工作地点应铺设木板或其他绝缘垫，焊工操作时应站在木板或绝缘垫上，从而与大地相隔离。焊机及金属工作台还应有保护接地装置。对焊机操作的安全要求如下。

① 焊工必须经过专门安全技术和防火知识培训，经考核合格，持证者方准独立操作；徒工操作必须有师傅带领指导，不准独立操作。

② 焊工施焊时必须穿戴白色工作服、工作帽、绝缘鞋、手套、面罩等，并要时刻预防电弧光伤害，并及时通知周围无关人员离开作业区，以防伤害眼睛。

③ 钢筋焊接工作房，应尽可能采用防火材料搭建，在焊接机械四周严禁堆放易燃物品，以免引起火灾。工作棚应备有灭火器材。

④ 遇六级以上大风天气时，应停止高处作业，雨、雪天应停止露天作业；雨雪后，应先清除操作地点的积水或积雪，否则不准作业。

⑤ 进行大量焊接生产时，焊接变压器不得超负荷，变压器升温不得超过 60℃，为此，要特别注意遵守焊机暂载率的规定，以免过分发热而损坏。

⑥ 焊接过程中，如焊机有不正常响声、变压器绝缘电阻过小、导线破裂、漏电等，应立即停止使用，进行检修。

⑦ 对焊机断路器的接触点、电极（铜头），要定期检查修理。冷却水管应保持畅通，不得漏水和超过规定温度。

（二）钢筋加工机械安全事故的预防措施

① 钢筋加工机械在使用前，必须经过调试运转正常，并经建筑安全管理部门验收，确认符合要求，发给准用证或有验收手续后，方可正式使用。设备挂上合格牌。

② 钢筋机械应由专人使用和管理，安全操作规程上墙，明确责任人。

③ 施工用电必须符合规范要求，做好保护接零，配置相应的漏电保护器。

④ 钢筋冷作业区与对焊作业区必须有安全防护设施。

⑤ 钢筋机械各传动部位必须有防护装置。

⑥ 在塔吊作业范围内，钢筋作业区必须设置双层安全防坠棚。

四、手持电动工具

建筑施工中，手持电动工具常用于木材加工中的锯割、钻孔、刨光、磨光、剪切及混凝土浇捣过程的振捣作业等。电动工具按其触电保护分为Ⅰ、Ⅱ、Ⅲ类，具体如下。

Ⅰ类工具在防止触电的保护方面不仅依靠基本绝缘，而且它还包含一个附加的安全预防措施，使可触及的可导电的零件在基本绝缘损坏的事故中不成为带电体。

Ⅱ类工具在防止触电的保护方面不仅依靠基本绝缘，而且它还提供双重绝缘或加强绝缘的附加安全预防措施和没有保护接地或依赖安装条件的措施。

Ⅲ类工具在防止触电保护方面依靠由安全特低电压供电和在工具内部不会产生比安全特低电压高的高压。其电压一般为 36V。

（一）安全隐患

手持电动工具的安全隐患主要存在于电器方面，易发生触电事故，具体有以下几种情况。

① 未设置保护接零和两级漏电保护器，或保护失效。

② 电动工具绝缘层破损而产生漏电。

③ 电源线和随机开关箱不符合要求。

④ 工人违反操作规定或未按规定穿戴绝缘用品。

（二）安全要求

① 工具上的接零或接地要齐全有效，随机开关灵敏可靠。

② 电源进线长度应控制在标准范围，以符合不同的使用要求。

③ 必须按三类手持式电动工具来设置相应的二级漏电保护，而且对于末级漏电动作电流分别有以下规定：Ⅰ类手持式电动工具（金属外壳）为 30mA，（绝缘电阻≥2mΩ）；Ⅱ类手持式电动工具（绝缘外壳）为 15mA（绝缘电阻 7mΩ）；Ⅲ类手持式电动工具（采用安全电压 36V 以下）为 15mA。

④ 使用Ⅰ类手持电动工具必须按规定穿戴绝缘用品或站在绝缘垫上。

⑤ 电动工具不适宜在含有易燃、易爆或腐蚀性气体及潮湿等特殊环境中使用，并应存放于干燥、清洁和没有腐蚀性气体的环境中。对于非金属壳体的电机、电器，在存放和使用时应避免与汽油等溶剂接触。

（三）预防措施

① 手持电动工具在使用前，必须经过建筑安全管理部门验收，确定符合要求，发给准用证或有验收手续方能使用。设备挂上合格牌。

② 一般场所选用Ⅱ类手持式电动工具。并装设额定动作电流不大于 15mA，额定漏电动作时间小于 0.1s 的漏电保护器。若采用工类手持电动工具还必须作保护接零。

露天、潮湿场所或在金属构架上操作时，必须选用Ⅱ类手持电动工具，并装设防溅的漏电保护器。严禁使用Ⅰ类手持电动工具。

狭窄场所（锅炉、金属容器、地沟、管道内等），宜选用带隔离变压器的Ⅲ类手持电动工具；若选用Ⅱ类手持电动工具，必须装设防溅的漏电保护器，把隔离变压器或漏电保护器装设在狭窄场所外面，工作时应有人监护。

③ 手持电动工具的负荷线必须采用耐气候型的橡皮护套铜芯软电缆，并不得有接头。

④ 手持电动工具的外壳、手柄、负荷线、插头、开关等必须完好无损，使用前必须作空载试验，运转正常方可投入使用。

⑤ 电动工具在使用中不得任意调换插头，更不能不用插头，而将导线直接插入插座内。当电动工具不用或需调换工作头时，应及时拔下插头，但不能拉着电源线拔下插头。插插头时，开关应在断开位置，以防突然启动。

⑥ 使用过程中要经常检查，如发现绝缘损坏、电源线或电缆护套破裂、接地线脱落、插头插座开裂、接触不良以及断续运转等故障时，应立即修理，否则不得使用。移动电动工具时，必须握持工具的手柄，不能用拖拉橡皮软线来搬动工具，并随时注意防止橡皮软线擦破、割断和轧坏现象，以免造成人身事故。

⑦ 长期搁置未用的电动工具，使用前必须用500V的兆欧表测定绕阻与机壳之间的绝缘电阻值，应不得小于7mΩ，否则须进行干燥处理。

五、桩机械

桩基础是建筑物及构筑物的基础形式之一，当天然地基的强度不能满足设计要求时，往往采用桩基础。桩基础通常是由若干根单桩组成，在单桩的顶部用承台连接成一个整体，构成桩基础。桩基工程施工所用的机械主要是桩机。

桩根据其工艺特点分为预制桩和灌注桩，预制桩根据施工工艺不同，又分为打入桩、静力压桩、振动沉桩等；灌注桩根据成孔的施工工艺不同，又分为钻孔、冲击成孔、冲抓成孔、套管成孔、人工挖空等。

桩的施工机械种类繁多，配套设施也较多，施工安全问题主要涉及用电、机械、安全操作、空中坠物等诸多因素。本小节主要讲述打桩机的施工安全要求及预防措施。

打桩机一般由桩锤、桩架及动力装置组成。桩锤的作用是对桩施加冲击，将桩打入土中；桩架的作用是将桩吊到打桩位置，并在打入过程中引导桩的方向，保证桩沿着所要求的方向冲击；动力装置及辅助设备的作用是驱动桩锤，辅助打桩施工。

（一）安全要求

① 桩机使用前应全面检查机械及相关部件，并进行空载试运转，严禁设备带"病"工作。

② 各种桩机的行走道路必须平整坚实，以保证移动桩机时的安全。

③ 启动电压降一般不超过额定电压的10%，否则要加大导线截面。

④ 雨天施工，电机应有防雨措施。遇到大风、大雾和大雨时，应停止施工。

⑤ 设备应定期进行安全检查和维修保养。

⑥ 高处检修时，不得向下乱丢物件。

（二）安全事故预防措施

① 打桩机械在使用前，必须经过建筑安全管理部门验收，确认符合要求，发给准用证或有验收手续方能使用。设备挂上合格牌。

② 临时施工用电应符合规范要求。

③ 打桩机应设有超高限位装置。

④ 打桩作业要有施工方案。

⑤ 打桩安全操作规程应上牌，并认真遵守，明确责任人。

⑥ 具体操作人员应经培训教育和考核合格，持证并经安全技术交底后，方能上岗作业。

第二节　垂直运输设备概述

垂直运输设施为在建筑施工中担负垂直运（输）送材料设备和人员上下的机械设备和设施，它是施工技术措施中不可缺少的重要环节。随着高层、超高层建筑、高耸工程以及超深地下工程的飞速发展，对垂直运输设施的要求也相应提高，垂直运输技术已成为建筑施工中的重要的技术领域之一。

垂直运输设施种类繁多，一般分为塔式起重机、施工电梯、物料提升架、混凝土泵和小型提升机械五大类，本章重点讲述垂直运输设施的安全技术、井架的构造及计算、塔吊以及塔吊天然地基基础的设计计算等内容。

一、垂直运输设施的分类

（1）塔式起重机　具有提升、回转、水平输送（通过滑轮车移动和臂杆仰俯）等功能，不仅是重要的吊装设备，而且也是重要的垂直运输设备，用其垂直和水平吊运长、大、重的物料仍为其他垂直运输设备（施）所不比的。塔式起重机的分类见表 4-2。

表 4-2　塔式起重机的分类

分 类 方 式	类　别
按固定方式划分	固定式；轨道式；附墙式；内爬式
按架设方式划分	自升；分段架设；整体架设；快速拆装
按塔身构造划分	非伸缩式；伸缩式
按臂构造划分	整体式；伸缩式；折叠式
按回转方式划分	上回转式；下回转式
按变幅方式划分	小车移动；臂杆仰俯；臂杆伸缩
按控速方式划分	分级变速；无级变速
按操作控制方式划分	手动操作；电脑自动监控
按起重能力划分	轻型（$\leqslant 80t \cdot m$）；中型（$\geqslant 80t \cdot m$，$\leqslant 250t \cdot m$） 重型（$\geqslant 250t \cdot m$，$\leqslant 1000t \cdot m$）；超重型（$\geqslant 1000t \cdot m$）

（2）施工电梯　多数施工电梯为人货两用，少数为仅供货用。施工电梯按其驱动方式可分为齿条驱动和绳轮驱动两种。齿条驱动电梯又有单吊箱（笼）式和双吊箱（笼）式两种，并装有可靠的限速装置，适于 20 层以上建筑工程使用；绳轮驱动电梯为单吊箱（笼），无限速装置，轻巧便宜，适于 20 层以下建筑工程使用。

（3）物料提升架　包括井式提升架（简称"井架"）、龙门式提升架（简称"龙门架"）、塔式提升架（简称"塔架"）和独杆升降台等。

（4）混凝土泵　指水平和垂直输送混凝土的专用设备，用于超高层建筑工程时则更显示出它的优越性。混凝土泵按工作方式分为固定式和移动式两种；按泵的工作原理则分为挤压式和柱塞式两种。

（5）小型物料提升设施　这类物料提升设施由小型（一般起重量在 1.0t 以内）起重机

具如电动葫芦、手扳葫芦、倒链、滑轮、小型卷扬机等与相应的提升架、悬挂架等构成，形成墙头吊、悬臂吊、摇头把杆吊、台灵架等。常用于多层建筑施工或作为辅助垂直运输设施。垂直运输设施的总体情况见表 4-3。

表 4-3 垂直运输设施的总体情况

序次	设备(施)名称	形式	安装方式	工作方式	设备能力起重能力	提升高度
1	塔式起重机	整装式	行走、固定	在不同的回转半径内形成作业覆盖区	60～10000kN·m	80m 以内
		自升式	固定、附着			250m 以内
		内爬式	天井道内附着爬升		3500kN·m 以内	一般在 300m 内
2	施工升降机(施工电梯)	单笼、双笼笼带斗	附着	吊笼升降	一般 2t 以内，高者达 2.8t	100m 以内，最高已达 645m
3	井字提升架	定型钢管搭设	缆风固定	吊笼(盘、斗)升降	3t 以内	60m 以内
		定型	附着			达 200m 以上
		钢管搭设				100m 以内
4	龙门提升架门式提升机		缆风固定		2t 以内	50m 内
			附着			100m 内
5	塔架	自升	附着		2t 以内	100m 以内
6	独杆提升机	定型产品	缆风固定		1t 以内	一般在 25m 以内
7	墙头吊	定型产品	固定结构上	回转起吊	0.5t 以内	高度视配绳和吊物稳定而定
8	屋顶起重机	定型产品	固定式移动式	葫芦沿轨道移动	0.5t 以内	
9	自立式起重架	定型产品	移动式	同独杆提升机	1t 以内	40m 以内
10	混凝土输送泵	固定式拖式	固定并设置输送管道	压力输送	输送能力为 30～50m³/h	垂直输送高度为 100m，可达 300m 以上
11	可倾斜塔式起重机	履带式	移动式	履带吊和塔吊结合的产品塔身可倾斜		50m 以内
		汽车式				
12	小型起重设备			配合垂直提升架用	0.5～1.5t	高度视配绳和吊物稳定而定

二、垂直运输设施的安装、拆卸及安全使用知识

1. 一般规定

(1) 各类垂直运输机械的安装及拆卸，应由具备相应承包资质的专业人员进行，其工作程序应严格按照原机械图纸及说明书规定，并根据现场环境条件制定安全作业方案。

(2) 转移工地重新安装的垂直运输机械，在交付使用前，应按有关标准进行试验、检验并对各安全装置的可靠度及灵敏度进行测试，确认符合要求后方可投入运行。试验资料应纳入该设备安全技术档案。

(3) 起重机的基础必须能承受工作状态的和非工作状态下的最大载荷，并应满足起重机稳定性的要求。

(4) 除按规定允许载人的施工升降机外，其他起重机严禁在提升和降落过程中载人。

(5) 起重机司机及信号指挥人员应经专业培训、考核合格并取得有关部门颁发的操作证

后，方可上岗操作。

（6）每班作业前，起重机司机应对制动器、钢丝绳及安全装置进行检查，各机构进行空载运转，发现不正常时，应予排除。起重机司机开机前，必须鸣铃示警。

（7）必须按照垂直运输机械出厂说明书规定的技术性能、使用条件正确操作，严禁超载作业或扩大使用范围。

（8）起重机处于工作状态时，严禁进行保养、维修及人工润滑作业。当需进行维修作业时，必须在醒目位置挂警示牌。

（9）作业中起重机司机不得擅自离开岗位或交给非本机的司机操作。工作结束后应将所有控制手柄扳至零位，断开主电源，锁好电箱。

（10）维修更换零部件应与原垂直运输机械零部件的材料、性能相同；外购件应有材质、性能说明；材料代用不得降低原设计规定的要求；维修后，应按相关标准要求试验合格；机械维修资料应纳入该机设备档案。

2. 塔式起重机

（1）塔式起重机必须是取得生产许可证的专业生产厂生产的合格产品。使用塔式起重机除需进行日常检查、保养外，还应按规定进行正常使用时的常规检验。

（2）塔式起重机安装与拆卸应符合下列规定。

① 塔式起重机的基础及轨道铺设，必须严格按照图纸和说明书进行。塔式起重机安装前，应对路基及轨道进行检验，符合要求后，方可进行塔式起重机的安装。安装及拆卸作业前，必须认真研究作业方案，严格按照架设程序分工负责，统一指挥。安装塔式起重机必须保证安装过程中各种状态下的稳定性，必须使用专用螺栓，不得随意代用。

② 用旋转塔身方法进行整体安装及拆卸时，应保证自身的稳定性。详细规定架设程序与安全措施，对主、副地锚的埋设位置、受力性能以及钢丝绳穿绕、起升机构制动等应进行检查，并排除塔式起重机旋转过程中障碍，确保塔式起重机旋转中途不停机。

③ 塔式起重机附墙杆件的布置和间隔，应符合说明书的规定。当塔身与建筑物水平距离大于说明书规定时，应验算附着杆的稳定性，或重新设计、制作，并经技术部门确认，主管部门验收。在塔式起重机未拆卸至允许悬臂高度前，严禁拆卸附墙杆件。

④ 顶升作业时应遵守下列规定：液压系统应空载运转，并检查和排净系统内的空气；应按说明书规定调整顶升套架滚轮与塔身标准节的间隙，使起重臂力矩与平衡臂力矩保持平衡符合说明书要求，并将回转机构制动住；顶升作业应随时监视液压系统压力及套架与标准节间的滚轮间隙；顶升过程中严禁起重机回转和其他作业；顶升作业应在白天进行，风力在四级及以上时必须立即停止，并应紧固上、下塔身连接螺栓。

（3）塔式起重机必须按照现行国家标准《塔式起重机安全规程》（GB 5144—94）及说明书规定，安装起重力矩限制器、起重量限制器、幅度限制器、起升高度限制器、回转限制器、行走限位开关及夹轨器等安全装置。

（4）塔式起重机操作使用应符合下列规定。

① 塔式起重机作业前，应检查轨道及清理障碍物；检查金属结构、连接螺栓及钢丝绳磨损情况；送电前，各控制器手柄应在零位，空载运转，试验各机构及安全装置并确认正常。

② 塔式起重机作业时严禁超载、斜拉和起吊埋在地下等不明重量的物件。

③ 吊运散装物件时，应制作专用吊笼或容器，并应保障在吊运过程中物料不会脱落。吊笼或容器在使用前应按允许承载能力的两倍荷载进行试验，使用中应定期进行检查。

④ 吊运多根钢管、钢筋等细长材料时，应确认吊索绑扎牢靠，防止吊运中吊索滑移物料散落。

⑤ 两台及两台以上塔式起重机之间的任何部位（包括吊物）的距离不应小于2m。当不能满足要求时，应采取调整相临塔式起重机的工作高度、加设行程限位、回转限位装置等措施，并制定交叉作业的操作规程。

⑥ 塔式起重机在弯道上不得进行吊装作业或吊物行走。

⑦ 轨道式塔式起重机的供电电缆不得拖地行走；沿塔身垂直悬挂的电缆，应使用不被电缆自重拉伤和磨损的可靠装置悬挂。

⑧ 作业完毕，塔式起重机应停放在轨道中间位置，起重臂应转到顺风方向，并应松开回转制动器，起重小车及平衡重应置于非工作状态。

3. 施工升降机

（1）施工升降机安装与拆卸应符合下列规定。

① 施工升降机处于安装工况，应按照现行国家标准《施工升降机检验规则》（GB 10053—1996）及说明书的规定，依次进行不少于两节导轨架标准节的接高试验。

② 施工升降机导轨架随接高标准节的同时，必须按说明书规定进行附墙连接，导轨架顶部悬臂部分不得超过说明书规定的高度。

③ 施工升降机吊笼与吊杆不得同时使用。吊笼顶部应装设安全开关，当人员在吊笼顶部作业时，安全开关应处于吊笼不能启动的断路状态。

④ 有对重的施工升降机在安装或拆卸过程吊笼处于无对重运行时，应严格控制吊笼内载荷及避免超速刹车。

⑤ 施工升降机安装或拆卸导轨架作业不得与铺设或拆除各层通道作业上下同时进行。当搭设或拆除楼层通道时，吊笼严禁运行。

⑥ 施工升降机拆卸前，应对各机构、制动器及附墙进行检查，确认正常时，方可进行拆卸工作。

（2）按照现行国家标准《施工升降机安全规则》（GB 10055—1996）及说明书规定，施工升降机应安装限速器、安全钩、制动器、限位开关、笼门连锁装置、停层门（或停层栏杆）、底层防护栏杆、缓冲装置、地面出入口防护棚等安全防护装置。

（3）凡新安装的施工升降机，应进行额定荷载下的坠落试验。正在使用的施工升降机，按说明书规定的时间（至少每3个月）进行一次额定荷载的坠落试验。

（4）施工升降机操作、使用应符合下列规定。

① 每班使用前应对施工升降机金属结构、导轨接头、吊笼、电源、控制开关在零位、连锁装置等进行检查，并进行空载运行试验及试验制动器可靠度。

② 施工升降机额定荷载试验在每班首次载重运行时，应从最低层开始上升，不得自上而下运行，当吊笼升高离地面1～2m时，停机试验制动器的可靠性。

③ 施工升降机吊笼进门明显处必须标明限载重量和允许乘人数量，司机必须经核定后，方可运行，严禁超载运行。

④ 施工升降机司机应按指挥信号操作，作业运行前应鸣声示意。司机离机前，必须将吊笼降到底层，并切断电源锁好电箱。

⑤ 施工升降机的防坠安全器，不得任意拆检调整，应按规定的期限，由生产厂或指定的认可单位进行鉴定或检修。

第三节　井架及其计算

井架的种类很多，常用的有格构式型钢井架和扣件式钢管井架。本节主要讲述两种井架的构造组成及其计算。

一、格构式型钢井架

（一）格构式型钢井架的构造及主要技术参数

1. 格构式型钢井架构造

（1）架体　格构式型钢井架架体是由立柱、平撑、斜撑等杆件组成。一般都采用单孔四柱角钢井架，有两种构造方法。一种是用单根角钢由螺栓连接而成，通常是把连接板焊在立柱上，仅平撑、斜撑和立柱的连接以及立柱的接高用螺栓连接。在杆件重、井架大的情况下多采用这种方法；另一种方法是在工厂组焊成一定长度的节段，然后运至工地安装，一般轻型小井架多采用这种方法。普通型钢井架和自升式外吊盘小井架的构造如图 4-1 （a）、（b）所示。

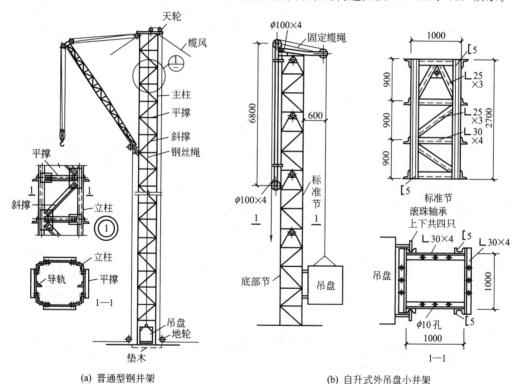

(a) 普通型钢井架　　　　　(b) 自升式外吊盘小井架

图 4-1　格构式型钢井架

（2）天梁　天梁是安装在架体顶部的横梁，是重要的受力部件，梁上装有一对钢丝绳转向滑轮。天梁承受吊篮自重及其物料重量，其断面大小应经计算确定。当载荷为 1t 时，天梁至少要用 2 根不小于 14 号的槽钢，背对背地焊接而成。

另外，天梁上应装设能固定起升钢丝绳尾端的装置。

（3）吊篮　吊篮是装载物料沿架体上的导轨作上下运行的部件，由型钢及连接钢板焊接而成。一般由底盘及竖吊杆、斜拉杆、横梁、角撑等杆件组成。吊篮底盘上应铺设 50mm 厚木板（当采用钢板时应焊防滑条），吊篮两侧应设有高度不低于 1m 的安全挡板或钢丝网片。上料口与卸料口应装设防护门，防止吊篮上下运行时物料坠落。高架物料提升机（高度在 31m 以上）的吊篮顶部还应装设防护顶板，形成吊笼状。

（4）导轨　导轨是装设在架体上并保证吊篮沿着架体上下运行尽可能不偏斜的重要构件。导轨的形式比较多，常见的有单根导轨和双根导轨。双根导轨可减少吊篮运行中的晃动。也有将导轨设在架体内四角，让装置在吊篮的四个角上的滚轮沿架体四个角上下运行，这样吊篮的稳定性更好。导轨以角钢、槽钢、钢管等型钢为最常见。

（5）电动卷扬机　电动卷扬机是以电动机为动力驱动卷筒卷绕绳索完成牵引工作的装置。井架通常选用可逆式电动卷扬机。电动卷扬机既是井架和龙门架配套的重要部件，也是施工现场应用较多、结构最简单的起重设备。电动卷扬机的种类很多、主要有电动快速、电动慢速等。

2. 格构式型钢井架的主要技术参数

型钢井架的主要技术参数和搭设要点见表 4-4。

表 4-4　型钢井架的主要技术参数和搭设要点

项目	普通型钢井架		自升式外吊盘小井架
	I	II	
构造说明	立柱∟75×8 平撑∟63×6 斜撑∟63×6 连接板 δ=8 螺栓 M16 节间尺寸 1500mm 底节尺寸 1800mm 导轨[5 单根杆件螺栓连接	立柱∟63×6 平撑∟50×5 斜撑∟50×5 连接板 δ=6 螺栓 M14 节间尺寸 1500mm 底节尺寸 1800mm 导轨∟50×5 单根杆件螺栓连接	立柱[5 平撑∟30×4 斜撑∟25×3 螺栓 M12 节间尺寸 900mm 利用立柱作导轨 分节段焊接整体安装，标准节 2.7m，底部节 4.5m
井孔尺寸	1.8m×1.8m　1.6m×1.6m 1.7m×1.7m　1.5m×1.5m	1.6m×1.6m 1.5m×1.5m	1.0m×1.0m
吊盘尺寸 宽×长	1.46m×1.6m　1.26m×1.4m 1.36m×1.5m　1.16m×1.3m	1.5m×1.5m 1.4m×1.4m	1.0m×1.6m(1.8m)
起重量	1000～1500kg	800～1000kg	500～800kg
附设拔杆: 长度 回转半径 起重量	7～10m 3.5～5m 800～1000kg	5～6m 2.5～3m 500kg	附设拔杆为安装井架使用,起重量 150kg
搭设高度	常用 40m	常用 30m	18m
缆风设置	高度 15m 以下时设一道,15m 以上时,每增高 10m 增设一道,缆风宜用 9mm 的钢丝绳,与地面夹角 45°	附着于建筑物可不设缆风	
搭设安装要点	单根杆件,螺栓连接,要求尺寸准确,结合牢固	①分节段制作,用附设拔杆安装 ②附设拔杆提升方法另详	
适用范围	①适用于高层民用建筑砌筑和装修材料的垂直运输 ②除去拔杆可以装上 1～2 个外吊盘同时运行		

（二）普通型钢井架设计计算

1. 有关要求

（1）结构设计时应考虑下列荷载

① 工作状态下的计算荷载包括自重提升荷载和工作状态下的风荷载；

② 非工作状态下的计算荷载包括自重和非工作状态下的风荷载；

③ 荷载的计算应符合现行中华人民共和国国家标准《建筑结构荷载规范》（GB 50009—2001）的规定。

（2）结构材料的选用应符合下列规定　当使用地区的计算温度高于−20℃时，承重结构的钢材宜采用 3 号钢；等于或低于−20℃时应采取 3 号镇静钢或 16 锰钢、16 锰桥钢〔注：计算温度按现行国家标准《采暖通风和空气调节设计规范》（GBJ 19—2003）关于冬季空气调节室外计算温度确定〕。

（3）主要承重构件除应满足强度要求〔计算方法可参照《钢结构设计规范》（GB 50017—2003）附录二〕外，还应满足下列要求。

① 立柱换算长细比≤120，单肢长细比不应大于构件两方向长细比的较大值 λ_{max} 的 0.7 倍；

② 一般受压杆件的长细比不应大于 150；

③ 受拉杆件的长细比不宜大于 200；

④ 受弯构件中主梁的挠度 $y_L \leqslant l/700$ 其他受弯构件≤$l/400$（l 为受弯构件计算长度）。

（4）构件连接的计算应符合现行国家标准《钢结构设计规范》（GB 50017—2003）第七章的规定。采用螺栓连接的构件不得采用 M10 以下的螺栓每一杆件的节点以及接头的一边，螺栓数不得少于 2 个。

（5）格构式构件的连缀件应采用缀条式龙门架的立柱，每隔 4～6 个设置横隔板，且每个标准节不得少于 2 个；横隔板可采用厚度 6～10mm 的钢板或截面不小于⌐ 50×5 的角钢制作，可不验算强度。

（6）井架式提升机的架体在与各楼层通道相接的开口处，应采取加强措施；提升机架体顶部的自由高度不得大于 6m。

（7）提升机天梁应使用型钢，宜选用两根槽钢，截面高度应经计算确定，但不得小于 2 根⌐ 14。

（8）提升机吊篮的各杆件应选用型钢。杆件连接板的厚度≥8mm。吊篮的结构架除按设计制作外，其底板材料可采用 50mm 厚木板，当使用钢板时，应有防滑措施。吊篮的两侧应设置高度≥1m 的安全挡板或挡网。高架提升机应选用有防护顶板的吊笼，其顶板材料可采用 50mm 厚木板。

（9）吊篮的导靴一般可用滚轮导靴或滑动导靴，但有下列情况之一的，必须采用滚轮导靴。

① 采用摩擦式卷扬机为动力的提升机；

② 架体的立柱兼作导轨的提升机；

③ 高架提升机。

（10）提升机附设摇臂把杆时，立柱及基础需经校核计算并应进行加固。把杆臂长一般不大于 6m，起重量不超过 600kg。采用角钢制作时，中间断面不小于 240mm×240mm，角钢不小于⌐ 30×4；采用无缝钢管时，钢管外径不小于 121mm。把杆支座应设置在单肢与缀件连接的节点处。

2. 荷载计算

（1）起吊物和吊盘（包括索具等）重力 G

$$G=K(Q+q) \tag{4-1}$$

式中　K——动力系数；

　　　Q——起吊物体重力，kN；

　　　q——吊盘（包括索具等）自重力，kN。

（2）提升重物的滑轮组引起的缆风绳拉力 S

$$S=f_0K(Q+q) \tag{4-2}$$

式中　f_0——引出绳拉力计算系数，按表 4-5 取用。

表 4-5　滑轮组引出绳拉力计算系数 f_0 值

滑轮的轴承或衬套材料	滑轮组拉力系数 f	动滑轮上引出的钢丝绳根数 n								
		2	3	4	5	6	7	8	9	10
滚动轴承	1.02	0.52	0.35	0.27	0.22	0.18	0.15	0.14	0.12	0.11
青铜套轴承	1.04	0.54	0.36	0.28	0.23	0.19	0.17	0.15	0.13	0.12
无衬套轴承	1.06	0.56	0.38	0.29	0.24	0.20	0.18	0.16	0.15	0.14

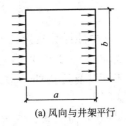 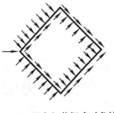

(a) 风向与井架平行　　(b) 风向与井架成对角线

图 4-2　井架风向

（3）井架自重力　一般截面尺寸为 600mm×600mm 井架，自重力约 0.6～0.6kg/m；1000mm×1000mm 井架，自重力约 0.8～1.0kg/m；1500mm×1500mm～2000mm×2000mm 井架，自重力约 1.0～1.5kg/m，或按实际估算。

（4）风荷载 W　当风向平行于井架时，如图 4-2（a）所示。

$$W=W_0\mu_z\mu_s\beta A_F \tag{4-3}$$

式中　W_0——基本风压，按建筑结构荷载规范中的规定，kPa；

　　　μ_z——风压高度变化系数，从建筑结构荷载规范中查用；

　　　μ_s——风载体型系数，根据《建筑结构荷载规范》（GB 50009—2001）表 7.3.1 第 34 项次确定；

　　　β——Z 高度处的风振系数，与井架的自振周期有关，对于钢格构式井架，自振周期 $T=0.01HS$，由周期 T 可以查得 β；或按建筑结构荷载规范计算求得；

　　　A_F——受风面的轮廓面积，m^2。

当风向与井架成对角线时，如图 4-2（b）所示。

$$W=W_0\mu_z\mu_s\varphi\beta A_F \tag{4-4}$$

式中　φ——钢压杆稳定系数，对于单肢杆件的钢塔架 $\varphi=1.1$；对于双肢杆件的钢塔架 $\varphi=1.20$。

其他同上。

通常将风荷载简化成沿井架高度方向的平均风载，即 $q=W/H$。

（5）缆风绳张力对井架产生的垂直与水平分力 [图 4-3（a）]　当井架设一道缆风绳时，可从计算简图 [图 4-3（b）] 分别求出水平分力 T_{H1} 和垂直分力 T_{V1}，如缆风绳与地面成 45° 角时，则 $T_{H1}=T_{V1}$。水平分力 T_{H1} 的大小，等于风荷载 q 作用下的简支梁的支座反力。

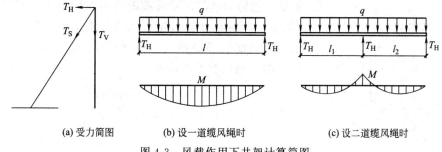

（a）受力简图　　　（b）设一道缆风绳时　　　（c）设二道缆风绳时

图 4-3　风载作用下井架计算简图

当井架设二道缆风绳时，可从计算简图 ［图 4-3（c）］分别求出第二道缆风绳的水平分力 T_{H2} 和垂直分力 T_{V2}。此时可按 q 作用下的两跨连续墙计算。

（6）缆风绳自重力对井架产生的垂直与水平分力

$$\left.\begin{array}{l} T_S = \dfrac{nql^2}{8w} \\[2mm] T_H = T_S \sin\alpha；\quad T_V = T_S \cos\alpha \end{array}\right\} \tag{4-5}$$

式中　T_S——缆风绳自重力产生的张力，kN；

　　　　n——缆风绳的根数，一般为 4 根；

　　　　q——缆风绳单位长度自重力，当绳直径为 $13\sim15\text{mm}$ 时，$q=8\text{N/m}$；

　　　　l——缆风绳长度，$l=H/\cos\alpha$；

　　　　H——井架高度，m；

　　　　α——缆风绳与井架的夹角，（°）；

　　　　w——缆风绳自重产生的挠度，$w=1/300$ 左右，m；

　　　　T_H——缆风绳自重力对井架产生的水平分力，kN；

　　　　T_V——缆风绳自重力对井架产生的垂直分力，kN。

因缆风绳都对称设置，水平分力互相抵消，故为零，只垂直分力对井架产生轴向压力。设一道缆风绳时，水平和垂直分力分别为 T_{H1} 和 T_{V1}；设两道缆风绳时，第二道缆风绳处的水平和垂直分力，分别 T_{H2} 为和 T_{V2}。

3. 井架计算

井架计算一般简化为一个铰接的平面桁架来进行。

（1）内力计算

① 轴向力计算。当设一道缆风绳时，需要验算井架顶部的截面。顶部的轴压力为：

$$N_{01}=G+S+T_{V1}+T_{V3} \tag{4-6}$$

当设两道缆风绳时，应分别验算顶部和第二道缆风绳之间的截面。顶部的轴力计算同上；第二道缆风绳与井架相交截面处的轴压力为：

$$N_{02}=G+S+T_{V1}+T_{V2}+T_{V3}+T_{V4}+验算截面以上井架自重 \tag{4-7}$$

② 弯矩计算。当设一道缆风绳时，井架在均布风载 $q=W/H$ 作用下按简支梁计算弯矩，如图 4-3（a）所示；当设两道缆风绳时，井架在均布风载 $q=W/H$ 作用下，按两跨连续梁计算，如图 4-3（b）所示。

（2）截面验算

① 井架的整体稳定性验算。格构式井架为偏心受压构件，并假定弯矩作用于与缀条面平行的主平面内。根据型钢规格表查出立柱的主肢、缀条等有关几何特征，如截面面积、惯

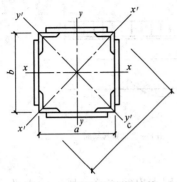

图 4-4 井架截面特征计算

性矩、回转半径等，并求截面总的惯性矩 I_x、I_y、I'_x、I'_y（图 4-4）。对其计算弯矩作用平面内的稳定性，应选取最危险的截面（即最小的总的惯性矩 I_{min}）作为验算截面。井架的长细比按下式计算：

$$\lambda = H / \sqrt{I_{min}/(4A_0)} \tag{4-8}$$

式中　H——井架的总高度，按两端为简支考虑，即 $H = $ 计算长度 l_0，m；

　　　　I_{min}——截面的最小惯性矩，mm^6；

　　　　A_0——两根主肢的截面面积，mm^2。

换算长细比：

$$\lambda_n = \sqrt{\lambda^2 + \frac{40A}{A_1}} \tag{4-9}$$

式中　A——井架毛截面面积，mm^2；

　　　　A_1——井架横截面所截垂直于 x-x 轴（或 y-y 轴）的平面内各斜缀条毛截面面积之和，根据计算的换算长细比 λ_n 从《钢结构设计规范》附录中即可查得 φ 值，mm^2。

井架在弯矩作用平面内的整体稳定性按下式验算：

$$\frac{N}{\varphi A} + \frac{\beta_{max} M}{W_{1x} \left(1 - \varphi \dfrac{N}{N_{Ex}}\right)} \leqslant [f] \tag{4-10}$$

式中　N——所计算构件段范围内的轴心压力，kN；

　　　　φ——钢压杆稳定系数，根据换算长细比由《钢结构设计规范》附录中查得；

　　　　M——所计算构件段范围内的最大弯矩，kN·m；

　　　　W_{1x}——弯矩作用平面内较大受压纤维的毛截面抵抗矩，mm^3；

　　　　β_{max}——等效弯矩系数，对于有侧移的框架柱和悬臂构件，$\beta_{max} = 1$；

　　　　N_{Ex}——欧拉临界力。根据换算长细比 λ 查《钢结构设计规范》（GB 50017—2003）得到 φ。欧拉临界力 N_{Ex} 的计算公式为：

$$N_{Ex} = \frac{\pi^2 EA}{\lambda^2}$$

② 主肢角钢稳定性验算。对于格构式偏心受压构件，当弯矩作用在和缀条面平行的主平面内时，弯矩作用平面外的整体稳定性可不需验算，但应验算单肢的稳定性。

已知作用在验算截面的弯矩 M_1 轴力 N，则作用于每一个主肢上的轴力 N'，可按下式计算：

$$N' = \frac{N}{n} + \frac{M}{d} \tag{4-11}$$

式中　M，N——作用在验算截面上的已知的弯矩和轴力；

　　　　n——截面中主肢的根数；

　　　　d——两主肢的对角线距离（风载作用于对角线方向）。

主肢应力按下式进行验算：

$$\delta = \frac{N'}{\varphi A_0} \leqslant f \tag{4-12}$$

式中　φ——纵向弯曲系数。可根据 l_0 / i_{min} 值查表求得；

l_0——主肢计算长度，一般取水平缀条之间的距离；

i_{min}——主肢截面的最小回转半径，根据选用的型钢，由型钢规格表查得；

A_0——一个主肢的横截面面积；

f——钢材的抗拉、抗压和抗弯强度设计值。

③ 缀条（板）验算。当计算求得所需验算的截面剪力 V_1，并按设计规范计算 $V=20A$（A 为全部肢件的毛截面面积）得到 V_2，比较 V_1、V_2，取其较大者作为验算用的剪力值。

根据求得的 V 值和缀条的夹角 α，即可按下式求出斜缀条的轴向力 N（图 4-5）：

$$N=\frac{V}{2\cos\alpha} \tag{4-13}$$

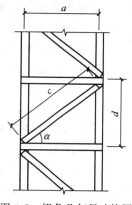

图 4-5 缀条几何尺寸简图

轴心受压构件验算缀条的稳定性按下式验算：

$$\delta=\frac{N}{\varphi A}\leqslant f \tag{4-14}$$

式中 φ——纵向弯曲系数，可根据 l_0/i_{min} 值查表求得；

A——一根缀条的毛截面面积。

（三）格构式型钢井架计算软件简介

格构式型钢井架计算在脚手架工程计算模块内，对话框如图 4-6 所示。

1. 格构式型钢井架基本参数说明及操作

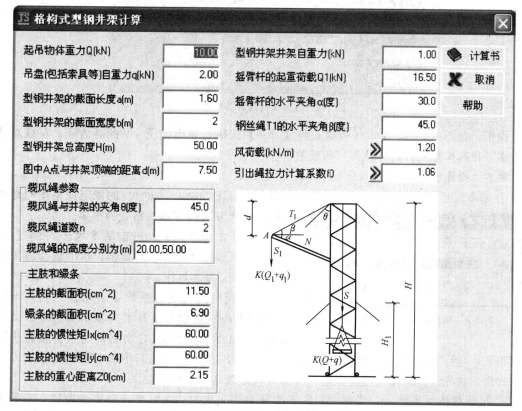

图 4-6 格构式型钢井架计算对话框

（1）起重物体重力 Q 和吊盘自重力 q 指需要吊装物体的重量和吊盘（包括索具）的自重。操作：直接在对应的文本框内输入实际数值，单位为 kN。

（2）型钢井架井架自重力 井架的自重。操作：直接在对应的文本框中输入自重力，具体数据应参照产品说明。

（3）摇臂杆的起重荷载 Q_1 摇臂杆的起重物体的重量。操作同上。

（4）型钢井架的截面长度 a 和宽度 b 井架所用型钢的截面长度和宽度。操作同上。

（5）图中 A 点与井架顶端的距离 d d 决于摇臂杆回转半径的最大值以及吊臂在井架上的位置。操作同上。

（6）摇臂杆的水平夹角 α 和钢丝绳的水平夹角 β α 和 β 取决于摇臂杆回转半径的最大时的角度以及臂长。操作同上。

（7）型钢井架总高度 H 型钢井架搭设的总高度。操作同上。

（8）风荷载 风荷载值可以通过计算得，也可以直接录入；风荷载的计算依赖于型钢井架宽度。所以在风荷载计算之前必须先输入型钢井架宽度，或是在改变了型钢井架宽度后，必须先重新计算风荷载，计算对话框如图 4-7。

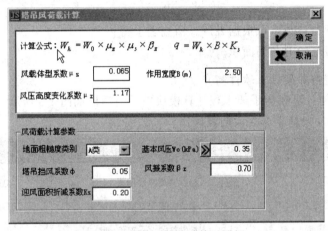

图 4-7 塔吊风荷载计算对话框

操作：在图 4-6 中，单击风荷载右侧【＞＞】按钮，弹出如图 4-7 的对话框，在该对话框中输入和选择相关参数可获得风荷载数值。

参数及操作说明：

① 基本风压 W_0：按照《建筑结构荷载规范》（GB 50009—2001）的规定根据不同地区采用，操作方法同落地式钢管脚手架。

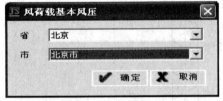

图 4-8 风荷载基本风压对话框

操作：在图 4-7 中，单击基本风压右侧【〉〉】按钮，弹出如图 4-8 所示对话框，从中选择施工所在地区，获得基本风压。

② 风荷载高度变化系数 μ_z：由建筑物的地区（A 类为近海或湖岸区、B 类为城市郊区、C 类为有密集建筑群市区和 D 类-有密集建筑群城且房屋较高市区）与计算高度查《建筑结构荷载规范》（GB 50009—2001）中表 7.2.1 确定。

操作：首先选择地面粗糙度类别，在输入风荷载高度变化系数。

③ 风荷载体型系数 μ_s：当地面粗糙度类别参数变化时，由系统自动查表取数，不能更改。即操作时选择地面粗糙度类别，系统自动查取并确定。

④ 作用宽度 B：井架迎风面宽度。

⑤ 风振系数 β_z：Z 高度处的风振系数，与井架的自振周期有关，对于钢格构式井架，自振周期 $T=0.01HS$，由周期 T 可以查得 β_z；或按《建筑结构荷载规范》计算求得。

⑥ 塔吊挡风系数 φ：它与塔架的截面形状，风向等参数共同来确定 μ_s，参考本节风荷载计算的相关内容；

⑦ 迎风面积折减系数 K_s：由于是格构式，透风较大，计算时考虑折减，通常取值 0.2。

（9）引出绳拉力计算系数 f_0 操作：单击引出绳拉力计算系数右侧【〉〉】按钮，弹出如图 4-9 所示的对话框。

滑轮组引出绳计算系数f0值

滑轮的轴承或衬套材料	滑轮组拉力系数 f	动滑轮上引出的钢丝绳根数								
		2	3	4	5	6	7	8	9	10
滚动轴承	1.02	0.52	0.35	0.27	0.22	0.18	0.15	0.14	0.12	0.11
青铜套轴承	1.04	0.54	0.36	0.23	0.23	0.19	0.17	0.15	0.13	0.12
无衬套轴承	1.06	0.56	0.38	0.29	0.24	0.20	0.18	0.16	0.15	0.14

图 4-9 滑轮组引出绳计算系数 f_0 值对话框

在该参考表中，根据滑轮组的有关数据，查表确定（单击对应数据）。

2．缆风绳参数

（1）缆风绳与井架的夹角 指缆风绳与水平方向的夹角；

（2）缆风绳道数 设置的几道缆风绳；

（3）缆风绳的高度 指的是所有缆风绳的离地竖向高度；

以上参数直接在对应的文本框中输入，当缆风绳 2 道及 2 道以上时，缆风绳的高度数据，由低向高逐一输入，中间用"，"分开。

3．主肢和缀条

（1）主肢的截面积 指主肢横截面积；

（2）缀条的截面积 指缀条横截面积；

（3）主肢的惯性距 I_{x0} x 轴方向的惯性距；

（4）主肢的惯性距 I_{y0} y 轴方向的惯性距；

（5）主肢的重心距离 z_0 指主肢的重心与形心的距离。

井架截面的力学特征可查型钢特性表确定。

操作：按照所用的主肢和缀条的各项参数直接在对应的文本框内输入。

按对话框输入所有计算参数后，单击【计算书】按钮，程序自动进行格构式型钢井架设计的计算，得到相应的标准计算书（WORD 格式），供施工组织设计使用。如单击【取消】按钮，则退出。单击【帮助】按钮，获得格构式型钢井架设计的帮助。

二、扣件式钢管井架

（一）扣件式钢管井架构造

扣件式钢管井架是采用脚手架杆搭设的井架，是施工常用井架形式之一，它具有可利用

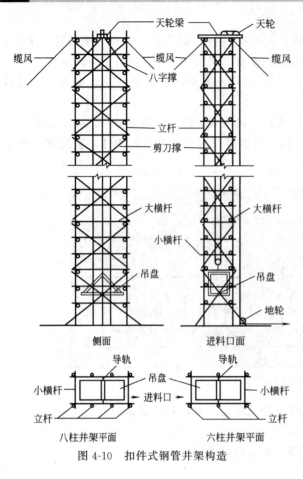

图 4-10 扣件式钢管井架构造

现场常规脚手工具，材料易得、搭拆方便、快速，使用灵活，节省施工费用等优点。

扣件式钢管井架常用井孔尺寸有 4.2m×2.4m，4.0m×2.0m 和 1.9m×1.9m 三种，起重量前二种为 1t，第三种为 0.5t，一般的井架多为单孔井架，但也可构成两孔或多孔井架。井架内设吊盘（也可在吊盘下加设混凝土料斗）；两孔或三孔井架可以分别设置吊盘或料斗，以满足同时运输多种材料的需要。

井架上可视需要设置拔杆，其起重量一般为 0.5～1.5t，回转半径可达 10m。在使用井架中应特别注意以下两个方面：确保井架的承载性能和结构稳定性；确保料盘或料斗升降的安全。

井架为由四幅平面桁架用系杆构成的空间体系，主要由立杆、水平杆、斜杆、扣件和缆风绳等构成（图 4-10）。计算时，通常简化为平面桁架来进行。井架所用钢管均为一般搭脚手架所用的钢管，即外径 ϕ48mm，壁厚 3.5mm 的焊接钢管或外径 ϕ51mm，壁厚 3～4mm 的无缝钢管。

扣件式钢管井架，根据搭设高度不同分为高度 30m 以内和 30m 以上两种，由于高度不同，井架的构造也有所不同，本小节主要介绍这两种不同高度井架的构造、主要技术参数、搭设要点和主要材料用量。

1. 30m 以下井架

（1）井架的平面构造 30m 以内扣件式钢管井架有平面形式有八柱、六柱和四柱三种，其主要杆件和用料要求与扣件式钢管脚手架基本相同。如图 4-11 所示。

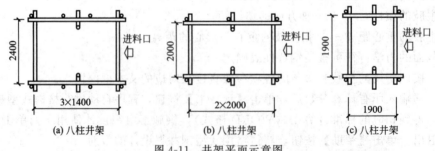

图 4-11 井架平面示意图

井架平面形式的确定主要是根据吊盘尺寸的大小确定的，而吊盘尺寸的大小则是根据所吊重物的大小、重量等因素确定的。

（2）主要技术参数和搭设要点 参见表 4-6。

表 4-6 扣件式钢管井架的技术参数和搭设要点

项目	八柱井架	六柱井架	四柱井架
构造说明	横杆间距 1.2～1.4m；四面均设剪刀撑，每 3～4 步设一道，上下连续设置；天轮梁支承处设八字撑杆	同八柱井架	天轮梁对角设置或在支承处设八字撑杆，其余同八柱井架
井孔尺寸	4.2m×2.4m	4m×2m	1.9m×1.9m
吊盘尺寸	3.8m×1.7m	3.6m×1.3m	1.5m×1.2m
起重量	1000kg	1000kg	500kg
附设拔杆起重量	≤300kg	≤300kg	≤300kg
搭设高度	常用 20～30m	常用 20～25m	常用 20～30m
缆风设置	高度在 15m 以下时设一道，15m 以上每增高 10m 增设一道。缆风最好用 7～9mm 的钢丝绳（或 ϕ8 钢筋代用），与地面成 45°夹角		
搭设要点	①杆件要做到方正平直，立杆垂直度偏差不得超过总高度的 1/400 ②剪刀撑和斜撑应用整根钢管，不宜用短管，最底层的剪刀撑应落地 ③进料口和出料口的净空高度应不小于 1.7m，出料口处的小横杆可拆下移到与出料口平台的横杆一致 ④导轨垂直度及间距尺寸的偏差，不得大于±10mm		
适用范围	民用及工业建筑施工中预制构件及砌筑、装修材料的垂直运输		

2. 30m 以上井架

（1）井架的平面构造　30m 以上扣件式钢管井架应采用四角和天轮梁下双杆的 12 柱（50m 以下）或 16 柱结构（50m 以上），见图 4-12。平面尺寸为宽 2.0～2.4m，长 3.6～4.0m，起重量 1000kg。

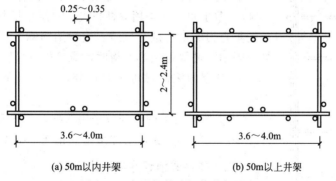

(a) 50m以内井架　　　　　　(b) 50m以上井架

图 4-12　高层扣件式钢管井架平面

（2）搭设高层井架的注意事项

① 专为屋面和装修工程使用的井架，可在主体结构完成以后一次搭起，架高应超过屋面不少于 5.5m。在主体结构施工阶段使用的井架要分段搭设。第一层高度不超过 30m，按低层井架的要求设置缆风。随着结构主体的升高，每隔 1～2 层（不超过 6m）设一道附墙拉结，并可将靠里侧的缆风随后拆除。在主体结构升至与井架相差 6m 以内时，可以继续连接上一段井架，并把天轮梁翻到新接的井架段的顶端。

② 井架与结构的附墙拉结的作法见图 4-13。当井架宽度方向平行于墙面时，采用简单拉结，或加强拉结；当井架宽度方向垂直于墙面时，采用展宽拉结。

③ 脚手架的悬空长度（位于拉结点之上）不得大于 10m。

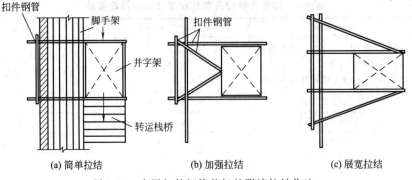

(a) 简单拉结   (b) 加强拉结   (c) 展宽拉结

图 4-13　高层扣件钢管井架的附墙拉结作法

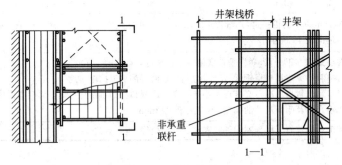

图 4-14　井架栈桥

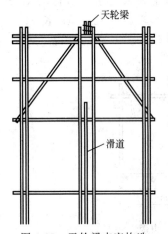

图 4-15　天轮梁支座构造

④ 在未经可靠设计复核情况下，不宜在高层井架之上加设拔杆或其他附加装置。

⑤ 进楼栈桥的立杆不得利用井架的立杆，应分开架设（图 4-14），缩小间距并采用双杆搭设。每层栈桥与井架之间应用不承受垂直力的横杆进行拉结。栈桥架的铺板层应根据设计荷载加以限制；需要每层都铺板时，应采用重量轻的脚手板。

⑥ 井架的侧面除进出料口外，均应自下而上连续设置剪刀撑。

⑦ 支撑天轮梁的横杆应采用双杆，与井架中立柱采用双扣件连接，并加设斜支杆与井架角柱相连（图 4-15）。

（二）扣件式钢管井架设计计算

扣件式钢管井架的设计计算主要是对井架的立杆稳定性、井架的整体稳定进行验算。计算方法与扣件式钢管脚手架基本相同，这里不再赘述。

第四节　塔吊及其计算

一、塔机的类型及其特点

塔机的类型，根据其构造和起重能力，可以从以下几个方面进行分类。

（一）按旋转方式

（1）上旋式塔机　即塔身不旋转，而是通过支承装置安装在塔顶上的转塔（起重臂、平衡臂、塔帽等组成）旋转，其优点是：起升高度可根据需要调整，可以在平衡臂超过建筑物高度的情况下更接近建筑物，从而扩大起吊范围。其缺点是：塔机重心高，安装拆卸较复杂，必须严格保证塔机的稳定性。

（2）下旋转式塔机　即塔身与起重臂同时旋转，旋转支承机构在塔身的底部。其优点是：塔机重心低，稳定性较好；塔身所受的弯矩也较小；全部的工作机构分布在转台和底座上；便于维修、保养和拆装可以借助本身机构进行架设，简单方便，并可以整体托运，便于转移。其缺点是：此类型塔机起重力矩较小，起重高度受到限制，多属于小型塔机范畴；旋转平台尾部突出，为了塔机回转方便，必须使尾部与建筑物保持一定的安全距离，同时其幅度的有效利用也较差。

（二）按变幅方式

按起重臂的结构特点可分为俯仰变幅起重臂（动臂）式塔机和小车变幅式（水平臂）塔机。

（1）动臂式变幅塔机　它是依靠起重臂俯仰来实现变幅的。其优点是：能充分发挥起重臂有效高度、有效长度来提高机械效率；其变幅机构简单，减少高空作业，操作较安全。其缺点是：最小幅度被限制在最大幅度的25％左右，变幅时负荷随起重臂一起升降，对变幅机构的要求必须可靠。

（2）小车变幅式塔机　塔机的起重臂为水平布置，起重臂的截面为等腰三角形桁架，载重小车在起重臂的轨道上运动。工作时靠调整小车的距离来改变起重的幅度。其优点是：载重小车可靠近塔身，变幅范围大，能满足建筑安装施工的要求；变幅机构简单、变幅迅速，且能带荷变幅，操作方便。其缺点是：起重臂受力情况复杂，所以结构也相应复杂，自重较大。

（三）按有无行走机构

可分为移动式塔机和固定式塔机。移动式塔机根据行走装置的不同，又可分为轨道式、轮胎式、汽车式和履带式等四种。固定式塔机根据安装地点的不同，又可分为附着自升式（又称外附式）和内爬式两种。

（1）行走式塔机　塔身固定于行走的底盘上，在专设的轨道上运行，稳定性好，能带载行走，最大特点是靠近建筑物，工作效率较高，是建设工程中广泛被采用的机型。

（2）固定式塔机　没有行走机构，附着自升式塔机能随着建筑物的高度升高而升高，适用于建筑结构形状复杂的高层建筑施工。其主要优点：建筑结构仅仅承受塔机传来的水平方向载荷；对建筑结构不带来破坏，同时对塔机计算自由长度大大减少，有利于塔身结构的承载能力提高，不需要铺设轨道，施工场地占用少的特点。固定式中还有一种称为爬式塔机，它在建筑物内部（电梯井、楼梯间等）借助一套托梁和拉升系统进行爬升。其主要优点是：塔机自身塔高30m左右，不需要设置塔机的独立基础，设备成本相对低些，起重臂有效回转半径大，作业面大。其主要缺点是：由于塔机的全部自重均由建筑承受，对塔机爬升的时间要待建筑物达到一定强度后方能爬升，同时，拆卸时难度较大，而且须配有专用的拆卸设备，周期较长，建筑物留下的爬升孔还须进行后补浇混凝土。

（四）按起重能力

（1）轻型塔机　起重力矩≤400kN·m，一般适用于楼层不高的民用建筑或单层厂房的建筑施工。如红旗Ⅱ-16、QT-15、QT-25、QTG-40等。

（2）中型塔机　起重力矩为600～1200kN·m，该种塔机适用于高层建筑以及工业厂房的综合吊装的施工。例如QTG60、QT60/80、QT80、Z80等。

（3）重型塔机　起重力矩大于 1200kN·m，适用于单层工业厂房、多层工业厂房、水力及核电站施工中的大型设备吊装。如 QTZ220、HZ/36B 等。

二、塔机的技术性能

前面章节中提到的"起重机性能"塔式起重机基本都具备，主要包括：起重力矩、起重量、幅度、起升高度、工作机构速度、轨距、外形尺寸、重量、电气设备和起升钢丝绳等。

（一）基本参数

（1）工作幅度　指起重吊钩中心与塔机旋转中心的水平距离，以"R"表示，单位为 m。工作幅度与吊臂长度 L 和仰角 α 有关：$R = L\cos\alpha + e$，式中 e 为起重臂铰销中心线与塔机旋转中心线的水平距离（m）。

工作幅度本身包含两个参数：最大工作幅度和最小工作幅度，对于动臂式变幅，最大工作幅度就是当起重臂处于塔机所允许的最小仰角时的幅度；最小工作幅度是当起重臂处于允许最大仰角时的幅度。对于小车变幅，最大工作幅度处于起重臂头部端点处时的幅度；最小工作幅度是小车处于起重臂根部端点处时的幅度。塔机基本参数见图 4-16。

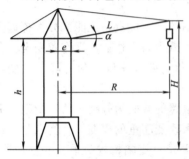

图 4-16　塔机基本参数示意图

（2）起重量　指塔式起重机所起吊的重物重量，通常以额定起重量和最大起重量表示，额定起重量是指塔机在各种工况下安全作业允许起吊的最大的重量（不包括吊钩重量）。以 Q 表示，单位为 t。

最大额定起重量是指起重臂在最小幅度时所允许起吊的最大重量。这也是塔机的主要技术参数之一。

（3）起重臂仰角　动臂式塔机的起重臂起升后，与其水平中心线的夹角，以 α 表示，单位为度（°）。塔机起重臂仰角一般在 0°～60°之间。

（4）起升高度　指地面或轨面到吊钩中心的距离，当吊钩需放到地面以下吊取重物时，则地面以下深度叫下放深度，总起升高度等于起升高度加上下放深度。起升高度以 H 表示，单位为 m。

动臂式塔机起升高度 H 和起重臂长度 L 和起重臂的仰角 α 有关。即 $H = L\sin\alpha + h$，式中 h 为起重臂与塔身铰接轴中心线与地面或轨面的垂直距离。

（5）起重力矩　起重量与其相应的工作幅度的乘积，以 M 表示，单位为 kN·m，$M = QR$。起重力矩综合了起重量和幅度两大因素，总塔机起重性能的反映，也是衡量塔机起重能力的重要参数。

塔机的额定起重力矩是以起重臂最大幅度与相应的额定起重量的乘积表示的。所以当起重臂安装成不同长度（L）时，其最大起重力矩也随之发生变化。对某些塔机（如 TQ60/80），其标定的起重力矩还与塔身的高度有关，安装成不同高度的塔身，其起重力矩也将不同。

总之，塔机的起重量与幅度有关，在起重力矩不变时，工作幅度增大，则起重量应减小；工作幅度减小时起重量可增大，但起重量最大不能超过其额定最大起重量，否则容易造成事故，重则机毁人亡，轻则损坏塔机的内部各结构和零部件。

塔机的这种特性可见图 4-17 的工作特性曲线示意图。

（6）工作速度　主要包括起升、变幅、回转、行走的速度。

① 起升速度：是指起重吊钩上升或下降的速度，以 v_q 表示，单位 m/min。起升速度同牵引机构的牵引速度和吊钩滑轮组的倍率有关。

② 变幅速度：是塔机处于空载，风速小于3m，吊钩从最大幅度到最小幅度的平均线速度，以 v_b 表示，单位 m/min。

③ 回转速度：指塔机空载，风速小于3m/s，吊钩处于起重臂最大幅度和最大高度时的稳定回转速度，以 N 表示，单位 r/min。

④ 行走速度：也是塔机处于空载、风速小于3m/s，起重臂平行于轨道方向稳定运行的速度，以 v_a 表示，单位 m/min。

（7）轨距　塔机的一项重要参数，指两根轨道中心线之间的距离，单位 m。

（8）自重　指塔机处于工作状态时塔机本身的总重量，以 G 表示，单位 t。

（9）塔式起重机分类及表示方法

① 塔式起重机分类（如表4-7）。

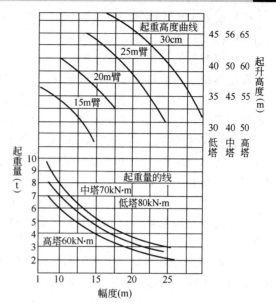

图 4-17　QT60/80 塔机工作特性曲线示意图

表4-7　塔式起重机分类及表示方法（ZBJ 4008—88）

类	组	型	代号	代号含义	主要参数	
					名称	单位表示
建筑起重机	塔式起重机 Q.T（起.塔）	轨道式	—	上回转式塔式起重机	额定起重力矩	kN·m
			Z（自）	上回转自升式塔式起重机		
			A（下）	下回转式塔式起重机		
			K（块）	快速安装式塔式起重机		
		固定式 G（固）	QTG	固定式塔式起重机		
		内爬升式 P（爬）	QTP	内爬塔式起重机		
		轮胎式 L（轮）	QTL	轮胎塔式起重机		
		汽车式 Q（汽）	QTQ	汽车塔式起重机		
		履带式 U（履）	QTU	履带塔式起重机		
		自升式 Z（自）	QTZ	自升式塔式起重机		

② 塔式起重机表示方法（图4-18）。

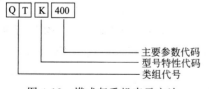

　主要参数代码
　型号特性代码
　类组代码

图 4-18　塔式起重机表示方法

【标记示例】　公称起重力矩 400kN·m 的快装式塔式起重机：QTK400；公称起重力矩 400kN·m 的固定式起重机：QTG400。

塔机的技术性能是选用塔机的主要依据，所以熟悉并了解塔机的主要技术性能，对充分发挥塔机的使用效率和安装塔机是十分有益的。

（二）塔式起重机的安全装置

为了确保塔机的安全作业，防止发生意外事故，按照起重机械设计规定塔机必须配备各类安全保护装置。

(1) 起重力矩限制器　其主要作用是防止塔机超载的安全装置,避免塔机由于严重超载而引起塔机的倾覆或折臂等恶性事故。

力矩限制器的种类较多,多数采用机械电子连锁式的结构。目前在 TQ60/80 型塔机的力矩限制器由重力取样装置、幅度取样装置和数字式多功能报警器组合而成。

① 重力取样装置:由滑轮连杆、油缸及远传压力表等组成。该装置安装于塔顶中部。当起吊超重时,数字式多功能报警器即发出报警信号。

② 幅度取样装置:由齿轮和余弦电位器等组成。全部装置安装在起重臂根部通轴左端。其作用是将吊点距塔身轴线的幅度经余弦电位器输出的电信号输入到数字式多功能报警器内,显示出吊物所在的幅度。

目前在国产自升式塔机中采用弹性钢板加限位开关式的力矩限制器。

(2) 起重量限制器　用以防止塔机的吊物重量超过最大额定荷载,避免发生机械损坏事故。

(3) 起升高度限制器　用来限制吊钩接触到起重臂头部或与载重小车之前,或是下降到最低点（地面或地面以下若干米）以前,使起升机构自动断电并停止工作。

(4) 幅度限位器　动臂式塔机的幅度限制器是用以防止臂架在变幅时,变幅到仰角极限位置时（一般与水平夹角为 63°~70°之间时）切断变幅机构的电源,使其停止工作,同时还设有机械止挡,以防臂架因起幅中的惯性而后翻。

小车变幅式塔机的幅度限制器用来防止运行小车超过最大或最小幅度的两个极限位置。一般小车变幅限位器是安装在臂架小车运行轨道的前后两端,用行程开关达到控制。

(5) 塔机行走限制器　行走式塔机的轨道两端尽头所设的止挡缓冲装置,利用安装在台车架上或底架上的行程开关碰撞到轨道两端前的挡块切断电源来达到塔机停止行走,防止脱轨造成塔机倾覆事故。

(6) 钢丝绳防脱槽装置　主要用以防止钢丝绳在传动过程中,脱离滑轮槽而造成钢丝绳卡死和损伤。

(7) 回转限制器　有些上回转的塔机安装了回转不能超过 270° 和 360° 的限制器,防止电源线扭断,造成事故。

(8) 风速仪　自动记录风速,当超过六级风速以上时自动报警,使操作司机及时采取必要的防范措施,如停止作业、放下吊物等。

(9) 电器控制中的零位保护和紧急安全开关　零位保护是指塔机操纵开关与主令控制器连锁,只有在全部操纵杆处于零位时,开关才能接通;从而防止无意操作。紧急安全开关则是一种能及时切断全部电源的安全装置。

(10) 夹轨钳　装设在台车金属结构上,用以夹紧钢轨,防止塔机在大风情况下被风吹动而行走造成塔机出轨倾翻事故。

(11) 吊钩保险　安装在吊钩挂绳处的一种防止起重千斤绳由于角度过大或挂钩不妥时,造成起吊千斤绳脱钩,吊物坠落事故的装置。吊钩保险一般采用机械卡环式,用弹簧来控制挡板,阻止千斤绳的滑钩。

三、塔式起重机使用安全要求

(1) 起重机的路基和轨道的铺设,必须严格按照原厂使用规定或符合以下要求。

① 路基土壤承载能力中型塔为 $80 \sim 120 kN/m^2$,重型塔为 $120 \sim 160 kN/m^2$;

② 轨距偏差不得超过其名义值的 1/1000;

③ 在纵横方向上钢轨顶面的倾斜度不大于 1/1000;

④ 两条轨道的接头必须错开。钢轨接头间隙在 3～6mm 之间，接头处应架在轨枕上，两端高低差不大于 2mm；

⑤ 轨道终端 1m 必须设置极限位置阻挡器，其高度应不小于行走轮半径；

⑥ 路基旁应开挖排水沟；

⑦ 起重机在施工期内，每周或雨后应对轨道基础检查一次，发现不符合规定时，应及时调整。

(2) 起重机的安装、顶升、拆卸必须按照原厂规定进行，并制订安全作业措施，由专业队（组）在队（组）长负责统一指导下进行，并要有技术和安全人员在场监护。

(3) 起重机安装后，在无荷载情况下，塔身与地面的垂直度偏差值不得超过 3/1000。

(4) 起重机专用的临时配电箱，宜设置在轨道中部附近，电源开关应合乎规定要求。电缆卷筒必须运转灵活、安全可靠，不得拖缆。

(5) 起重机必须安装行走、变幅、吊钩高度等限位器和力矩限制器等安全装置。并保证灵敏可靠。对有升降式驾驶室的起重机，断绳保护装置必须可靠。

(6) 起重机的塔身上，不得悬挂标语牌。

(7) 轨道应平直、无沉陷，轨道螺栓无松动，排除轨道上的障碍物，松开夹轨器并向上固定好。

(8) 作业前重点检查内容如下。

① 机械结构的外观情况，各传动机构正常；

② 各齿轮箱、液压油箱的油位应符合标准；

③ 主要部位连接螺栓应无松动；

④ 钢丝绳磨损情况及穿绕滑轮应符合规定；供电电缆应无破损。

(9) 起重机在中波无线电广播发射天线附近施工时，凡与起重机接触的作业人员，均应穿戴绝缘手套和绝缘鞋。

(10) 检查电源电压达到 380V，其变动范围不得超过 ±20V，送电前启动控制开关应在零位。接通电源，检查金属结构部分无漏电方可上机。

(11) 检查空载运转、行走、回转、起重、变幅以及各机构的制动器、安全限位、防护装置等，确认正常后，方可作业。

(12) 操纵各控制器时应依次逐级操作，严禁越挡操作。在变换运转方向时，应将控制器转到零位，待电动机停止转动后，再转向另一方向。操作时力求平稳。严禁急开急停。

(13) 吊钩提升接近臂杆顶部、小车行至端点或起重机行走接近轨道端部时，应减速缓行至停止位置。吊钩距臂杆顶部不得小于 1m，起重机距轨道端部不得小于 2m。

(14) 动臂式起重机的起重、回转、行走三种动作可以同时进行，但变幅只能单独进行。每次变幅后应对变幅部位进行检查。允许带载变幅的小车变幅式起重机在满载荷或接近满载荷时，只能朝幅度变小的方向变幅。

(15) 提升重物后，严禁自由下降。重物就位时，可用微动机构或使用制动器使之缓慢下降。

(16) 提升的重物平移时，应高出其跨越的障碍物 0.5m 以上。

(17) 两台起重机同一条轨道上或在相近轨道上进行作业时，应保持两机之间任何接近部位（包括起吊的重物）距离不得小于 5m。

(18) 主卷扬机不安装在平衡臂上的上旋式起重机作业时，不得顺一个方向连续回转。

(19) 装有机械式力矩限制器的起重机，在每次变幅后，必须根据回转半径和该半径时的允许载荷，对超载荷限位装置的吨位指示盘进行调整。

（20）弯轨路基必须符合规定要求，起重机转弯时应在外轨轨面上撒上砂子，内轨轨面及两翼涂上润滑脂，配重箱转至转弯外轮的方向；严禁在弯道上进行吊装作业或吊重物转弯。

（21）作业后，起重机应停放在轨道中间位置，臂杆应转到顺风方向，并放松回转制动器。小车及平衡重应移到非工作状态位置。吊钩提升到离臂杆顶端2～3m处。

（22）将每个控制开关拨至零位，依次断开各路开关，关闭操作室门窗，下机后切断电源总开关，打开高空指示灯。

（23）锁紧夹轨器，使起重机与轨道固定，如遇8级大风时，应另拉缆风绳与地锚或建筑物固定。

（24）任何人员上塔帽、吊臂、平衡臂的高空部位检查或修理时，必须佩带安全带。

（25）附着式、内爬式塔式起重机还应遵守以下事项。

① 附着式或内爬式起重机基础和附着的建筑物其受力强度必须满足塔式起重机的设计要求。

② 附着时应用经纬仪检查塔身的垂直情况并用撑杆调整垂直度，其垂直度偏差值应不超过表4-8的规定值。

表 4-8　附着塔式起重机垂直度允许偏差值表

锚固点距轨面高度/m	塔身锚固点垂直度偏差值/mm	锚固点距轨面高度/m	塔身锚固点垂直度偏差值/mm
25	25	50	40
40	30	55	45
45	35		

③ 每道附着装置的撑杆布置方式、相互间隔和附墙距离应按原厂规定。

④ 附着装置在塔身和建筑物上的框架，必须固定可靠，不得有任何松动。

⑤ 轨道式起重机作附着式使用时，必须提高轨道基础的承载能力和切断行走机构的电源。

⑥ 起重机载人专用电梯断绳保护装置必须可靠，并严禁超重乘人。当臂杆回转或起重作业时严禁开动电梯。电梯停用时，应降至塔身底部位置，不得长期悬在空中。

⑦ 如风力达到4级以上时不得进行顶升、安装、拆卸作业。作业时突然遇到风力加大，必须立即停止作业，并将塔身固定。

⑧ 顶升前必须检查液压顶升系统各部件的连接情况，并调整好爬升架滚轮与塔身的间隙，然后放松电缆，其长度略大于顶升高度，并紧固好电缆卷筒。

⑨ 顶升作业，必须在专人指挥下操作，非作业人员不得登上顶升机套架的操作台，操作室内只准一人操作，严格听从信号指挥。

⑩ 顶升时，必须使吊臂和平衡臂处于平衡状态，并将回转部分制动住。严禁回转臂杆及其他作业。顶升中发现故障，必须立即停止顶升进行检查，待故障排除后方可继续顶升。

⑪ 顶升到规定高度后必须先将塔身附着在建筑物上后方可继续顶升。塔身高出固定装置的自由端高度应符合原厂规定。

⑫ 顶升完毕后，各连接螺栓应按规定的力矩紧固，爬升套架滚轮与塔身应吻合良好，左右操纵杆应在中间位置，并切断液压顶升机构电源。

四、塔吊的相关计算

塔吊的相关计算主要包括天然基础计算、桩基础计算、附着计算、塔吊稳定性验算、边坡桩基倾覆、格构柱稳定性等。本小节主要讲述塔吊的天然基础计算、附着计算、塔吊稳定性验算和格构柱稳定性。

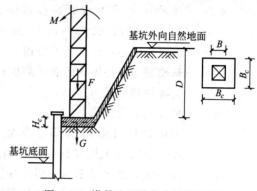

图 4-19　塔吊地基承载力计算简图

（一）天然基础计算

塔吊天然基础计算依据是《建筑地基基础设计规范》（GB 50007—2002），计算内容主要是塔吊地基承载力计算。

1. 计算简图（图 4-19）

2. 塔吊基础设计值得计算

（1）当不考虑附着时的基础设计值计算公式：

$$P_{\max} = \frac{F+G}{B_c^2} + \frac{M}{W} \qquad P_{\min} = \frac{F+G}{B_c^2} - \frac{M}{W} \tag{4-15}$$

（2）当考虑附着时的基础设计值计算公式：

$$P = \frac{F+G}{B_c^2} \tag{4-16}$$

式中　M——塔吊产生的倾覆力矩，包括风荷载产生的力矩和最大起重力矩；

　　　F——塔吊作用于基础的竖向力，它包括塔吊自重，压重和最大起重荷载；

　　　G——基础自重与基础上面土自重，$G = 25.0 \times B_c \times B_c \times H_c + 20.0 \times B_c \times B_c \times D$；

B_c，H_c——基础平面的厚度尺寸；

　　　D——自然地面至塔吊基地的深度；

　　　W——基础底面的抵抗矩，$W = (B_c \times B_c \times B_c)/6$。

经过计算得到：无附着的最大压力设计值和有附着的最小压力设计值；有附着的压力设计值。

3. 地基承载力的验算

根据地基承载力设计值要求：

$$f_a \geqslant p_{\max} \tag{4-17}$$

当偏心距较大时要求：

$$1.2f_a \geqslant p_{k\max} \tag{4-18}$$

式中　$p_{\max}$——基础底面处的最大压力值；

　　　f_a——修正后的地基承载力特征值；当基础宽度大于 3m 或埋置深度大于 0.5m 时，从载荷试验或其他原位测试、经验值等方法确定的地基承载力特征值，参见《建筑地基基础设计规范》（GB 50007—2002）；

　　　$p_{k\max}$——相应于荷载效应标准组合时，基础底面边缘的最大压力值。

4. 受冲切承载力的验算

塔吊底座对基础存在冲切何在，故应对基础进行冲切验算，其依据为《建筑地基基础设计规范》（GB 50007—2002）。验算公式如下：

$$F_t \leqslant 0.7\beta_{hp} f_t a_m h_0 \tag{4-19}$$

$$F_t = p_j A_t \tag{4-20}$$

式中 β_{hp}——受冲切承载力截面高度影响系数，$h \leqslant 800$mm 时，取 $\beta_{hp} = 1.0$；当 $h \geqslant$ 2000mm 时，取 $\beta_{hp} = 0.9$，其间按线性内插法取用；

f_t——混凝土轴心抗拉强度设计值；

h_0——基础冲切破坏锥体的有效高度；

F_t——实际冲切承载力；

p_j——最大压力设计值；

A_t——冲切验算时取用的部分基底面积［图 4-20（a）、（b）中的阴影面积 $ABCDEF$，或图 4-20（c）中的阴影面积 $ABCD$］。

a_m——冲切破坏锥体最不利一侧计算长度，$a_m = (a_t + a_b)/2$；

a_t——冲切破坏锥体最不利一侧斜截面的上边长，当计算塔吊与基础交接处的受冲切承载力时，取塔吊底座宽；当计算基础变阶处的受冲切承载力时，取上阶宽；

a_b——冲切破坏锥体最不利一侧斜截面在基础底面积范围内的下边长，当冲切破坏锥体的底面落在基础底面以内［图 4-20（a）、（b）］，计算塔吊与基础交接处的受冲切承载力时，取塔吊底座宽加两倍基础有效高度；当计算基础变阶处的受冲切承载力时，取上阶宽加两倍该处的基础有效高度。当冲切破坏锥体的底面在 l 方向落在基础底面以外，即 $a + 2h_0 \geqslant l$ 时，［图 4-20（c）］，$a_b = 1$。

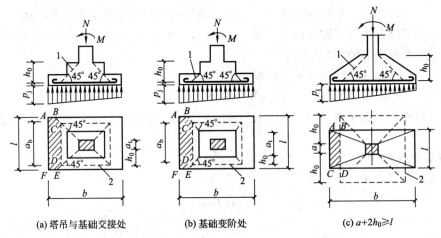

图 4-20 计算阶形基础的受冲切承载力截面位置
1—冲切破坏锥体最不利一侧的斜截面；2—冲切破坏锥体的底面线

5. 承台配筋的计算

（1）抗弯计算 依据《建筑地基基础设计规范》（GB 50007—2002），计算公式如下（图 4-21）：

$$M_I = \frac{1}{12}a_1^2 \left[(2l + a') \left(p_{max} + p - \frac{2G}{A} \right) + (p_{max} - p)l \right] \tag{4-21}$$

式中 a_I——截面 I—I 至基底边缘的距离；

p——截面 I—I 处的基底反力，$p = p_{max}(3a - a_2)/3a$；

a'——截面 I—I 在基底的投影长度。

其他符号含义同前。

（2）配筋面积计算　为了计算简单方便，引入一些参数，对基本计算公式进行了简化，建立了这些参数之间的一一对应关系。这组计算公式如下：

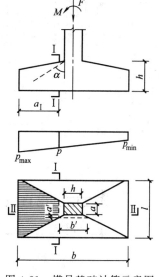

$$
\left.
\begin{aligned}
\alpha_s &= \frac{M}{\alpha_1 f_c b h_0^2} \\
\xi &= 1 - \sqrt{1 - 2\alpha_s} \\
\gamma_s &= 1 - \xi/2 \\
A_s &= \frac{M}{\gamma_s h_0 f_y}
\end{aligned}
\right\} \tag{4-22}
$$

式中　α_s——截面抵抗矩系数；

ξ——相对受压高度，mm；

γ_s——内力臂系数；

A_s——计算配筋，mm^2；

α_1——系数，当混凝土强度不超过 C50 时，α_1 取为 1.0；当混凝土强度等级为 C80 时，α_1 取为 0.94；期间按线性内插法确定；

f_c——混凝土抗压强度设计值；

b——构件宽度，mm；

h_0——承台的计算高度。

图 4-21　塔吊基础计算示意图

（二）塔吊附着设计计算

塔机有三附着和四附着，本书主要介绍三附着的设计计算。

塔吊三附着设计计算包括支座力计算、附着杆内力计算、附着杆强度验算和附着支座连接的计算，计算依据为《塔吊使用说明书》和《钢结构设计规范》（GB 50017—2003）。

1. 塔吊三附着的类型（图 4-22）

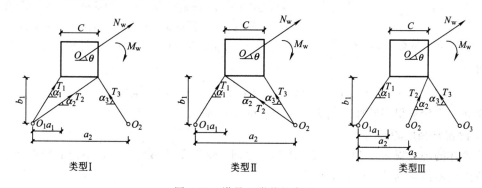

图 4-22　塔吊三附着的类型

2. 设计计算

塔机按照说明书与建筑物附着时，最上面一道附着装置的负荷最大，因此以此道附着杆的负荷作为设计或校核附着杆截面的依据。本节介绍类型 I 的设计计算。

内力及支座反力的计算：附着式塔机的塔身可以视为一个带悬臂的刚性支撑连续梁，塔基与基础视为刚接，各附着点与塔机的连接视为铰接，如图 4-23 所示，q 为风荷载取值（kN/m），M 为塔吊的最大倾覆力矩（kN·m）。

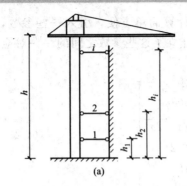

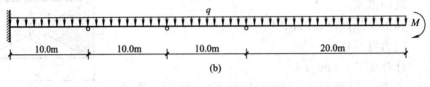

图 4-23 计算简图

3. 附着杆内力计算

（1）计算简图（图 4-24）

（2）内力计算 塔吊三附着内力计算，即在 N_w 和 M_w 的作用下计算附着杆的内力 T_1、T_2 和 T_3，计算单元的平衡方程为：

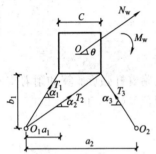

图 4-24 塔吊三附着内力计算简图

当 $\sum F_x = 0$，则

$$T_1 \cos\alpha_1 + T_2 \cos\alpha_2 - T_3 \cos\alpha_3 = -N_w \cos\theta$$

当 $\sum F_y = 0$，则

$$T_1 \sin\alpha_1 + T_2 \sin\alpha_2 + T_3 \sin\alpha_3 = -N_w \sin\theta$$

当 $\sum F_O = 0$，则

$$T_1 [(b_1 + c/2)\cos\alpha_1 - (a_1 + c/2)\sin\alpha_1] + T_2 [(b_1 + c/2)\cos\alpha_2 - (a_1 + c/2)\sin\alpha_2] + T_3 [-(b_1 + c/2)\cos\alpha_3 + (a_2 - a_1 - c/2)\sin\alpha_3] = M_w$$

其中，

$$\alpha_1 = \arctan[b_1/a_1], \alpha_2 = \arctan[b_1/(a_1 + c)], \alpha_3 = \arctan[b_1/(a_2 - a_1 - c)]$$

解联立方程求得附着杆的内力 T_1、T_2 和 T_3（略）。

4. 附着杆强度验算

附着杆的种类很多，有工字钢、槽钢、角钢、钢管以及格构式等，不同的杆件强度验算复杂程度也不同，其基本验算如下。

（1）杆件轴心受拉强度验算

$$\sigma = \frac{N}{A_n} \leqslant f \tag{4-23}$$

（2）杆件轴心受压强度验算

$$\sigma = \frac{N}{\varphi A_n} \leqslant f \tag{4-24}$$

式中 N——为杆件的最大轴向拉力，kN；

f——钢材允许强度，N/mm²；

σ——为杆件的受拉应力；

A_n——为杆件的截面面积；

φ——为杆件的受压稳定系数，是根据 λ 查表（规范）计算得。

5. 焊缝强度计算

附着杆如果采用焊接方式加长，对接焊缝强度计算公式如下：

$$\sigma=\frac{N}{l_w t}\leqslant f_c \text{ 或 } f_t \tag{4-25}$$

式中　N——为附着杆的最大拉力或压力；

l_w——为附着杆的周长；

t——为焊缝厚度；

f_c 或 f_t——为对接焊缝的抗拉或抗压强度。

6. 预埋件计算

预埋件的计算依据为《混凝土结构设计规范》（GB 50010—2002），第 10.9 "预埋件及吊环"中的相关条款。

（1）杆件轴心受拉时，预埋件验算　验算公式：

$$A_s\geqslant\frac{N}{0.8\alpha_b f_y} \tag{4-26}$$

式中　A_s——预埋件锚钢的总截面面积；

N——为杆件的最大轴向拉力；

α_b——锚板的弯曲变折减系数；

f_y——钢筋允许强度。

（2）杆件轴心受压时，预埋件验算　验算公式：

$$A_s\geqslant\frac{N_z}{0.4\alpha_r\alpha_b f_y z} \tag{4-27}$$

式中　N_z——杆件的竖向压力；

z——沿剪力作用方向最外层锚筋中心线之间的距离；

α_r——锚筋层数的影响系数，双层取 1.0，三层取 0.9，四层取 0.85。

其他符号含义同前。

7. 附着支座连接的计算

附着支座与建筑物的连接多采用与预埋件在建筑物构件上的螺栓连接。预埋螺栓的规格和施工要求如果说明书没有规定，应该按照下面要求确定。

① 预埋螺栓必须用 Q235 钢制作。

② 附着的建筑物构件混凝土强度等级不应低于 C20。

③ 预埋螺栓的直径大于 24mm。

④ 预埋螺栓的埋入长度和数量满足下面要求：

$$N=0.75n\pi dl f \tag{4-28}$$

式中，n 为预埋螺栓数量；d 为预埋螺栓直径；l 为预埋螺栓埋入长度；f 为预埋螺栓与混凝土粘接强度（C20 为 1.5N/mm²，C30 为 3.0N/mm²）；N 为附着杆的轴向力。

⑤ 预埋螺栓数量，单耳支座不少于 4 只，双耳支座不少于 8 只；预埋螺栓埋入长度不少于 15d；螺栓埋入端应作弯钩并加横向锚固钢筋。

（三）塔吊稳定性验算

1. 塔吊有荷载时稳定性验算

(1) 塔吊有荷载时的计算简图（如图 4-25）

(2) 塔吊有荷载时，稳定安全系数的计算　按下式验算：

$$K_1 = \frac{1}{Q(a-b)}\left[G(c-h_0\sin\alpha+b) - \frac{Qv(a-b)}{gt} - W_1P_1 - W_2P_2 - \frac{Qn^2ah}{900-Hn^2}\right] \geqslant 1.15$$

(4-29)

式中　K_1——塔吊有荷载时的稳定安全系数，取 1.15；

　W_1，W_2——风荷载，根据塔吊的迎风面积计算得到；

　　g——重力加速度，取 9.81m/s^2；

　　v——起升速度，根据塔吊工作要求得到；

　　t——制动时间，根据塔吊工作要求得到。

其他符号的含义详见图 4-25。

2. 塔吊无荷载时稳定性验算

(1) 塔吊无荷载时计算简图（如图 4-26）

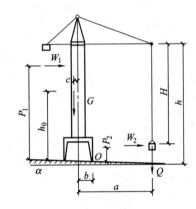

图 4-25　塔吊稳定性验算示意图（有荷载）

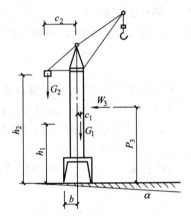

图 4-26　塔吊稳定性验算示意图（无荷载）

(2) 塔吊无荷载时，稳定安全系数的计算　按下式验算：

$$K_2 = \frac{G_1(b+c_1-h_1\sin\alpha)}{G_2(c_2-b+h_2\sin\alpha)+W_3P_3} \geqslant 1.15$$

(4-30)

式中　K_2——塔吊无荷载时稳定安全系数，取 1.15；

　W_3——作用有起重机上的风力根据计算得到。

其他符号的含义详见图 4-26。

五、塔吊计算软件简介

在 PKPM 施工安全计算软件中，塔吊的相关计算主要包括：天然地基塔吊基础设计、四桩基础塔吊基础设计、三桩基础塔吊基础设计、单桩基础塔吊基础设计、十字交叉梁桩式基础设计、十字交叉梁板式基础设计、塔吊三附着设计计算、塔吊四附着设计计算、塔吊稳定性验算、塔吊桩基础稳定性计算、格构柱稳定性计算等内容，归结起来主要有地基基础计算、附着计算和稳定计算三大类。

这里主要讲述塔吊天然地基基础、塔吊三附着和塔吊稳定性三种实际计算的软件操作。

（一）天然地基塔吊基础设计

天然地基塔吊基础设计主要包括：地基承载力的验算、受冲切承载力的验算、承台配筋的计算三部分内容。

1. 适用条件

天然地基塔吊基础适用于地基条件好地塔吊基础工程，塔吊基础直接坐落在天然地基上。塔吊天然地基基础设计是在图 4-27 的对话框中输入相关参数后计算完成的，塔吊设计参数包括两部分，塔吊的基本参数和塔吊基础设计参数。

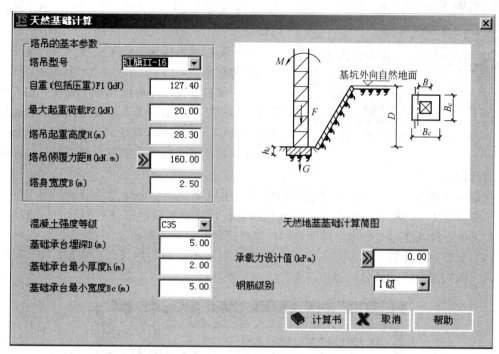

图 4-27　天然地基塔吊基础设计对话框

2. 塔吊基本参数

塔吊基本参数主要由塔吊的型号确定，通过选择的塔吊型号得到，它包括塔吊型号、自重、最大起重荷载、塔吊起重高度、塔吊倾覆力矩、塔身宽度，上述数据由塔吊的说明书列出，程序提供常用塔吊的参数。在实际的应用中，除塔身宽度外，可以根据起重高度对其他参数进行调整。

（1）塔吊型号　选取一种塔吊的型号，系统会自动录入塔吊的其他参数以供用户参考，用户可更改；如果没有用户选用的塔吊，则用户可以直接录入此塔吊的各种参数。

（2）自重（包括压重）　由平衡重，压重和整机重组成，由各部件质量产生的重力，加上起升钢丝绳质量（按起升高度计算，其重力的 50% 作为自重力）。

（3）最大起重荷载　即额定起升载荷，在规定幅度时的最大起升载荷，包括物品，取物装置（吊梁，爪斗，起吊电磁铁等）的重量。最大起重荷载由起升质量，即塔机总起重量产生的重力，加上钢丝绳的质量（按起升高度计算，其重力的 50% 作为起升载荷）；

（4）塔吊倾覆力矩 M（kN·m）：塔吊允许的最大倾覆力矩。

（5）塔吊起重高度 H（m）：塔吊允许的最大起重高度。

（6）塔身宽度 B（m）：指塔吊机身的宽度。

塔吊倾覆力矩的计算操作如下：单击图 4-27 中"塔吊倾覆力矩"参数右侧的【《】按钮，弹出如图 4-28 所示的对话框。按生产说明书以及所在地区的风压等资料输入参数后，单击【计算】按钮完成操作。

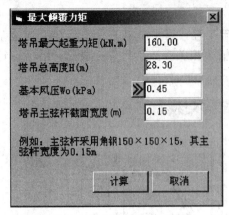

图 4-28 最大倾覆力矩对话框

3. 塔吊基础设计参数

塔吊基础设计参数包括基础混凝土强度等级、基础承台埋深、基础的宽度和厚度，以及基础的承载力设计值、承台所用钢筋的类型。

（1）基础混凝土强度等级　选择混凝土强度等级根据《施工机械使用安全规程》不应小于C35。

（2）基础承台埋深　指基坑外从自然地面到塔吊承台的距离。

（3）基础承台最小厚度和最小宽度　用户在满足规范构造要求的前提下，需要按照施工经验输入承台的最小厚度和最小宽度，经计算后，是否满足要求。如不能满足要求，要进行修改后进一步的计算，直到满足要求。

规范构造要求：一般承台的桩基承台的厚度不应小于300mm，宽度不应小于500mm，承台边缘至桩中心的距离不宜小于桩的直径和边长，且边缘跳出部分不小于150mm，另外要满足塔吊塔身宽度与2倍承台厚度之和，即要满足扩散角的要求。

（4）承载力设计值　单击图4-27中"承载力设计值"右边的【〈〈】按钮，弹出的如图4-29所示的对话框，在此完成操作，也可以由用户直接录入。

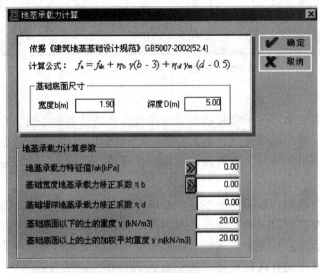

图 4-29　地基承载力计算对话框

（5）钢筋级别　根据实际工程使用的钢筋级别选择。

对地基承载力，需要根据地质报告，以及基础承台地埋深进行调整修改，同时也可以由程序根据基础规范进行计算。

计算参数的地基承载力特征值一般由地质报告确定。当地质报告不明确时，可由动力触探试验确定。程序提供了相应的参考表，单击图4-29中"地基承载力特征值"右边上的【〈〈】按钮，弹出如图4-30所示对话框，在此对话框中完成操作。

注：表中提供不同的土类型，包括黏性土、砂土等，相应的重型动力触探捶击数 N（N63.5）和轻型动力触探捶击数 N（N10）与地基承载力标准值的关系。

基础宽度承载力修整系数 η_b 和深度承载力修整系数 η_d 根据规范选用，程序提供了规范的选用表供选择，图 4-31。

选择相应的土类型，就可以将相应的基础宽度承载力修整系数 η_b 和深度承载力修整系数 η_d 自动采用到塔吊基础的计算中。

参数选用正确后，点击基础承载力计算的【确定】按钮，程序自动将计算得到的基础承载力设计值返回到塔吊基础计算的相应位置中。

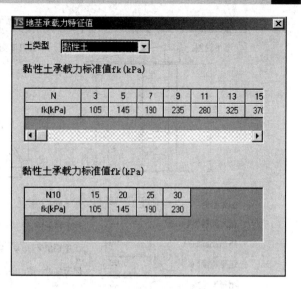

图 4-30　地基承载力特征值对话框

（二）塔吊三附着设计计算

塔吊有三附着和四附着两种。本小节只介绍塔吊三附着的设计计算，塔吊三附着设计计算内容包括：支座力计算、附着杆内力计算、附着杆强度验算以及附着支座连接的计算等，软件的操作在图 4-32 中完成。

计算用表

承载力修正系数

土的类别		ηb	ηd
淤泥和淤泥质土		0.00	1.00
人工填土，e或IL大于等于0.85的黏性土		0.00	1.00
红黏土	含水比 αw>0.8	0.00	1.20
	含水比 αw≤0.8	0.15	1.40
大面积压实填土	压实系数0.95黏粒含量ρc≥10%的粉土	0.00	1.50
	最大干密度大于2.1t/m3的级配砂石	0.00	2.00
粉土	黏粒含量ρc≥10%的粉土	0.30	1.50
	黏粒含量ρc<10%的粉土	0.50	2.00
e或Il大于等于0.85的黏性土		0.30	1.60
粉土，细砂(不包括很湿与饱和时的稍密状态)		2.00	3.00
中砂，粗砂，砾砂和碎石土		3.00	4.40

注：强风化和全风化的岩石，可参照所风化成的相应土类取值，其他状态下的岩石不修正

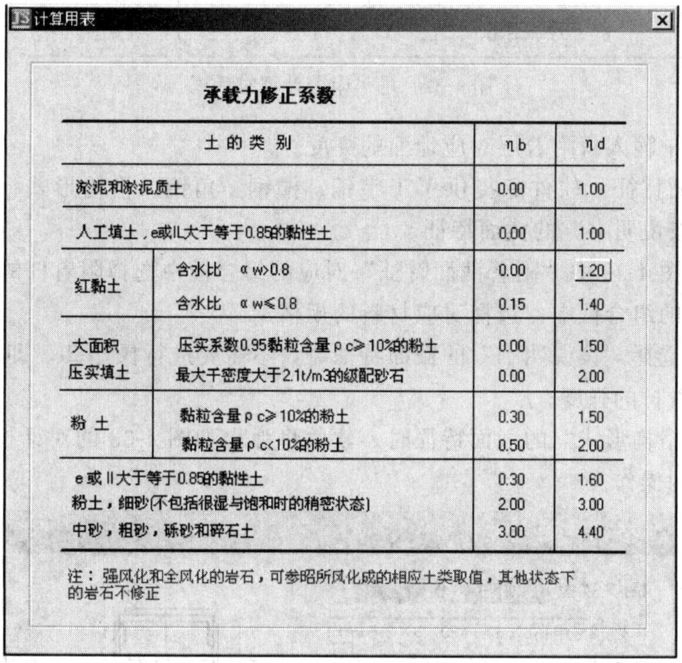

图 4-31　承载力修正系数计算用表对话框

（1）附着类型　附着搭接形式目前提供了三种，都是三杆的附着搭接形式（图 4-24）；操作：单击图 4-32“附着类型”对应的组合框，选择附着类型，在图中将显示其所选类型。

（2）最大起重力矩（kN·m）、最大扭矩（kN·m）、塔吊起重高度 H（m）、塔身宽度 B（m）　由塔吊生产说明书提供。操作：在图 4-32 相应的文本框中输入具体数值。

（3）附着节点数　指塔吊高度方向上的附着层数。

操作：① 在图 4-32“附着节点数”输入附着层数；

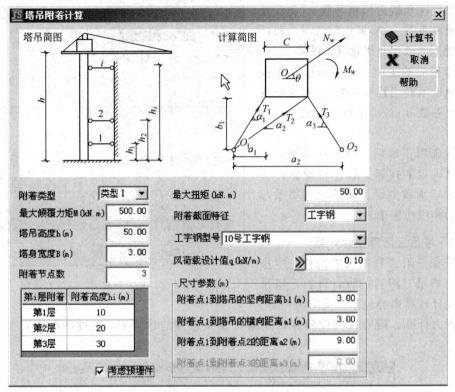

图 4-32　塔吊附着计算对话框

② 在其下表中输入每附着层对应地面的高度。

（4）附着截面特征　软件除提供了工字钢、槽钢、角钢、格构形式、钢管等截面特征外，还提供了"按说明书"的截面特征。

操作：① 在图 4-32 中"附着截面特征"对应的组合框中选择附着杆的类型；

② 在其下方的组合框中，选择对应材料的规格。

说明：① 当选择"按说明书"的截面特征时，不需要进行操作②，即采用标准附墙件，不需要计算其附着杆的强度；

② 当选择"格构形式"的截面特征时，软件将弹出如图 4-33 的对话框，在该对话框中完成格构式杆件的操作。

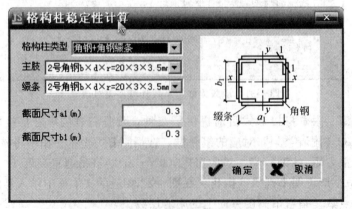

图 4-33　格构柱稳定性计算对话框

在该对话框中选择格构杆的类型以及主肢、缀条的规格和截面尺寸，按【确定】按钮完成格构柱的稳定性计算。

（5）尺寸参数 指附着点 1、2、3 与塔吊连接点的距离和附着点之间的距离，参见图4-24。

操作：在对应的文本框内输入相应的尺寸 b_1、a_1、a_2、a_3。

注意事项：

① 附着高度必须是递增的，而且最后一层的高度必须小于塔吊的总高度 h，并且每一层的高度必须录入；

② a_2 必须大于 a_1，如果塔吊类型是第三类，则 a_3 必须大于 a_2；

③ 当其为第一类或第二类附着时，没有 a_3，a_3 的输入框不可录入。

（6）是否考虑预埋件 该项是一个选项按钮，是指是否对塔吊附着件与建筑物连接的预埋件进行计算。当选择时（单击选项按钮，即"∨"），弹出如图 4-34 的对话框。

该对话框提供了锚筋的类型（一级钢筋和二级钢筋）、钢筋布置的层数、钢筋直径、锚板厚度等选择输入项，此外，还有"采用防止锚板弯曲变形措施"选择项。

操作：依据实际锚筋的型号、钢筋的布置层数、锚筋直径、锚板厚度在图 4-34 中对应的项进行选择或输入。按考虑是否有可靠的措施保证锚板不发生弯曲变形的原则选择该项。

（7）风荷载设计值 要求及操作同前面讲述过的风荷载设计值。

（三）塔吊稳定性验算

塔吊的稳定性验算包括塔吊在有荷载和无荷载下的倾覆稳定性验算。均在图 4-35 和图 4-36 中完成操作，该图有塔吊有荷载时稳定性验算和塔吊无荷载时稳定性验算两个页框。

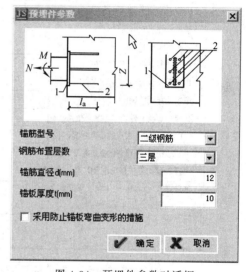

图 4-34 预埋件参数对话框

1. 塔吊在有荷载下的倾覆稳定性验算（图 4-35）

图 4-35 中各参数的含义如下。

G——起重机自重力（包括配重，压重），kN；

c——起重机重心至旋转中心的距离，m；

h_0——起重机重心至支承平面距离，m；

b——起重机旋转中心至倾覆边缘的距离，m；

Q——最大工作荷载，kN；

v——起升速度，m/s；

t——制动时间，s；

a——起重机旋转中心至悬挂物重心的水平距离，m；

W_1——作用在起重机上的风力，kN；

W_2——作用在荷载上的风力，kN；

P_1——自 W_1 作用线至倾覆点的垂直距离，m；

P_2——自 W_2 作用线至倾覆点的垂直距离，m；

h——吊杆端部至支承平面的垂直距离，m；

n——起重机的旋转速度，r/min；

H——吊杆端部到重物最低位置时的重心距离，m；

α——起重机的倾斜角（轨道或道路的坡度），(°)。

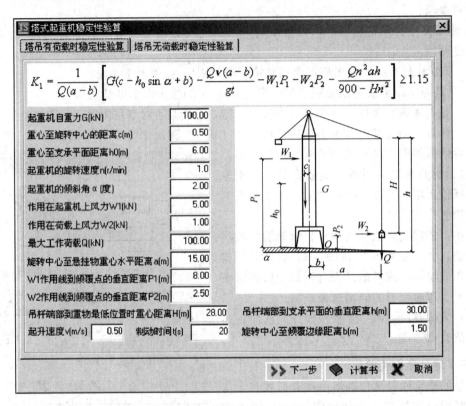

图 4-35　塔式起重机稳定性验算对话框（有荷载时）

2. 塔吊在无荷载下的倾覆稳定性验算（图 4-36）

图 4-36 中各参数的含义如下。

G_1——后倾覆点前面塔吊各部分的重力，kN；

c_1——G_1 至旋转中心的距离，m；

b——起重机旋转中心至倾覆边缘的距离，m；

h_1——G_2 至支承平面的距离，m；

G_2——使起重机倾覆部分的重力，kN；

c_2——G_2 至旋转中心的距离，m；

h_2——G_2 至支承平面的距离，m；

W_3——作用有起重机上的风力，kN；

P_3——W_3 至倾覆点的距离，m；

α——起重机的倾斜角（轨道或道路的坡度），(°)。

所有计算参数全部输入正确后，单击【计算书】按钮，程序自动进行塔吊稳定的计算，得到相应的标准计算书（WORD 格式），供施工组织设计使用。

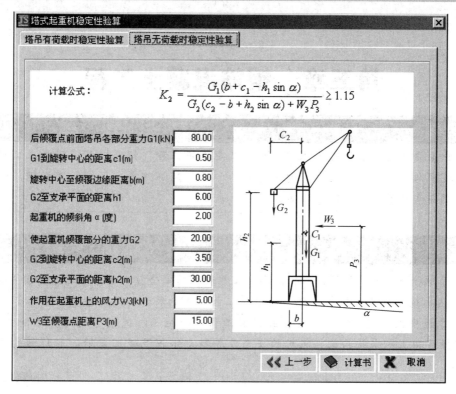

图 4-36 塔式起重机稳定性验算对话框（无荷载时）

思 考 题

1. 建筑施工常用的施工机具有几种？

2. 垂直运输机械分为哪几大类？

3. 简述普通型钢井架构造组成。

4. 普通型钢井架设计计算应考虑哪些荷载？

5. 井架计算一般简化为一个铰接的平面桁架来进行，需要计算哪些内容？

6. 30m 以下扣件式钢管井架的平面构造分为哪几种？试用平面简图表示。

7. 塔吊按起重能力分哪几类？如何区分的？

8. 塔吊的相关计算主要包括哪些内容？

9. 塔吊三附着有几种类型？试用平面简图表示。

第五章　钢筋混凝土工程

学习目标

　　本章主要讲述钢筋混凝土工程结构施工中模板工程、钢筋工程、混凝土工程等施工安全技术与计算等相关内容。通过本章的学习，能够熟悉、了解和掌握钢筋混凝土工程施工安全技术知识以及计算方法。

基本要求

　　1. 了解模板工程、钢筋工程、混凝土工程施工的安全技术的基本理论和相关知识。

　　2. 熟悉模板工程、钢筋工程、混凝土工程施工的特点以及一般安全要求。

　　3. 掌握模板工程、钢筋工程、混凝土工程部分施工相关安全的计算方法和步骤。重点掌握混凝土水平结构构件模板的安全计算和大体积混凝土裂缝控制计算的方法和步骤。

　　钢筋混凝土工程是主体结构工程中的一项内容，其应用范围广，工艺相对复杂，它包括模板、钢筋、混凝土三大工种工程，其中模板工程和混凝土工程的施工安全尤为重要。本章重点讲述三大工种工程施工的一般安全要求及部分施工安全计算。

　　模板设计计算在模板施工中十分重要，它不仅是保证施工安全的前提，也是进行合理经济施工的必要措施。本节根据 PKPM 施工安全计算软件设计的计算内容，重点讲述柱模板、梁模板、板模板部分设计计算的理论及软件操作。建议在教学过程中，各大院校（具备 PK-PM 施工安全计算软件）能以软件操作为主。

　　PKPM 施工安全计算软件——模板工程安全计算包括：柱模板的设计计算、梁模板的设计计算、大梁侧模及墙模板的设计计算、楼板模板支撑架设计计算、梁模板的支撑架设计计算、门式梁模板架设计计算、门式板模板架设计计算等。

第一节　模　板　工　程

　　模板的种类很多，习惯做法或支设的方式各地区、各单位都有所不同。模板工程施工安全问题尤为突出，轻者造成混凝土构件缺陷，严重者模板坍塌，造成较大的安全事故。保证模板工程施工的安全主要应重点从以下两个方面入手：①保重模板搭设质量，满足施工要求；②严格按照安全操作规程施工。

　　本节将重点讲述现浇混凝土模板工程施工的一般安全要求及部分主要模板工程安全设计计算的方法和步骤。

一、模板工程概述

　　模板是使混凝土结构构件成型的模具。模板系统包括模板和支架系统两大部分，此外还有适量的紧固连接件。模板工程具有工程量大，材料和劳动力消耗多的特点。正确选择模板形式、材料及合理组织施工对加速现浇钢筋混凝土结构施工、保证施工安全和降低工程造价具有重要作用。

（一）模板及支撑的基本要求

① 要求保证工程结构各部分形状尺寸和相互位置的正确性；

② 具有足够的承载能力、刚度和稳定性；

③ 构造简单，装拆方便，便于施工；

④ 接缝严密，不得漏浆；

⑤ 因地制宜，合理选材，用料经济，多次周转。

（二）模板的组成及其分类

1. 模板的组成

模板是混凝土成型的模具，混凝土构件类型的不同模板的组成也有所不同，一般是由模板、支撑系统和辅助配件三部分构成。

（1）模板　又叫板面，根据其位置分为底模板（承重模板）和侧模板（非承重模板）两类；根据材料不同又分为木模板、钢木模板、钢模板（组合钢模板）、竹胶板、胶合板及其组合模板、塑料模板、玻璃钢模板、土胎模、水泥砂浆钢板网模板和钢筋混凝土模板等。其中组合式模板还需要拼接件（连接件）。

（2）支撑系统　支撑是保证模板稳定及位置的受力杆件，分为竖向支撑（立柱）和斜撑。根据材料不同又分为木支撑、钢管支撑；根据搭设方式分为工具式支撑和非工具式支撑。

（3）辅助配件　辅助配件是加固模板的工具，主要有柱箍、对拉螺栓、拉条和拉带等。

2. 模板的分类

（1）按构件分类　基础模板（独立基础、条形基础）；柱模板（各种形状柱）；梁模板；现浇板模板；现浇梁板模板；圈梁模板；楼梯模板；挑沿、雨篷、阳台模板。

（2）按施工方法分类

① 固定式模板（胎模）：土胎模、砖胎模等；

② 装拆式模板：组合钢模板、模壳、飞模等；

③ 移动式模板：滑模、翻模；

④ 永久式模板：钢板网水泥、钢筋混凝土等。

近几年永久式模板越来越多地出现，例如 BDF 现浇空心楼板就是其中的一种，此外还有预应力叠合板、混凝土或砂浆板（壳）等。这类模板既作为模板，也是结构构件的组成部分，是未来模板发展的方向之一。

（三）模板安装与拆除一般安全要求

1. 编制模板工程专项施工方案的要求

模板工程施工前施工企业要根据工程特点和施工工艺编制模板工程专项施工方案（必要时要求附设计计算书），方案应包括选型、材质、制作、支撑体系、安装及拆除等施工程序、方法及安全措施。施工方案需经上一级技术负责人审核并报监理工程师批准后实施。模板安装的方法、程序必须按施工设计进行，严禁随意变动。

2. 模板安装的一般要求

（1）模板安装必须按模板的施工设计进行，严禁任意变动。

（2）楼层高度超过 4m 或二层及二层以上的建筑物，安装和拆除钢模板时，周围应设安全网或搭设脚手架和加设防护栏杆。在临街及交通要道地区，尚应设警示牌，并设专人维持安全，防止伤及行人。

（3）现浇整体式的多层房屋和构筑物安装上层楼板及其支架时，应符合下列要求。

① 下层楼板混凝土强度达到 1.2MPa 以后，才能上料具。料具要分散堆放，不得过分集中。

② 下层楼板结构的强度要达到能承受上层模板、支撑系统和新浇筑混凝土的重量时，方可进行。否则下层楼板结构的支撑系统不能拆除，同时上下层支柱应在同一垂直线上。

③ 如采用悬吊模板、桁架支模方法，其支撑结构必须要有足够的强度和刚度。

（4）当层间高度大于 5m 时，若采用多层支架支模，则在两层支架立柱间应铺设垫板，且应平整，上下层支柱要垂直，并应在同一垂直线上。

（5）模板及其支撑系统在安装过程中，必须设置临时固定设施，严防倾覆。

（6）模板的纵横向水平支撑、剪刀撑等均应按设计的规定布置，当设计无规定时，一般纵横向水平的上下步距不宜大于 1.5m，纵横向的垂直剪刀撑间距不宜大于 6m。

当支柱高度小于 4m 时，应设上下两道水平撑和垂直剪刀撑。以后支柱每增高 2m 再增加一道水平撑，水平撑之间还需增加剪刀撑一道。

当楼层高度超过 10m 时，模板的支柱应选用长料，同一支柱的连接接头不宜超过 2 个。

（7）采用分节脱模时，底模的支点应按设计要求设置。

（8）承重焊接钢筋骨架和模板一起安装时，应符合下列要求。

① 模板必须固定在承重焊接钢筋骨架的节点上。

② 安装钢筋模板组合体时，吊索应按模板设计的吊点位置绑扎。

（9）预拼装组合钢模板采用整体吊装方法时，应注意以下要点。

① 拼装完毕的大块模板或整体模板，吊装前应按设计规定的吊点位置，先进行试吊，确认无误后，方可正式吊运安装。

② 使用吊装机械安装大块整体模板时，必须在模板就位并连接牢靠后，方可脱钩。并严格遵守吊装机械使用安全有关规定；安装整块柱模板时，不得将柱子钢筋代替临时支撑。

（10）在架空输电线路下面安装和拆除组合钢模板时，吊机起重臂、吊物、钢丝绳、外脚手架和操作人员等与架空线路的最小安全距离应符合表 5-1 的要求。如不符合表中要求时，要停电作业；不能停电时，应有隔离防护措施。

表 5-1 施工设施和操作人员与架空线路的最小安全距离

外电显露电压	1kV 以下	1～10kV	35～110kV	154～220kV	330～500kV
最小安全操作距离/m	4	6	8	10	15

3. 模板拆除的一般要求

（1）拆除时应严格遵守各类模板拆除作业的安全要求。

（2）拆模板，应经施工技术人员按试块强度检查，确认混凝土已达到拆模强度时，方可拆除。

（3）高处、复杂结构模板的拆除，应有专人指挥和切实可靠的安全措施，并在下面标出作业区，严禁非操作人员进入作业区。操作人员应配挂好安全带，禁止站在模板的横拉杆上操作，拆下的模板应集中吊运，并多点捆牢，不准向下乱扔。

（4）工作前，应检查所使用的工具是否牢固，扳手等工具必须用绳链系挂在身上，工作时思想要集中，防止钉子扎脚和从空中滑落。

（5）拆除模板一般采用长撬杠，严禁操作人员站在正拆除的模板下。拆除楼板模板时，要注意防止整块模板掉下，尤其是用定型模板做平台模板时，更要注意，防止模板突然全部掉下伤人。

（6）拆模间歇时，应将已活动的模板、拉杆、支撑等固定牢固，严防突然掉落、倒塌伤人。

（7）已拆除的模板、拉杆、支撑等应及时运走或妥善堆放，严防操作人员因扶空、踏空坠落。

（8）在混凝土墙体、平板上有预留洞时，应在模板拆除后，随即在墙洞上做好安全护栏，或将板的洞盖严。

二、模板设计概述

模板设计的主要内容包括：模板选型、选材、配板、荷载计算、结构设计和绘制模板施工图等。各项设计的内容和详尽程度、可根据工程的具体情况和施工条件确定。

（一）荷载

计算模板及其支架的荷载，分为荷载标准值和荷载设计值，后者应以荷载标准值乘以相应的荷载分项系数。

1. 荷载标准值

（1）模板及支架自重　应根据设计图纸确定。对肋形楼板及无梁楼板模板的自重标准值，可参见表 5-2。

表 5-2　模板及支架自重标准值

模板构件的名称	木模板	组合钢模板	钢框胶合板模板
平板的模板及小楞	0.30	0.50	0.40
楼板模板（其中包括梁的模板）	0.50	0.75	0.60
楼板模板及其支架（楼层高度为4m以下）	0.75	1.10	0.95

（2）新浇混凝土自重标准值　对普通混凝土，可采用 $24kN/m^3$；对其他混凝土，可根据实际重力密度确定。

（3）钢筋自重标准值　按设计图纸计算确定。一般可按每立方米混凝土含量计算，一般楼板取 $1.1kN/m^3$、框架梁取 $1.5kN/m^3$。

（4）施工荷载

① 计算模板及直接支承模板的小楞时，对均布荷载取 $2.5kN/m^2$，另应以集中荷载 2.5kN 再行验算，比较两者所得的弯矩值，按其中较大者采用；

② 计算直接支承小楞结构构件时，均布活荷载取 $1.5kN/m^2$；

③ 计算支架立柱及其他支承结构构件时，均布活荷载取 $1.0kN/m^2$。

说明：对大型浇筑设备，如上料平台、混凝土输送泵等，按实际情况计算；混凝土堆集料高度超过 100mm 以上者，按实际高度计算；模板单块宽度小于 150mm 时，集中荷载可分布在相邻的两块板上。

（5）混凝土振捣产生的荷载　对水平面模板可采用 $2.0kN/m^2$；对垂直面模板可采用 $4.0kN/m^2$（作用范围在新浇筑混凝土侧压力的有效压头高度以内）。

（6）新浇混凝土侧压力计算　如图 5-1 所示，图中 h 为有效压头高度（$h=F/\gamma_c$）。当采用插入式振捣器时，新浇混凝土侧压力按式（5-1）、式

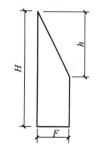

图 5-1　侧压力计算

(5-2) 计算，取两者的较小值作为新浇混凝土侧压力。

$$F=0.22\gamma_c t\beta_1\beta_2\sqrt{v} \tag{5-1}$$

$$F=\gamma_c H \tag{5-2}$$

式中　γ_c——混凝土的重力密度，取 24.000kN/m³；

t——新浇混凝土的初凝时间，为无初凝时间资料时，取 $200/(T+15)$；

T——混凝土的入模温度；

v——混凝土的浇筑速度，m/h；

H——混凝土侧压力计算位置处至新浇混凝土顶面总高度；

β_1——外加剂影响修正系数，取 1.000；掺具有缓凝作用的外加剂时取 1.2；

β_2——混凝土坍落度影响修正系数。当坍落度小于 30mm 时，取 0.85；50～90mm时，取 1.0；110～150mm 时，取 1.15。

（7）倾倒混凝土时产生的荷载　倾倒混凝土时，对垂直面模板产生的水平荷载标准值，应根据实际施工方法而定，作用范围在有效压头高度以内，可参照表 5-3。

表 5-3　倾倒混凝土时产生的水平荷载标准值

向模板内供料方法	水平荷载/(N/m²)	向模板内供料方法	水平荷载/(N/m²)
溜槽、串筒或导管	2	泵送混凝土	4
容积为 0.2～0.8m³ 的运输器具	4	容积大于 0.8m³ 的运输器具	6

2. 荷载设计值

计算模板及其支架的荷载设计值，应为荷载标准值乘以相应的荷载分项系数，见表 5-4。

表 5-4　模板及支架荷载分项系数

编号	荷载名称	类别	荷载分项系数 γ_i
1	模板及支架自重	恒载	
2	新浇混凝土自重标准值	恒载	1.2
3	钢筋自重标准值	恒载	
4	施工荷载	活载	
5	混凝土振捣产生的荷载	活载	1.4
6	新浇混凝土侧压力计算	恒载	1.2
7	倾倒混凝土时产生的荷载	活载	1.4

【**例 5-1**】　混凝土柱高 $H=4.0$m，采用坍落度为 30mm 的普通混凝土，混凝土的重力密度 $\gamma_c=25$kN/m³，浇筑速度 $v=2.5$m/h，浇筑入模温度 $T=20℃$，试求作用于模板的最大侧压力和有效压头高度。

解　由题意取 $\beta_1=1.0$，$\beta_2=0.85$，由式（5-1）得：

$$F=0.22\gamma_c t\beta_1\beta_2\sqrt{v}$$
$$=0.22\times25\times[200/(20+15)]\times1.0\times0.85\times\sqrt{2.5}$$
$$=42.2（kN/m^2）$$

由式（5-2）得：

$$F=\gamma_c H=25\times4.0=100（kN/m^2）$$

取最小值，故最大侧压力为 $42.2kN/m^2$。

有效压头高度由式（5-2）得：

$$H=F/\gamma_c=42.2/25=1.7 \text{（m）}$$

故有效压头高度为 1.7m。

3. 荷载折减（调整）系数

模板工程属临时性工程。我国目前还没有临时性工程的设计规范，所以只能按正式结构设计规范执行。由于新的设计规范以概率理论为基础的极限状态设计法代替了容许应力设计法，又考虑到原规范对容许应力值作了提高，因此原《混凝土结构工程施工及验收规范》（GB 50204—92）进行了套改。

① 对钢模板及其支架的设计，其荷载设计值可乘以 0.85 系数予以折减，但其截面塑性发展系数取 1.0。

② 采用冷弯薄壁型钢材，由于原规范对钢材容许应一力值不予提高，因此荷载设计值也不予折减，系数为 1.0。

③ 对木模板及其支架的设计，当木材含水率＜25％时，荷载设计值可乘以 0.9 系数予以折减。

④ 在风荷载作用下，验算模板及其支架的稳定性时，其基本风压值可乘以 0.8 系数予以折减。

（二）荷载组合

1. 荷载类别及编号（表5-4）

2. 计算模板及支架的荷载组合（表5-5）

表 5-5 计算模板及支架的荷载组合表

模 板 组 成	荷 载 类 别	
	计算强度	验算刚度
平板、薄壳的模板及支架	1＋2＋3＋4	1＋2＋3
梁、拱底模板	1＋2＋3＋5	1＋2＋3
梁、拱、柱（≤300）、墙（≤100）侧模	5＋6	6
厚大结构、柱（＞300）、墙（＞100）侧模	6＋7	6

（三）模板结构的挠度要求

模板结构除必须保证足够的承载能力外，还应保证有足够的刚度。因此，应验算模板及其支架的挠度，其最大变形值不得超过下列允许值。

（1）对结构表面外露（不做装修）的模板，为模板构件计算跨度的 1/400。

（2）对结构表面隐蔽（做装修）的模板，为模板构件计算跨度的 1/250。

（3）支架的压缩变形值或弹性挠度，为相应的结构计算跨度的 1/1000。

当梁板跨度≥4m 时，模板应按设计要求起拱；如无设计要求，起拱高度宜为全长跨度的 1/1000～3/1000，钢模板取小值（1/1000～2/1000）。

（4）根据《组合钢模板技术规范》（GB 50214—2001）规定如下。

① 模板结构允许挠度按表 5-6 执行。

表 5-6 模板结构允许挠度

名　　称	允许挠度/mm	名　　称	允许挠度/mm
钢模板的面板	1.5	柱箍	$B/500$
单块钢模板	1.5	桁架	$L/1000$
钢楞	$L/500$	支承系统累计	4.0

注：L 为计算跨度，B 为柱宽。

② 当验算模板及支架在自重和风荷载作用下的抗倾覆稳定性时，其抗倾倒系数不小于 1.15。

（5）根据《钢框胶合板模板技术规程》（JGJ 96—1995）规定如下。

① 模板面板各跨的挠度计算值不宜大于面板相应跨度的 1/300，且不宜大于 1mm。

② 钢楞各跨的挠度计算值，不宜大于钢楞相应跨度的 1/1000，且不宜大于 1mm。

三、柱模板设计计算

柱按其截面分为矩形柱、圆形柱、多边形柱等。柱的模板只有侧模板，柱模板设计计算可以考虑不同的模板搭设方式，本节讲述中小柱截面和大截面的柱的实际计算。

（一）柱模板的搭设方式

1. 中小柱截面柱的搭设方式

中小柱截面柱可不设竖楞，柱箍直接与模板接触固定，如图 5-2 所示。

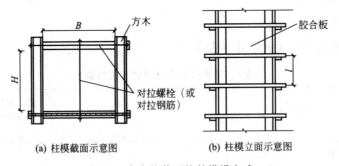

(a) 柱模截面示意图　　　　(b) 柱模立面示意图

图 5-2　中小柱截面柱的搭设方式

2. 大断面截面柱的搭设方式

大断面截面柱在模板外侧设置竖楞以增加面板的刚度，竖楞外再加柱箍，如图 5-3 所示。

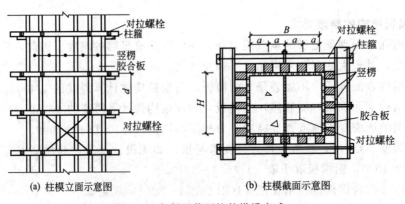

(a) 柱模立面示意图　　　　(b) 柱模截面示意图

图 5-3　大断面截面柱的搭设方式

（二）计算依据和计算内容

1. 计算依据

计算依据有《木结构设计规范》（BG 50005—2003）和《钢结构设计规范》（GB 50017—2003）。

2. 计算内容

① 计算面板的强度、抗剪和挠度；

② 计算木方的强度、抗剪和挠度；

③ 计算 BH 方向柱箍的强度和挠度；

④ 计算 BH 方向对拉螺栓。

（三）柱模板设计计算

1. 柱模板荷载标准值的计算

柱是竖向结构构件，其模板强度验算要考虑新浇混凝土侧压力和倾倒混凝土时产生的荷载；进行挠度验算时，只考虑新浇混凝土侧压力。

2. 柱模板面板计算

柱模板的面板直接承受新浇混凝土模侧压力以及倾倒混凝土时产生的荷载，应按照均布荷载作用下的三跨连续梁计算。计算简图如图 5-4 所示，注意其跨度 l 取决于竖楞的间距或柱箍间距。

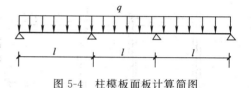

图 5-4　柱模板面板计算简图

（1）面板强度计算

① 支座最大弯矩计算公式：　　　$M_1 = -0.1ql^2$　　　　　　　　　（5-3）

② 跨中最大弯矩计算公式：　　　$M_2 = 0.08ql^2$　　　　　　　　　（5-4）

③ 面板抗弯强度计算：　　　　　$\sigma = \dfrac{M}{W} \leqslant f_m$　　　　　　　　　（5-5）

式中　q——为强度设计荷载，kN/m；

　　　l——为竖向方木的距离，mm；

　　　σ——面板实际抗弯强度，N/mm²；

　　　W——面板截面抵抗矩，mm³；

　　　f_m——面板抗弯强度设计值，N/mm²。

（2）面板抗剪计算（要求计算的需进行此项计算）

① 最大剪力的计算公式如下：　　　$Q = 0.6ql$　　　　　　　　　（5-6）

② 截面抗剪强度必须满足：　　　　$\tau = \dfrac{3Q}{2bh} < [\tau]$　　　　　　　　（5-7）

式中　Q——最大抗剪，kN；

　　　b——柱截面宽度，mm；

　　　h——柱截面高度，mm；

　　　τ——截面抗剪强度设计值，$[\tau] = 1.40$N/mm²。

（3）面板挠度计算　　最大挠度计算公式：

$$v = 0.677 \dfrac{ql^4}{100EI} \leqslant [v]$$　　　　　　　　（5-8）

式中　q——混凝土侧压力的标准值，N/mm²；

　　　l——柱箍或木楞间距，mm；

E——面板的弹性模量；

I——面板截面惯性矩；

$[v]$——面板最大允许挠度。

3. 柱模板木方计算

木方是用于增加面模板刚度的构造措施，木方直接承受模板传递的荷载，受柱箍约束，应该按照均布荷载下的三跨连续梁计算，计算简图同图 5-4，图中 l 为柱箍间距。

① 木方强度计算：木方支座最大弯矩计算和跨中最大弯矩，按式（5-4）和式（5-4）计算；抗弯强度计算按式（5-5）计算。

② 木方抗剪计算（可以不计算）：最大剪力按式（5-6）计算；截面抗剪强度按式（5-7）计算。

③ 木方挠度计算：木方最大挠度按式（5-8）计算。

4. 柱箍计算

柱箍的种类很多，各地做法也不尽相同，一般常见的做法有角钢（方木）对拉螺栓式柱箍、钢管扣件式柱箍等，如图 5-5 所示。本小节只介绍角钢对拉螺栓式柱箍的设计计算。

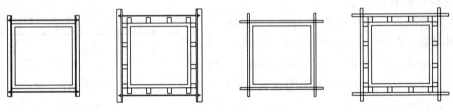

图 5-5 柱箍类型

柱箍的受力情况有两种，一种是柱箍直接与面模板接触，承受面模板传递的均布荷载；另一种是柱箍承受由木方传递的集中力（图 5-6）。

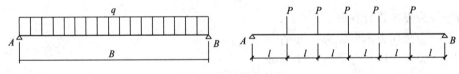

图 5-6 柱箍计算简图

（1）柱箍最大弯矩计算 柱箍的对拉螺栓，中小截面柱一般只在柱外设置，较大截面柱除外部设有对拉螺栓外，还设有一定数量的穿柱螺栓，每一个对拉螺栓都可看作柱箍的支座，柱箍的弯矩计算可根据对拉螺栓的实际设置位置进行计算。即根据具体情况按简支梁或连续梁的计算得到最大弯矩和最大支座力。

（2）柱箍截面强度计算公式 应按式（5-5）计算，柱箍的强度设计值：木材为 $[f] = 13\text{N/mm}^2$，钢材为 $[f] = 215\text{N/mm}^2$。

5. 对拉螺栓计算

对拉螺栓按受拉杆计算，所受拉力即为计算柱箍时的支座力，计算公式如下：

$$N = fA < [N] \qquad (5-9)$$

式中 N——对拉螺栓所受的拉力，kN；

A——对拉螺栓有效面积，mm^2；

f——对拉螺栓的抗拉强度设计值，取 170N/mm^2。

注：对拉螺栓的强度要大于最大支座力。

【例 5-2】　柱截面尺寸为 $600mm \times 800mm$，采用 $18mm$ 厚胶合板面板，$60mm \times 90mm$ 木方对拉螺栓柱箍，柱箍间距 $300mm$，新浇混凝土压力标准值为 $28.21kN/m^2$，倾倒混凝土产生的荷载标准值为 $4kN/m^2$。已知胶合板抗弯标准强度为 $15N/mm^2$，抗剪标准强度为 $1.4N/mm^2$，木方抗弯标准强度为 $13N/mm^2$，抗剪标准强度为 $1.3N/mm^2$，试验算以下内容：1. 胶合板侧模；2. 柱箍木方。

解　1. 胶合板侧模验算

胶合板面板（取长边 $800mm$），按三跨连续梁，跨度即为木方间距（$300mm$），计算如下。

（1）侧模抗弯强度验算

① 最大弯矩计算：$M_1 = -0.1ql^2 = -0.1(1.2 \times 28.21 + 1.4 \times 4.00) \times$
$$800/1000 \times (300/1000)^2 = 0.284 \ (kN \cdot m)$$

② 胶合板的计算强度验算：已知 $M = 0.284kN \cdot m$，$W = b \times h^2/6 = 800 \times (18)^2/6 = 43200 \ (mm^3)$

所以，$\sigma = M/W = 0.284 \times 10^6/43200 = 6.57 \ (N/mm^2) < 15 \ (N/mm^2)$，满足要求。

（2）侧模抗剪强度验算

① 剪力计算：$Q = 0.6ql = 0.6 \times (1.2 \times 28.21 + 1.4 \times 4) \times 800 \times 300/10^6 = 5.68 \ (kN)$

② 抗剪强度验算：$\tau = 3 \times 5.681 \times 10^3/(2 \times 800 \times 18) = 0.592 \ (N/mm^2) < 1.4 \ (N/mm^2)$，满足要求。

（3）侧模挠度验算

① 计算模板截面惯性矩：$I = b \times h^3/12 = 800 \times 18^3/12 = 388800 \ (mm^4)$；

② 挠度验算：$v = 0.677 \dfrac{ql^4}{100EI}$
$$= 0.677 \times 1.2 \times 28.21 \times 300^4/(100 \times 6000 \times 388800)$$
$$= 0.79 \ (mm) < l/250 = 300/250 = 1.20 \ (mm)，满足要求。$$

2. 木方验算

（1）木方抗弯强度验算

① 计算木方弯矩（按简支梁计算，计算长度 $b = 800mm$）：
$$M = qb^2/8 = [(1.2 \times 28.210 + 1.4 \times 4.000) \times 300/1000] \times 800^2/8$$
$$= 0.947 \ (kN \cdot m)；$$

② 计算木方截面抵抗矩：$W = b \times h^2/6 = 60 \times 902/6 = 81000 \ (mm^3)$；

③ 抗弯强度验算：$\sigma = M/W = 0.947 \times 106/81000 = 11.691 \ (N/mm^2) < 13 \ (N/mm^2)$，满足要求。

（2）木方抗剪强度验算

① 剪力计算：$Q = 0.5 \times q \times B = 0.5 \times (1.2 \times 28.21 + 1.4 \times 4) \times 300 \times 800/10^6 = 4.734 \ (kN)$

② 抗剪强度验算：$\tau = 3 \times 4.734 \times 10^3/(2 \times 60 \times 90) = 1.315 \ (N/mm^2) > 1.3 \ (N/mm^2)$，不满足要求。

（3）木方挠度验算

① 计算木方截面惯性矩：$I = b \times h^3/12 = 60 \times 90^3/12 = 3645000 \ (mm^4)$

② 挠度验算：$v = 0.677 \dfrac{ql^4}{100EI}$

$$=5\times8.463\times800^4/(384\times9000\times3645000)$$

$$=1.376\ (\text{mm})<l/250=800/250=3.2\ (\text{mm})，满足要求。$$

（四）柱模板施工安全计算软件简介

PKPM 施工安全计算软件——模板工程中的柱模板计算分为中小截面柱和大截面柱两类，本小节以大截面柱为例，介绍柱模板设计计算软件的操作。

1. 操作界面（图 5-7）

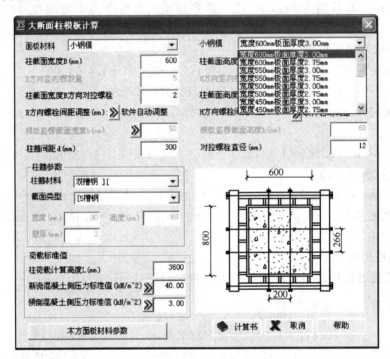

图 5-7　大断面柱模板计算对话框

2. 计算参数及其选择操作

（1）**面板材料**　指柱模板面板，软件提供的有胶合板、小钢模两种面板材料。操作：单击组合框选择面板材料。

注：当选择小钢模时，右侧小钢模组合框将被激活，在此选择的类型，程序自动读取相应的计算参数，小钢模程序不需要输入内楞参数（图 5-7）。

（2）**柱截面宽度 B 和高度 H**　指柱的截面尺寸。操作：直接按输入数值，以 mm 为单位。

（3）**B 方向和 H 方向内楞数量**　当选择胶合板面板时，输入 B 和 H 方向内楞（木方）数量，数量多少可根据 B、H 的尺寸确定。操作：同上。

（4）**柱截面 B、H 方向对拉螺栓**　柱截面比较大，需要增加对拉螺栓以加强稳定性，用户可以按软件的默认平均间距自动设置，也可以手动设置如图 5-8 所示。

操作：单击该项右侧的【《《】按钮，弹出图 5-8 所示对话框，在该对话框中"对拉螺栓间距调整"一项提供了"软件自动调整"和"手工设置间距"两种方式，当选择"软件自动调整"选项时，可不进行设置，有软件来完成设置，当选择"手工设置间距"时，需要在图 5-8 中输入对拉螺栓的数量和间距。

（5）**对拉螺栓直径（mm）**　操作：直接输入所选用螺栓的直径。

（6）模板竖楞截面宽度 b（mm）柱箍与胶合板面板之间的竖楞（竖方木）截面宽度，表面贴着胶合板面板的方向为 b。操作：直接输入数值。

（7）模板竖楞截面高度度 h（mm）柱箍与胶合板面板之间的竖楞（竖方木）截面高度，操作方法同上。

（8）间距　在对话框中输入设定的柱箍间距；

（9）柱箍参数　柱箍的材料可以选择木材或钢材，如果选择木材作为柱箍，需要输入木材的宽度和高度；钢材柱箍有双钢管、双槽钢、工字钢、单槽钢、单钢管、方钢截面形式可供用户选择，用户依据实际需要选择所用材料的型号或者有关的参数；

（10）柱荷载计算高度 L（mm）　用于计算新浇混凝土侧压力标准值，如果

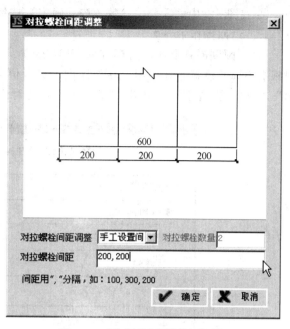

图 5-8　对拉螺栓间距调整对话框

不需要计算新浇混凝土侧压力标准值，此参数没有意义，可以柱的浇筑高度作为参考数据；

（11）新浇混凝土侧压力标准值（kN/m²）　指混凝土对模板产生的侧压力。可根据公式进行计算直接输入，或按照以下操作步骤进行操作。

① 单击图 5-7 中"新浇混凝土侧压力标准值"右侧的【<<】按钮，弹出如图 5-9 所示的对话框。

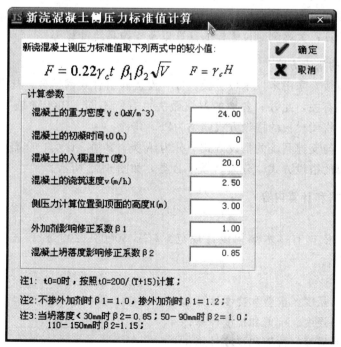

图 5-9　新浇混凝土侧压力标准值计算对话框

② 在图 5-9 中输入相关参数，按【确定】按钮，完成"新浇混凝土侧压力标准值"的计算，并返回操作主界面。

（12）倾倒混凝土侧压力标准值（kN/m²）　指混凝土倾倒时对模板产生的荷载，操作时根据不同的供料方式取用。软件提供了参考值，单击图 5-7 中"倾倒混凝土侧压力标准值"右侧的【〈〈〈】按钮，弹出如图 5-10 所示的对话框。从该对话框中选择输入值。

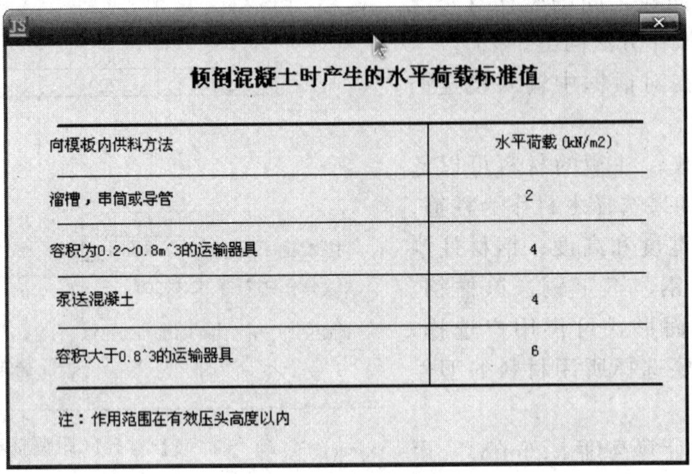

倾倒混凝土时产生的水平荷载标准值

向模板内供料方法	水平荷载 (kN/m2)
溜槽，串筒或导管	2
容积为0.2~0.8m^3的运输器具	4
泵送混凝土	4
容积大于0.8^3的运输器具	6

注：作用范围在有效压头高度以内

图 5-10　JS 对话框

完成所有参数选择或输入后，在图 5-7 中单击【计算书】按钮，软件自动进行计算，并提供完整的计算书。

四、梁模板的设计计算

梁模板主要由底模板、侧模板和支撑系统三部分构成。梁模板的设计计算内容主要包括：梁底面板的强度、抗剪和挠度计算；梁底木方的强度、抗剪和挠度计算；梁侧面板的强度、抗剪和挠度计算；大梁侧对拉螺栓的计算以及支撑系统计算等。

（一）梁模板的搭设方式

梁模板的面模板常采用木（木板、胶合板）模板和组合式钢模板。其搭设方式与梁的界面大小、支撑材料有关，此外，各地的习惯做法也有所不同。PKPM 施工安全设施计算软件——模板部分，将梁模板的搭设方式归结为以下几种。

（1）按梁模板与支撑系统的搭设方式　分为 A 类、B 类、C 类、D 类，如图 5-11 所示。

（2）按梁侧模的搭设方式　分为 A 类、B 类，如图 5-12 所示。

（二）计算依据和计算内容

1. 计算依据

梁模板的计算依据有《木结构设计规范》（GB 50005—2003）和《钢结构设计规范》（GB 50017—2003）。

2. 计算内容

① 梁底面板的强度、抗剪和挠度计算；

② 梁底木方的强度、抗剪和挠度计算；

③ 梁侧面板的强度、抗剪和挠度计算；

④ 大梁侧对拉螺栓的计算；

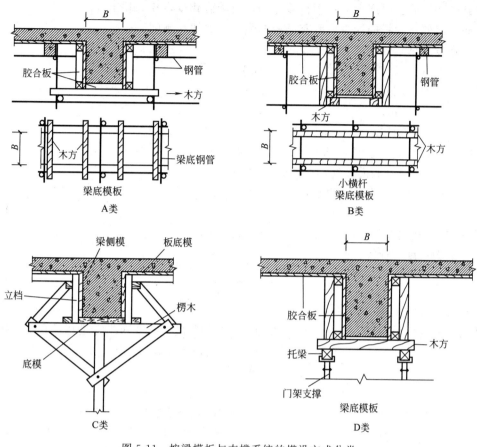

图 5-11　按梁模板与支撑系统的搭设方式分类

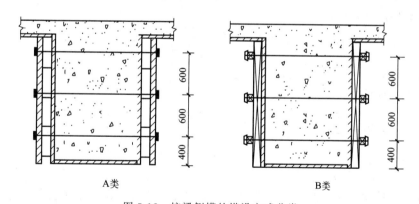

图 5-12　按梁侧模的搭设方式分类

⑤ 支撑系统的计算。

（三）梁模板设计计算

1. 梁底（梁侧）面板的计算

梁底（梁侧）面板计算的内容因模板材料及支撑方式不同而有所不同，梁模板的底模一般支承在顶撑或楞木上，顶撑间距 1.0m 左右，梁底模板面板按照三跨度连续梁计算，底板上所受荷载按表 5-5 组合，按均布荷载考虑；梁侧模支承在竖向立挡上，其支承条件由立挡的间距所决定，一般按三～四跨连续梁计算，梁模侧板受到新浇筑混凝土侧压力的作用，同时还受到倾倒混凝土时产生的水平荷载作用，所受荷载按表 5-5 组合。

梁底（梁侧）面板的计算内容有面板的强度、剪切和刚度。

（1）强度计算 强度计算公式要求：

$$f=M/W<[f] \tag{5-10}$$

式中 f——梁底模板的强度计算值，N/mm^2；

　　l——跨度，m；

　　W——截面抵抗矩，mm^3；

　　M——计算的最大弯矩，$kN \cdot m$，最大弯矩 $M_{max}=-0.1ql^2$；

　　q——作用在梁底模板的均布荷载，kN/m。

（2）抗剪计算 剪力的计算公式如下：

$$Q=0.6ql \tag{5-11}$$

截面抗剪强度必须满足：　　　$T=3Q/2bh<[T] \tag{5-12}$

（3）最大挠度 计算公式如下：

$$V_{max}=0.677\frac{ql^2}{100EI} \tag{5-13}$$

2. 梁底木方的计算

当梁底模为木模板时，常常采用木方加强木模的刚度，若要对木方进行计算，可按照集中荷载作用的简支梁进行计算（如图 5-13）。

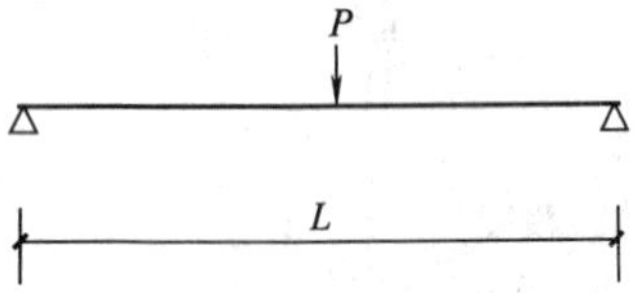

（1）强度计算

$$f=M/W<[f] \tag{5-14}$$

式中 f——梁底模板的强度计算值（N/mm^2）；

　　M——计算的最大弯矩（$kN \cdot m$），$M=PL/4$；

　　P——作用在梁底木方的集中荷载（kN/m）；

图 5-13 木方计算简图

（2）最大挠度计算公式如下：

$$v=\frac{PL^3}{48EI}\leqslant[v] \tag{5-15}$$

（3）抗剪计算

最大剪力的计算公式如下：

$$Q=0.5P \tag{5-16}$$

截面抗剪强度必须满足：

$$T=3Q/2bh<[T] \tag{5-17}$$

3. 梁对拉螺栓的计算

对拉螺栓直接承受侧木方（或侧模版）传递的集中荷载，螺栓允许拉力 N 按下式计算：

$$N=A[f] \tag{5-18}$$

式中 A——为对拉螺栓的净截面面积，mm^2；

　　$[f]$——为对拉螺栓的抗拉强度设计值，取 $170N/mm^2$。

4. 支撑计算

梁的支撑计算应根据采用支撑的材料，搭设形式、间距和搭设高度等因素，对支撑杆件进行强度和稳定性计算，计算方法同脚手架立杆的计算，本小节不再赘述。

（四）梁模板施工安全计算软件简介

PKPM 施工设施安全计算软件——模板工程中的梁模板计算有两个模块，即梁模板计算和大梁侧模计算，后者主要是针对大断面梁侧模板的计算，本小节只介绍梁模板计算模块的操作。

　　1. 操作界面简介

　　梁模板计算操作界面如图 5-14 所示，它包括荷载参数输入、模板参数输入和示意图三大部分内容。

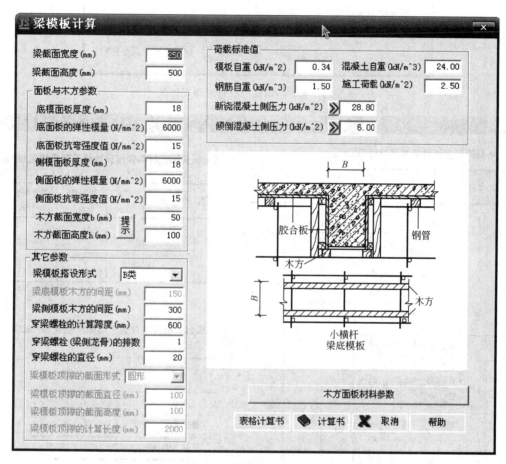

图 5-14　梁模板计算对话框

　　2. 参数说明及其操作

　　(1) 梁截面尺寸　包括梁宽度 B (mm) 和高度 H (mm)，是指浇筑的混凝土梁截面宽度和高度。操作：直接输入尺寸数值。

　　(2) 面板与木方参数　指梁面板的相关参数，它包括梁底模板和侧模板的厚度、弹性模量、强度 (抗弯和抗剪)；木方的截面尺寸等。操作方法如下。

　　① 直接在对应的文本框内输入数值。

　　② 在图 5-14 中，单击示意图下方【木方面板材料参数】按钮，在软件弹出的图 5-15 的对话框中完成操作。

　　注：图 5-15 中提供了"参数表"，单击【参数表】按钮，可参照图 5-16 中的相关参数。

　　(3) 荷载标准值　主要包括模板自重、钢筋和混凝土自重、施工荷载、新浇混凝土侧压力标准值、倾倒混凝土侧压力标准值等。操作方法同柱模板。

　　(4) 梁模板搭设形式　PKPM 软件提供了四种常见的梁模板支模设计的计算，分别为

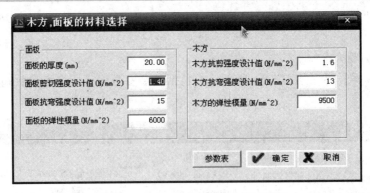

图 5-15 木方，面板的材料选择对话框

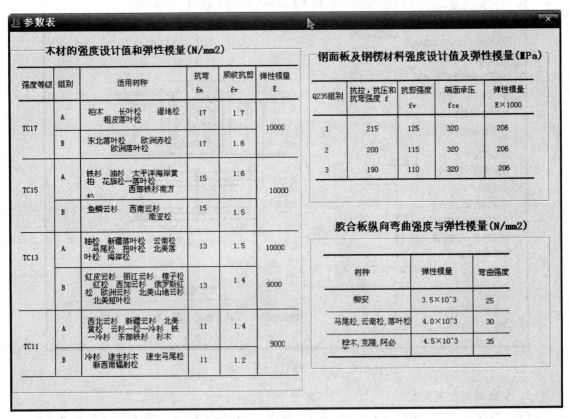

图 5-16 参数表对话框

A、B、C、D 四类，如图 5-11 所示。

该参数主要包括梁底模、侧模、支撑和对拉螺栓等参数。选择每一种搭设形式其计算参数都有所不同，如图 5-14 选择的是 B 类搭设形式，只有四项参数。

五、墙模板的设计计算

墙模板主要是侧模板及其辅助配件，在施工中有专用的大模板（面板及辅助配件一体），也有采用木模（多为胶合板或竹胶板）和小钢模或钢框竹胶板（钢框胶合板）作面模板的施工方式。本小节主要讲述墙模板的设计计算。

墙模板的设计计算主要是墙侧模板（木模或钢模）、内楞（木或钢）、外楞（木或钢）和对拉螺栓等，在新浇混凝土侧压力以及倾倒混凝土产生的水平力作用下的强度、刚度验算。

（一）墙模板的搭设方式

墙模板（组合面模板）的搭设方式根据面模板的布置方向有竖向布置和水平布置，内楞（靠近面板的楞）根据面模板的布置也分为竖向布置和水平布置，外楞布置根据内楞布置方向确定。也就是说内楞与面模板垂直布置，外楞与内楞垂直布置，当采用组合钢模板做面模板时，也可设置单层楞（图 5-17）。

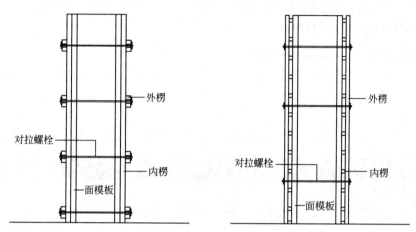

图 5-17 墙模板搭设方式示意图

（二）墙模板设计计算

1. 荷载及其计算

墙模板所受荷载主要有新浇混凝土侧压力和倾倒混凝土产生的水平力。新浇混凝土侧压力按本章式（5-1）和式（5-2）计算；倾倒混凝土振捣产生的水平力参照本章表 5-3 确定。

2. 墙模板面板计算

墙模板面板为受弯结构，需要验算其抗弯强度和刚度。计算的原则是按照龙骨的间距和模板面的大小，按支撑在内楞上的三跨连续梁计算（图 5-18）。

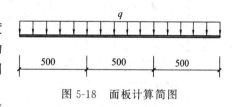

图 5-18 面板计算简图

（1）强度计算 计算方法同公式（5-14），需要说明的是面板的最大弯矩（M）应按下式计算：

$$M = ql^2/10 \qquad\qquad (5-19)$$

（2）挠度计算 最大挠度按下式计算：

$$v = 0.677\frac{ql^4}{100EI} < [v] \qquad\qquad (5-20)$$

式中 q——作用在模板上的侧压力；

l——计算跨度（内楞间距）；

E——面板的弹性模量，$E = 6000\text{N/mm}^2$；

I——面板的截面惯性矩，$I = bh^3/12$；

$[v]$——允许挠度，一般取 $1/250$。

3. 墙模板内外龙骨计算

墙模板的背部支撑由两层龙骨（木楞或钢楞）组成，直接支撑模板的龙骨为次龙骨，即内楞；用以支撑内层龙骨为主龙骨，即外楞组装成墙体模板时，通过拉杆将墙模板两侧拉结，每个拉杆成为主龙骨的支点。

（1）内楞（次龙骨） 内楞（木或钢）直接承受模板传递的荷载，通常按照均布荷载的三跨连续梁计算，主要计算其抗弯强度和挠度，计算公式同面模板计算。

（2）外楞（主龙骨） 外楞（主龙骨）承受内楞（次龙骨）传递的荷载，按照集中荷载作用下的连续梁计算，连续梁的跨数取决于外楞对拉螺栓的数量，计算内容有强度（抗弯和抗剪）计算和挠度。抗弯强度及挠度计算同面模板计算，抗剪强度按公式（5-16）计算。

4. 对拉螺栓计算（同梁模板）

（三）墙模板施工安全计算软件简介

PKPM 软件中没有单独提供墙模板计算软件，可利用"大断面梁侧模板"计算软件进行墙模板设计计算。

1. 对话框简介

如图 5-19 所示的对话框，它包括荷载参数输入、模板参数输入和示意图三部分内容。

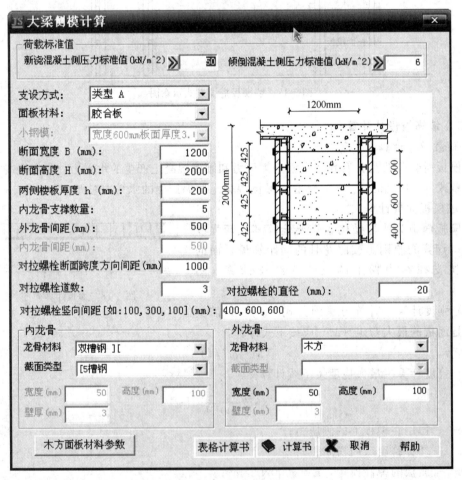

图 5-19 大梁（墙）侧模计算对话框

2. 参数说明及其操作

（1）荷载参数 包括新浇混凝土侧压力标准值（kN/m²）和倾倒混凝土侧压力标准值（kN/m²），操作同柱模板计算软件。

（2）支设方式 软件提供了两种方式，即类型 A 主楞竖向布置和类型 B 主楞水平向布置（图 5-13）。操作时根据实际情况选择。

（3）墙模板参数　面板材料软件给出了小钢模和普通胶合板两种材料，操作时可以根据工程实际选择面板类型，并输入或选择对应的面模板参数。

小钢模面板的计算参数有小钢模型号、断面宽度、断面高度、两侧楼板厚度（墙模板无此项）、外龙骨间距、对拉螺栓间距和数量等。

胶合板面板的计算参数有断面宽度、断面高度、两侧楼板厚度（墙模板无此项）、内龙骨支撑数量、外龙骨间距、对拉螺栓间距和数量等。

（4）内外龙骨参数　主要有龙骨材料、截面类型、尺寸（木龙骨有此项）。操作：选择或输入。

所有计算参数全部输入正确后，单击【计算书】按钮，程序自动进行墙模板设计的计算，得到相应的标准计算书（WORD 格式），供施工组织设计使用。

第二节　钢筋工程

钢筋工程施工工序较多，涉及的安全问题有钢筋施工中的运输堆放、制作（冷处理、加工和连接）、绑扎和安装等，较为突出的是机械安全使用的安全问题。此外，钢筋支架（辅助施工）的稳定性也是安全较为突出的一个方面，本节主要讲述钢筋工程施工安全技术及钢筋支架稳定性的验算。

一、钢筋工程施工安全技术

（一）钢筋运输与堆放安全要求

① 人工搬运钢筋时，步伐要一致。当上下坡（桥）或转弯时，要前后呼应，步伐稳慢。注意钢筋头尾摆动，防止碰撞物体或打击人身，特别防止碰挂周围和上下的电线。上肩或卸料时要互相打招呼，注意安全。

② 人工垂直传递钢筋时，送料人应站立在牢固平整的地面或临时构筑物上，接料人应有护身栏杆或防止前倾的牢固物体，必要时挂好安全带。

③ 机械垂直吊运钢筋时，应捆扎牢固，吊点应设在钢筋束的两端。有困难时，才在该束钢筋的重心处设吊点，钢筋要平稳上升，不得超重起吊。

④ 起吊钢筋或钢筋骨架时，下方禁止站人，待钢筋骨架降落至离楼地面或安装标高 1m 以内人员方准靠近操作，待就位放稳或支撑好后，方可摘钩。

⑤ 临时堆放钢筋，不得过分集中，应考虑模板的承载能力。在新浇筑楼板混凝土凝固尚未达到 1.2MPa 强度前，严禁堆放钢筋。

⑥ 钢筋在运输和储存时，必须保留标牌，并按批分别堆放整齐，避免锈蚀和污染。

⑦ 注意钢筋切勿碰触电源，严禁钢筋靠近高压线路，钢筋与电源线路的安全距离应符合相关要求。

（二）钢筋制作安全要求

1. 钢筋加工安全要求

① 钢筋除锈时，操作人员要戴好防护眼镜、口罩、手套等防护用品，并将袖口扎紧。

② 使用电动除锈时，应先检查钢丝刷固定有无松动，检查封闭式防护罩装置、吸尘设备和电气设备的绝缘及接地是否良好等情况，防止发生机械和触电事故。

③ 送料时，操作人员要侧身操作严禁在除锈机的正前方站人；长料除锈要两人操作互

相呼应，紧密配合。

④ 展开盘圆钢筋时，要两端卡牢，切断时要先用脚踩紧，防止回弹伤人。

⑤ 人工调直钢筋前，应检查所有的工具；工作台要牢固，铁砧要平稳，铁锤的木柄要坚实牢固，铁锤不许有破头、缺口，因打击而起花的锤头要及时换掉。

⑥ 拉直钢筋，卡头要卡牢，地锚要结实牢固，拉筋沿线 2m 区域内禁止行人。人工绞磨拉直，不准用胸、肚接触推杠，并要步调一致，稳步进行，缓慢松解，不得一次松开以免回弹伤人。

⑦ 人工断料，工具必须牢固。打锤和掌錾子的操作人员要站成斜角，注意抡锤区域内的人和物体。

⑧ 切短于 300mm 的钢筋，应用钳子夹牢，铁钳手柄不得短于 500mm，禁止用手把扶，并在外侧设置防护箱笼罩。

⑨ 弯曲钢筋时，要紧握扳手，要站稳脚步，身体保持平衡，防止钢筋折断或松脱。

⑩ 钢材、半成品等应按规格、品种分别堆放整齐，制作场地要平整。工作平台要稳固，照明灯具必须加网罩。

2. 钢筋冷处理安全要求

① 冷拉卷扬机前应设置防护挡板，没有挡板时，应将卷扬机与冷拉方向成 90°，并且应用封闭式导向滑轮。操作时要站在防护挡板后，冷拉场地不准站人和通行。

② 冷拉钢筋要上好夹具，离开后再发开机信号。发现滑动或其他问题时，要先行停机，放松钢筋后，才能重新进行操作。

③ 冷拉和张拉钢筋要严格按照规定应力和伸长度进行，不得随意变更。不论拉伸或放松钢筋都应缓慢均匀，发现油泵、千斤顶、锚卡具有异常，应即停止张拉。

④ 张拉钢筋，两端应设置防护挡板。钢筋张拉后要加以防护，禁止压重物或在上面行走。浇灌混凝土时，要防止震动器冲击预应力钢筋。

⑤ 千斤顶支脚必须与构件对准，放置平正，测量拉伸长度、加楔和拧紧螺栓应先停止拉伸，并站在两侧操作，防止钢筋断裂，回弹伤人。

⑥ 同一构件有预应力和非预应力钢筋时，预应力钢筋应分二次张拉，第一次拉至控制应力的 70%～80%，待非预应力钢筋绑好后再拉到规定应力值。

⑦ 采用电热张拉时，电气线路必须由持证电工安装，导线连接点应包裹，不得外露。张拉时，电压不得超过规定值。

⑧ 电热张拉达到张拉应力值时，应先断电，然后锚固，如带电操作应穿绝缘鞋和戴绝缘手套。钢筋在冷却过程中，两端禁止站人。

3. 钢筋焊接安全要求

① 焊机在工作前必须对电气设备、操作机构和冷却系统等进行检查，并用试电笔检查机体外壳有无漏电。

② 焊机应放在室内和干燥的地方，机身要平稳牢固，周围不准放置易燃物品。

③ 操作人员操作时，应戴防护眼镜和手套等防护用品，并应站在橡胶板或木板上，严禁坐在金属椅子上。

④ 焊接前，应根据钢筋截面调整电压，使与所焊钢筋截面相适应，禁止焊接超过机械规定的直径的钢筋。发现焊头漏电，应即更换，禁止使用。

⑤ 对焊机断路器的接触点，电极（钢头），要定期检查修理。断路器的接触点一般每隔 2～3 天，应用砂纸擦净，电极（钢头）应定期用锉锉光。二次电路的全部螺栓接合应定期

拧紧，以避免发生过热现象。随时注意冷却水的温度不得超过 40℃。

⑥ 焊接较长钢筋时，应设支架。

⑦ 刚焊成的钢材，应平直放置，以免冷却过程中变形。堆放地点不得在易燃物品附近，并要选择无人来往的地方或加设护栏。

⑧ 工作棚应用防火材料搭设。棚内严禁堆放易燃、易爆物品，并备有灭火器材。

（三）钢筋的绑扎与安装安全要求

① 绑扎基础钢筋时，应按施工设计规定摆放钢筋支架或马凳架起上部钢筋，不得任意减少支架或马凳。操作前应检查基坑土壁和支撑是否牢固。

② 绑扎立柱、墙体钢筋，不得站在钢筋骨架上操作和攀登骨架上下。柱筋在 4m 以内，重量不大，可在地面或楼面上绑扎，整体竖起；柱筋在 4m 以上时，应搭设工作台。柱、墙、梁骨架，应用临时支撑拉牢，以防倾倒。

③ 高处绑扎和安装钢筋，注意不要将钢筋集中堆放在模板或脚手架上，特别是悬臂构件，应检查支撑是否牢固。

④ 应尽量避免在高处修整、扳弯粗钢筋，在必须操作时，要配挂好安全带，选好位置，人要站稳。

⑤ 在高处、深坑绑扎钢筋和安装骨架，应搭设脚手架和马道，无操作平台应配挂好安全带。

⑥ 绑扎高层建筑的圈梁、挑檐、外墙、边柱钢筋，应搭设外脚手架或安全网，绑扎时要配挂好安全带。

⑦ 安装绑扎钢筋时，钢筋不得碰撞电线，在深基础或夜间施工需使用移动式行灯照明时，行灯电压不应超过 36V。

二、钢筋工程机械使用安全要求

（一）一般安全要求

① 钢筋加工机械以电动机、液压为动力，以卷扬机为辅机者，应按其有关规定执行。

② 机械的安装必须坚实稳固，保持水平位置。固定式机械应有可靠的基础，移动式机械作业时应楔紧行走轮。

③ 室外作业应设置机棚，机旁应有堆放原料、半成品的场地。

④ 加工较长的钢筋时，应有专人帮扶，并听从人员指挥，不得任意推拉。

⑤ 电动机械应接地良好，电源线不准直接接在按钮上，应另设开关箱。

⑥ 作业后，应堆放好成品。清理场地，切断电源，锁好电闸箱。

（二）钢筋调直机使用安全要求

① 料架、料槽应安装平直，对准导向筒、调直筒和下切刀孔的中心线。机械上不准堆放物件，以防机械震动滑落机体造成事故。

② 用手转动飞轮，检查传动机构和工作装置，调整间隙，紧固螺栓，确认正常后，启动空运转；检查轴承应无异响，齿轮啮合良好，待运转正常后，方可作业。

③ 按调直钢筋的直径，选用适当的调直块及传动速度。经调试合格，方可送料。短于 2m 或直径大于 9mm 的钢筋调直，应低速进行。

④ 在调直块未固定，防护罩未盖好前不得送料。作业中严禁打开各部防护罩及调整间隙。

⑤ 送料前应将不直的料头切去，导向筒前应装一根 1m 长的钢管，钢筋必须先穿过钢管再送入调直前端的导孔内。

⑥ 当钢筋送入压滚后，手与滚轮必须保持一定距离，不得接近。严禁戴手套操作。

⑦ 钢筋调直到末端时，人员必须躲开，以防钢筋甩动伤人。

⑧ 工作中应经常注意转轴的温度，如果温度升高超过 60℃ 时，须停机查明原因。

⑨ 作业后，应松开调直块回到原来位置，同时预压弹簧必须回位。

（三）钢筋切断机使用安全要求

① 接送料工作台面应和切刀下部保持水平，工作台的长度可根据加工材料长度决定。

② 启动前，必须检查刀片安装是否正确切刀应无裂纹，刀架螺栓紧固，防护罩应牢固。然后用手转动皮带轮，检查齿轮啮合间隙，调整切刀间隙，固定刀与活动刀间水平间隙以 0.5～1mm 为宜。

③ 启动后，先空运转，检查各传动部分及轴承运转正常后，方可作业。

④ 机械未达到正常转速时不得切料，切料时必须使用切刀的中下部位，并将钢筋握紧，应在活动刀向后退时，把钢筋送入刀口，以防钢筋末端摆动或弹出伤人。

⑤ 不得剪切直径及强度超过机械铭牌规定的钢筋和烧红的钢筋。一次切断多根钢筋时，总截面积应在规定范围内。

⑥ 剪切低合金钢时，应换高硬度切刀，直径应符合铭牌规定。

⑦ 切短料时，手和切刀之间的距离应保持 150mm 以上，如手握端小于 400mm 时，应用套管或夹具将钢筋短头压住或夹牢。切刀一端小于 300mm 时，切断前必须用夹具夹住，防止弹出伤人。

⑧ 切长钢筋应有专人扶住，操作时动作要一致，不得任意拖拉。

⑨ 运转中，严禁用手直接清除切刀附近的短头钢筋和杂物。钢筋摆动周围和切刀附近操作人员不得停留。

⑩ 发现机械运转不正常有异响或切刀歪斜等情况，应立即停机检修。

⑪ 使用电动液压钢筋切断机时，要先松开放油阀，空载运转几分钟，排掉缸内空气，然后拧紧，并用手扳动钢筋给活动刀以回程压力，即可进行工作。

⑫ 已切断的钢筋，堆放要整齐，防止切口突出，误踢割伤。

⑬ 作业后，用钢刷清除切刀间的杂物，进行整机清洁保养。

（四）钢筋弯曲机使用安全要求

① 工作台和弯曲机台面要保持水平，并准备好各种芯轴及工具。

② 按加工钢筋的直径和弯曲半径的要求装好芯轴、成型轴、挡铁或可变挡架，芯轴直径应为钢筋直径 2.5 倍。

③ 检查芯轴、挡块、转盘应无损坏和裂纹，防护罩紧固可靠，经空运转确认正常后，方可作业。

④ 作业时，将钢筋需弯的一头插在转盘固定销，并用手压紧，应注意钢筋放入插头的位置和回转方向，不要开错方向，检查机身固定销子确实安在挡住钢筋的一侧，方可开动。

⑤ 弯曲长钢筋，应有专人扶住，并站在钢筋弯曲方向的外面，互相配合，不得拖拉。调头弯曲，防止碰撞人和物。

⑥ 机械运转中，严禁更换芯轴、销子和变换角度以及调速等作业，转盘换向、加油和清理，必须在停稳后进行。

⑦ 弯曲钢筋时，严禁超过本机规定的钢筋直径、根数及机械转速。

⑧ 弯曲高强度或低合金钢筋时，应按机械铭牌规定换算最大限制直径并调换相应的芯轴。

⑨ 严禁在弯曲钢筋的作业半径内和机身不设固定销的一侧站人。弯曲好的半成品应堆放整齐，弯钩不得朝上。

⑩ 掌握弯曲机操作人员，不准戴手套。

（五）钢筋冷拉机使用安全要求

① 根据冷拉钢筋的直径，合理选用卷扬机，卷扬钢丝绳应经封闭式导向滑轮，卷扬机的位置必须使操作人员能见到全部冷拉场地，距离冷拉中心线不少于5mm。

② 冷拉卷扬机前设防护挡板，操作时要站在防护挡板后面，没有挡板时，应将卷扬机与冷拉方向成直角。

③ 冷拉场地在两端地锚外侧设置警戒区，装设防护栏杆及警告标志。严禁无关人员在此停留。操作人员在作业时，必须离开钢筋至少2m以外。

④ 用配重控制的设备必须与滑轮匹配，并有指示起落的记号，没有指示记号时应有专人指挥。配重框提升时高度应限制在离地300mm以内，配重架四周应有栏杆及警告标志。

⑤ 作业前，应检查冷拉夹具，夹齿必须完好，滑轮、拖拉小车应润滑灵活，拉钩、地锚及防护装置均应齐全牢固，确认良好后，方可作业。凡过硬或不匀质的钢材不宜冷拉。

⑥ 卷扬机操作人员必须看到指挥人员发出信号，并待所有人员离开危险区后，方可作业。冷拉应缓慢、均匀地进行，随时注意停机信号或见到有人进入危险区时，应立即停拉，并稍稍放松卷扬钢丝绳。

⑦ 用延伸率控制的装置，必须装设明显的限位标志，并要有专人负责指挥。

⑧ 夜间工作照明设施应设在张拉危险区外，如必须装置在场地上空时，其高度应超过5m，灯泡应加防护罩，导线应绝缘良好。

⑨ 电器设备必须安全可靠，导线绝缘必须良好，电动机和起动器外壳必须接地。

⑩ 地锚的设置和抗拉强度的计算，应由使用单位确定。

⑪ 作业后，应放松卷扬钢丝绳，落下配重，切断电源，锁好电闸箱。

（六）预应力钢筋拉伸设备使用安全要求

① 采用钢模配套张拉，两端要有地锚，还必须配有卡具、锚具，钢筋两端须镦头，场地两端外侧就有防护杆和警告标志。

② 检查卡具、锚具及被拉钢筋两端镦头，如有裂纹或破损，应及时修复或更换。

③ 卡具刻槽应较所拉钢筋的直径大0.7～1mm，并保证有足够强度使锚具不致变形。

④ 空载运转，校正千斤顶和压力表的指示吨位，定出表上的数字，对比张拉钢筋所需吨位及延伸长度。检查油路应无泄漏，确认正常后方可作业。

⑤ 作业中，操作要平稳、均匀，张拉时两端不得站人。拉伸机在有压力情况下严禁拆卸液压系统中的任何零件。

⑥ 在测量钢筋的伸长或拧紧螺帽时，应先停止拉伸，操作人员必须站在两侧操作。

⑦ 用电热张拉法带电操作时，应穿绝缘胶鞋和戴绝缘手套。

⑧ 张拉时，不准用手摸或脚踩钢筋或钢丝。

⑨ 作业后，切断电源，锁好电闸箱。千斤顶全部卸荷并将拉伸设备放在指定地点进行保养。

（七）冷镦机使用安全要求

① 根据钢筋直径配换相应卡具。

② 作业前，应检查模具、中心冲头应无裂纹，校正上下模具与中心冲头的同心度，紧固各部螺栓，做好安全防护。

③ 启动后，先空运转，调整上下模具紧度，对准冲头模进行镦头校对，确认正常后，方可作业。

④ 机械未达到正常转速时，不得镦头。如镦出的头大小不匀时，应及时调整冲头与卡具的间隙，冲头导向块经常保持有足够的润滑。

（八）钢筋冷拔机使用安全要求

① 冷拔机与轴承架要保持水平，使主轴与滚筒轴转动灵活。

② 传动皮带轮和齿轮必须装置防护罩，伞形齿轮前端要装防护网，机械工作台的后端要装挡板。

③ 操作人员袖口裤管要扎紧，女工要戴帽子。当挂上传动链带时不得戴手套（握钢筋时应戴厚布手套）。

④ 作业前，工作台上的杂物要清理干净，机械附近地面和通道不得有障碍物。检查机械各连接件应牢固，模具应无裂纹，轧头和模具的规格应配套，并检查轴承油量和在滚筒轴孔内加注润滑油。然后启动主机运转，确认正常后，方可作业。

⑤ 在冷拔钢筋时，每道工序的冷拔直径应按机械说明书规定进行，不得超量缩减模具孔径，无资料时，可按每次缩减孔径 0.5～1mm。冷拔模具经过磨损后口径增大时，应及时更换。

⑥ 钢筋先用轧头机将头部轧小，轧时手应离开轧头辊子 300～500mm，头部应轧圆。轧头时应先使钢筋的一端穿过模具长度达 100～150mm，再用卡具卡牢。

⑦ 作业时，合上离合器后，操作人员应后退离机 0.5m 以外，手和轧辊应保持 0.3～0.5m 的距离，并站在滚筒右侧，禁止用手直接接触钢筋和滚筒。

⑧ 冷拔模架中应随时加足润滑剂（以石灰和肥皂水调和晒干后的粉末）。钢筋通过冷拔模前，应抹少量润滑脂加以润滑。

⑨ 当钢筋末端通过冷拔模子后，应立即踩脚闸（用脚闸操纵为好）分开离合器，同时用手闸挡住钢筋末端或用工具压住钢筋末端，防止弹开伤人。

⑩ 工作台前宜装设"挨身停机装置"，使操作人员向工作台方向倾倒时，碰撞装置立即停机，减少事故严重性。

⑪ 工作中应注意电动机运转是否正常，有无杂音和过热等情况。

⑫ 在机械冷拔运转过程中，要经常注意放线架、压辊架、滚筒三者之间运转情况，发现异常，立即停机修理。

三、钢筋支架及其计算

钢筋支架（又叫马凳）用于高层建筑中大体积混凝土基础底板或者一些大型设备基础和高厚混凝土板等的上下层钢筋之间。钢筋支架多采用型钢焊制的支架来支承上层钢筋的重量和上部操作平台的全部施工荷载，并控制钢筋的标高。钢筋支架材料主要采用角钢、工字钢、槽钢以及钢管组成。

型钢支架一般按排布置，立柱和横梁一般采用型钢或者钢管，斜杆可采用钢筋、型钢、钢管，分片焊接并进行布置。对水平杆，应进行强度和刚度验算；对立柱和斜杆，应进行强度和稳定验算。作用的荷载主要包括钢筋及支架自重、施工荷载（机械及施工人员）。本小节主要介绍 PKPM 软件中钢筋支架的设计计算操作。

（一）对话框简介

如图 5-20 所示，该对话框主要包括荷载参数输入、横梁参数输入、立柱参数输入和示意图。

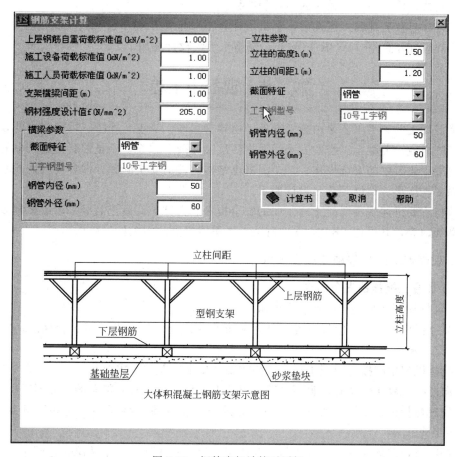

图 5-20　钢筋支架计算对话框

（二）参数说明及其操作

（1）荷载参数　钢筋支架所承受的荷载包括上层钢筋的自重、施工人员及施工设备荷载。各种荷载的取值及操作按如下要求。

① 上层钢筋的自重荷载标准值（kN/m^2）：按实际配筋计算并输入。

② 施工设备荷载标准值（kN/m^2）：施工及设备荷载取值可参照模板工程，直接输入荷载数值。

③ 施工人员荷载标准值（kN/m^2）：施工时操作人员的荷载。

（2）横梁参数

① 支架横梁间距（m）：指横梁布置的间距，直接输入间距。

② 钢材强度设计值（kN/m^2）：指横梁钢材强度设计值，型钢一般为 $215kN/m^2$；钢管为 $205kN/m^2$。

③ 截面特征：指横梁钢材种类，单击组合框选择工字钢、槽钢、角钢、钢管。

④ 横梁其他参数：主要有型钢的型号；当选择钢管时还应输入钢管的内径和外径。

（3）立柱参数

① 立柱的高度 h（m）：指立柱底至横梁下部的高度，直接输入高度值。

② 立柱的间距 l（m）：指立柱之间的距离。

③ 截面特征：指立柱的钢材的种类，软件提供有工字钢、槽钢角钢、角钢、钢管等，在选择截面特征后，要输入相应的型号和参数。

所有计算参数全部输入正确后，单击"计算书"按钮，程序自动进行钢筋支架的计算，得到相应的标准计算书（WORD 格式），供施工组织设计使用。

第三节　混凝土工程

现浇混凝土的施工工艺是由施工准备、搅拌、运输、浇筑、养护、拆模和构件表面缺陷修整等工序组成。混凝土工程的安全问题主要反映在两个方面，一是混凝土施工中的安全问题，即混凝土施工中的安全操作；二是混凝土结构构件的安全问题，即如何保证混凝土结构构件的强度、变形、裂缝等满足设计要求。

本节将主要讲述现浇混凝土施工中的安全技术和大体积混凝土裂缝、温度控制以及结构位移计算等内容，并讲述 PKPM 软件有关大体积混凝土的相关计算操作。

一、现浇混凝土工程施工安全技术

（一）混凝土搅拌的安全要求

（1）现场搅拌必须遵守如下安全要求

① 搅拌机操作人员，应经过专门技术和安全规定的培训，并经考试合格后，方能正式操作。

② 搅拌机使用应按"混凝土搅拌机使用安全要求"有关要求执行。

③ 向搅拌机料斗落料时，脚不得踩在料斗上；料斗升起时，料斗的下方不得有人。

④ 清理搅拌机料斗坑底的砂、石时，必须与司机联系，将料斗升起并用链条扣牢后，方能进行工作。

⑤ 进料时，严禁将头、手伸入料斗与机架之间察看或探摸进料情况，运转中不得用手、工具或物体伸进搅拌机滚筒（拌和鼓）内抓料出料。

（2）混凝土拌和楼必须遵守如下安全要求

① 拌和楼的操作人员，必须经过专门技术培训，熟悉本楼要求，具有相当熟练的操作技能，并经考试合格后。方可正式上岗操作。

② 操作人员应熟悉本楼的机械原理和混凝土生产基本知识，懂得电气、高处、起重等作业的一般安全常识。

③ 电气作业人员属特种作业人员，须经安全技术培训、考核合格并取得操作证后，方可独立作业。熟悉本楼电气原理和设备、线路及混凝土生产基本知识，懂得高处作业的安全常识。作业时每班不得少于 2 人。

④ 操作人员必须穿戴工作服和防护用品，女工应将发辫塞入帽内。

⑤ 严禁酒后及精神不正常的人员登楼操作。非操作人员未经许可不准上楼。

⑥ 消防设施必须齐全、良好、符合消防规定要求。操作人员均应掌握一般消防知识和会使用这些设施。

⑦ 拌和楼内禁止存放汽油、酒精等易燃物品和易爆物品，必须使用时应采取可靠的安全措施，用后立即收回。其他润滑油脂亦应存放在指定地点。废油、棉纱应集中存放，定期处理，不准乱扔、乱泼。

⑧ 禁止用明火取暖。必要时可用蒸汽集中供热、保温。

⑨ 电气设备的金属外壳，必须有可靠接地，接地电阻应不大于 4Ω。雷雨季节前应加强检查。

⑩ 电气设备的带电部分，当断开电源及电子秤后，对地绝缘电阻应不小于 $0.5M\Omega$。

⑪ 各电动机必须兼有过热和短路两种保护装置。

⑫ 当发生触电事故时，应立即断开有关电源，并进行急救。

⑬ 未经主管部门同意，不得任意改变电气线路及元件。检查故障时允许装接辅助连线，但故障排除后必须立即拆除。

⑭ 拌和楼上的通风、除尘设备应配备齐全，效果良好。大气中水泥粉尘、骨料粉尘浓度应符合工业三废排放标准规定，不超过 $150mg/m^3$。

（二）混凝土输送的安全要求

① 临时架设混凝土运输用的桥道的宽度，应能容两部手推车来往通过并有余地为准，一般不小于 1.5m。架设要牢固，桥板接头要平顺。

② 两部手推车碰头时，空车应预先放慢停靠一侧让重车通过。车子向料斗卸料，应有挡车措施，不得用力过猛和撒把。

③ 用输送泵输送混凝土，管道接头、安全阀必须完好，管道的架子必须牢固且能承受输送过程中所产生的水平推力；输送前必须试送，检修必须卸压。

④ 禁止手推车推到挑檐、阳台上直接卸料。

⑤ 用铁桶向上传递混凝土时，人员应站在安全牢固且传递方便的位置上；铁桶交接时，精神要集中，双方配合好，传要准，接要稳。

⑥ 使用吊罐（斗）浇筑混凝土时，应设专人指挥。要经常检查吊罐（斗）、钢丝绳和卡具，发现隐患应及时处理。

⑦ 使用钢井架物料提升机运输时，应按"钢井架物料提升机"有关规定执行。手推车推进吊笼时车把不得伸出吊笼外，车轮前后要挡牢，稳起稳落。

⑧ 禁止在混凝土初凝后、终凝前在其上面行走手推车（此时也不宜铺设桥道行走），以防震动影响混凝土质量。当混凝土强度达到 1.2MPa 以后，才允许上料具等。运输通道上应铺设桥道，料具要分散放置，不得过于集中。

混凝土强度达到 1.2MPa 的时间可通过试验决定，也可参照表5-7。

（三）混凝土浇筑与振捣的安全要求

① 浇筑深基础混凝土前和在施工过程中，应检查基坑边坡土质有无崩裂倾塌的危险。如发现危险现象，应及时排除。同时，工具、材料不应堆置在基坑边沿。

② 浇筑混凝土使用的溜槽及串筒节间应连接牢固。操作部位应有护身栏杆，不准直接站在溜槽帮上操作。

③ 浇筑无楼板的框架梁、柱混凝土时，应架设临时脚手架，禁止站在梁或柱的模板或临时支撑上操作。

④ 浇筑房屋边沿的梁、柱混凝土时，外部应有脚手架或安全网。如脚手架平桥离开建筑物超过 20cm 时，须将空隙部位牢固遮盖或装设安全网。

表 5-7 混凝土达到 1.2MPa 强度所需龄期参考表

外界温度/℃	水泥品种及标号	混凝土强度等级	期限/h	外界温度/℃	水泥品种及标号	混凝土强度等级	期限/h
1～5	普硅 425	C15	48	10～15	普硅 425	C15	24
		C20	44			C20	20
	矿渣 325	C15	60		矿渣 325	C15	32
		C20	50			C20	24
5～10	普硅 425	C15	32	15 以上	普硅 425	C15	20 以下
		C20	28			C20	20 以下
	矿渣 325	C15	40		矿渣 325	C15	20
		C20	32			C20	20

⑤ 浇筑拱形结构时，应自两边拱脚对称地同时进行；浇圈梁、雨篷、阳台，应设防护措施；浇筑料仓时，下出料口应先行封闭，并搭设临时脚手架，以防人员下坠。

⑥ 夜间浇筑混凝土时，应有足够的照明设备。

⑦ 使用振捣器时，应按混凝土振捣器使用安全要求执行。湿手不得接触开关，电源线不得有破损和漏电。开关箱内应装设防溅的漏电保护器，漏电保护器其额定漏电动作电流应不大于 30mA，额定漏电动作时间应小于 0.1s。

（四）混凝土养护的安全要求

① 已浇完的混凝土，应加以覆盖和浇水，使混凝土在规定的养护期内，始终能保持足够的湿润状态。

② 覆盖养护混凝土时，楼板如有孔洞，应钉板封盖或设置防护栏杆或安全网。

③ 拉移胶水管浇水养护混凝土时，不得倒退走路，注意梯口、洞口和建筑物的边沿处，以防误踏失足坠落。

④ 禁止在混凝土养护窑（池）边沿上站立或行走，同时应将窑盖板和地沟孔洞盖牢和盖严，严防失足坠落。

二、混凝土工程机械使用安全要求

（一）一般安全要求

① 混凝土机械上装置的内燃机、电动机、空压机以及液压传动机构应符合"通用机械"有关规定。

② 作业场地要有良好的排水条件，机械近旁应有水源，机棚内应有良好的通风，采光及防雨、防冻条件，并不得积水。

③ 固定式机械要有可靠的基础，移动式机械应在平坦坚硬的地坪上用方木或撑架架牢，并保持水平。

④ 气温降到 5℃以下时，管道、泵、机内均应采取防冻保温措施。

⑤ 作业后，应及时将机内、水箱内、管道内的存料、积水放尽，并清洁保养机械，清理工作场地，切断电源，锁好电闸箱。

⑥ 装有轮胎的机械，转移时拖行速度不得超过 15km/h。

（二）混凝土搅拌机使用安全要求

① 固定式搅拌机的操纵台应使操作人员能看到各部位工作情况，仪表、指示信号准确

可靠，电动搅拌机的操纵台应垫上橡胶板或干燥木板。

②　移动式搅拌机长期停放或使用时间超过 3 个月或以上时，应将轮胎卸下妥善保管，轮轴端部应做好清洁和防锈工作。

③　搅拌机的齿轮、皮带传动部分，均应装设防护罩。

④　传动机构、工作装置、制动器等，均应紧固、灵活可靠，保证正常工作。

⑤　骨料规格应与搅拌机的性能相符，超出许可范围的不得使用。

⑥　作业前应进行空机试运转，检查搅拌筒或搅拌叶的转动方向、各工作装置的操作、制动、确认正常，方可作业。

⑦　向搅拌筒内加料应在运转中进行，添加新料必须先将搅拌机内原有的混凝土全部卸出后才能进行。不得中途停机或在满荷载时启动搅拌机，反转出料者除外。

⑧　作业中，如发生故障不能继续运转时，应立即切断电源，将搅拌筒内的混凝土清除干净，然后进行检修。

⑨　作业后，应对搅拌机进行全面清洗，操作人员如需进入筒内清洗或检修时，必须切断电源，设专人在外监护，或卸下熔断器并锁好电闸箱，然后方可进入。

⑩　作业后，应将料斗降落到料斗坑，如需升起则应用链条扣牢。

（三）混凝土泵送设备使用安全要求

①　泵送设备放置应离基坑边缘保持一定距离。在布料杆动作范围内无障碍物，无高压线，设置布料杆动作的地方必须具有足够的支撑力。

②　水平泵送的管道敷设线路应接近直线，少弯曲，管道及管道支撑必须牢固可靠，且能承受输送过程所产生的水平推力；管道接头处应密封可靠。"Y"型管道应装接锥形管。

③　严禁将垂直管道直接装接在泵的输出口上，应在垂直管架设的前端装接长度不小于 10m 的水平管，水平管接近泵处应装逆止阀。敷设向下倾斜的管道时，下端应装接一段水平管，其长度至少为倾斜高低差的 5 倍，否则应采用弯管等办法，增大阻力。如倾斜度较大，必要时，应在坡道上端装置排气活阀，以利排气。

④　砂石粒径、水泥标号及配合比应按原厂规定，满足泵机可泵性的要求。

⑤　天气炎热时应使用湿麻袋、湿草包等遮盖管道。

⑥　泵车的停车制动和锁紧制动应同时使用，轮胎应楔紧，水源供应正常和水箱应储满清水，料斗内应无杂物，各润滑点应润滑正常。

⑦　泵送设备的各部螺栓应紧固，管道接头应紧固密封，防护装置应齐全可靠。

⑧　各部位操纵开关、调整手柄、手轮、控制杆、旋塞等均应在正确位置。液压系统应正常无泄漏。

⑨　准备好清洗管、清洗用品、接球器及有关装置。作业前，必须先用按规定配制的水泥砂浆润滑管道。无关人员必须离开管道。

⑩　布料杆支腿应全部伸出并支固，未支固前不得启动布料杆。布料杆升离支架后方可回转。布料杆伸出时，应按顺序进行，严禁用布料杆起吊或拖拉物件。

⑪　当布料杆处于全伸状态时，严禁移动车身。布料杆不得使用超过规定直径的配管，装接的软管应系防脱安全绳带。

⑫　应随时监视各种仪表和指示灯，发现不正常应及时调整或处理。如出现输送管道堵塞时，应进行逆向运转（反抽）使混凝土返回料斗，必要时应拆管排除堵塞。

⑬　泵送工作应连续作业，必须暂停时应每隔 5～10min（冬季 3～5min）泵送一次。若停止较长时间后泵送，应先逆向运转一至两个行程，然后顺向泵送。泵送时料斗应保持一定

量的混凝土，不得吸空。

⑭ 应保持清洗室内储满清水，在泵送时不断注入清水，使清洗室水质保持一定清洁度。当发现水质混浊并有较多砂粒时应及时检查处理。

⑮ 泵送系统受压力时，不得开启任何输送管道和液压管道。液压系统的安全阀不得任意调整，蓄能器只能充入氮气。

⑯ 作业后，必须将料斗内和管道内混凝土全部输出，然后对泵机、料斗、管道进行清洗。用压缩空气冲洗管道时，管道出口端前方 10m 内不得站人，并应用金属网篮等收集冲出的泡沫橡胶及砂石粒。

⑰ 严禁用压缩空气冲洗布料杆配管。布料杆的折叠收缩应按顺序进行。

⑱ 将两侧活塞运转到清洗室，并涂上润滑油。

⑲ 作业后，各部位操纵开关、调整手柄、手轮、旋塞等均应复回零位。液压系统卸荷。

（四）混凝土振捣器使用安全要求

① 作业前，检查电源线路应无破损漏电，漏电保护装置应灵活可靠，机具各部连接应紧固，旋转方向正确。

② 振捣器不得放在初凝的混凝土、楼板、脚手架、道路和干硬的地面上进行试振。如检修或作业间断时，应切断电源。

③ 插入式振捣器软轴的弯曲半径不得小于 50cm，并不得多于两个弯；操作时振捣棒应自然垂直地插入混凝土，不得用力硬插、斜推或使钢筋夹住棒头，也不得全部插入混凝土中。

④ 振捣器应保持清洁，不得有混凝土黏结在电动机外壳上妨碍散热。发现温度过高时，应停歇降温后方可使用。

⑤ 作业转移时，电动机的电源线应保持有足够的长度和松度，严禁用电源线拖拉振捣器。

⑥ 电源线路要悬空移动，应注意避免电源线与地面和钢筋相摩擦及车辆的碾压。经常检查电源线的完好情况，发现破损应立即进行处理。

⑦ 用绳拉平板振捣器时，拉绳应干燥绝缘，移动或转向不得用脚踢电动机。

⑧ 振捣器与平板应保持紧固，电源线必须固定在平板上，电器开关应装在手把上。

⑨ 在一个构件上同时使用几台附着式振捣器工作时，所有振捣器的频率必须相同。

⑩ 操作人员必须穿戴绝缘胶鞋和绝缘手套。

⑪ 作业后，必须切断电源，做好清洗、保养工作。振捣器要放在干燥处，并有防雨措施。

三、大体积混凝土及其计算

大体积混凝土结构主要用于工业建筑中大型设备基础和高层建筑中的基础底板或桩基承台，厚度≥1.5m，长度宽度较大，荷载大，整体性要求高，一般不宜设置施工缝。但是由于水泥水化热的影响（内外温差高于 25℃），大体积混凝土又容易产生裂缝。

（一）大体积混凝土裂缝产生的主要原因

建筑工程中的大体积混凝土结构中，由于结构截面大，水泥用量多，水泥水化所释放的水化热会产生较大的温度变化和收缩作用，由此形成的温度收缩应力是导致钢筋混凝土产生裂缝的主要原因。这种裂缝有表面裂缝和贯通裂缝两种。

表面裂缝是由于混凝土表面和内部的散热条件不同，温度外低内高，形成了温度梯度，使混凝土内部产生压应力，表面产生拉应力，表面的拉应力超过混凝土抗拉强度而引起的。

贯通裂缝是由于大体积混凝土在强度发展到一定程度，混凝土逐渐降温，这个降温差引起的变形，加上混凝土失水引起的体积收缩变形，受到地基和其他结构边界条件的约束时引起的拉应力，超过混凝土抗拉强度时所可能产生的贯通整个截面的裂缝。

（二）大体积混凝土控制温度和收缩裂缝的技术措施

为了有效地控制有害裂缝的出现和发展，必须从控制混凝土的水化升温、延缓降温速率、减小混凝土收缩、提高混凝土的极限拉伸强度、改善约束条件和设计构造等方面全面考虑，结合实际采取措施。

大体积混凝土由于水化热产生的升温较高、降温幅度大、速度快，使混凝土产生较大的温度和收缩应力是导致混凝土产生裂缝的主要原因。施工前应进行计算分析，采取措施控制温度裂缝。

1. 控制内约束温度裂缝的措施

① 控制混凝土内外温差、表面与外界温差，防止混凝土表面急剧冷却，采用混凝土表面保温措施或蓄水养护措施。

② 加强混凝土养护，严格控制混凝土升温速度，使混凝土表面覆盖温差小于 8～10℃。

2. 控制外约束温度裂缝的措施

① 从采取控制混凝土出机温度、温升、减少温差等方面，以及改善施工操作工艺；

② 采用低热水泥，如优先选择矿渣硅酸盐水泥；利用混凝土后期强度，用 R60 或 R90 替代 R28 作为设计强度；掺入一定比例的粉煤灰、高效减水剂或缓凝剂等；

③ 掺入膨胀剂，在最初 14d 潮湿养护中，使混凝土体积微膨胀，补偿混凝土早期失水收缩产生的收缩裂缝；

④ 改善骨料级配，如大体积基础混凝土可掺加 15％块石；

⑤ 采用拌和水掺冰降低水温度，对砂石骨料喷遮阳防晒或凉水冷却，散装水泥提前储备，避免新出厂水泥温度过高等措施，来降低混凝土的出机温度；

⑥ 合理安排施工工序进行薄层浇捣，均匀上升，以便于散热；

⑦ 大体积基础混凝土施工，可在基础内埋设冷却水管，使混凝土内外温差小于 25℃；

⑧ 合理分缝分块施工，对比较长的结构应设置后浇带；对基岩或老混凝土垫层，在表面铺设 50～100mm 砂垫层，以消除基岩约束和嵌固作用；

⑨ 适当配置温度钢筋，减少混凝土温度应力；

⑩ 加强混凝土的养护，适当延长养护时间和拆模时间，使混凝土表面缓慢冷却。

（三）大体积混凝土裂缝控制的计算

大体积混凝土裂缝控制计算内容较多，本小节不再一一讲述，主要讲述 PKPM 软件与大体积混凝土的相关计算操作。

1. 自约束裂缝控制计算

现浇大体积混凝土时，由于水化热的作用，中心温度高，与外界接触的表面温度低，当混凝土表面受外界气温影响急剧冷收缩时，外部混凝土质点与混凝土内部各质点之间相互约束，使表面产生拉应力，内部降温慢受到自约束产生压应力。

（1）对话框简介　该对话框主要由计算参数和计算公式两部分构成，如图 5-21 所示。

（2）参数说明及其操作

① 混凝土强度等级：指大体积混凝土强度等级，单击组合框选择。

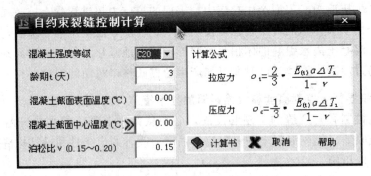

图 5-21 自约束裂缝控制计算界面

② 龄期（天）：指混凝土养护期，用于计算该龄期下混凝土的弹性模量，输入时间。

③ 混凝土截面表面温度（℃）：指大体积混凝土表面温度，应经实际测得的混凝土表面温度，直接输入。

④ 泊松比：取值范围为 0.15～0.20；

⑤ 混凝土截面中心温度（℃）：大体积混凝土中心的温度。单击右侧【〉〉】按钮，弹出如图 5-22 所示对话框，在该对话框中输入计算参数，单击【确定】按钮，系统会对混凝土截面中心温度自动计算。

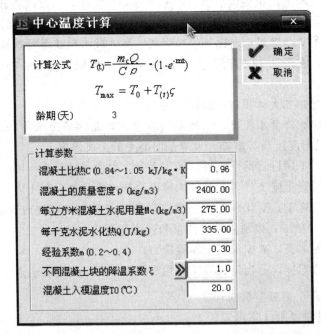

图 5-22 中心温度计算对话框

注：不同混凝土块的降温系数，单击右侧【〉〉】按钮，按图 5-23 中的数值参考。

说明：由图 5-22 中右侧的计算公式计算出的 σ_t 如果小于该龄期混凝土的抗拉强度，则不会出现表面裂缝，否则则有可能出现裂缝。采取措施控制温差 ΔT_1 就可有效地控制表面裂缝的出现。大体积混凝土一般允许温度差宜控制在 20～25℃ 范围内。

2. 浇筑前裂缝控制计算

在大体积混凝土浇筑前，根据施工拟采取的施工方法，裂缝控制方法，裂缝控制技术措施和已知施工条件，先计算混凝土的最大水泥水化热温升值，收缩变形值，收缩当量温差和

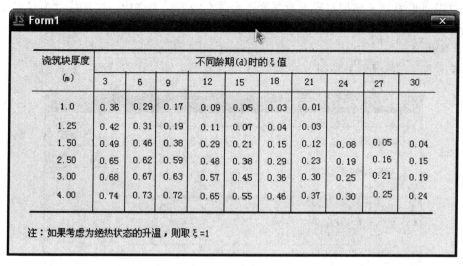

浇筑块厚度	不同龄期(d)时的ξ值									
(m)	3	6	9	12	15	18	21	24	27	30
1.0	0.36	0.29	0.17	0.09	0.05	0.03	0.01			
1.25	0.42	0.31	0.19	0.11	0.07	0.04	0.03			
1.50	0.49	0.46	0.38	0.29	0.21	0.15	0.12	0.08	0.05	0.04
2.50	0.65	0.62	0.59	0.48	0.38	0.29	0.23	0.19	0.16	0.15
3.00	0.68	0.67	0.63	0.57	0.45	0.36	0.30	0.25	0.21	0.19
4.00	0.74	0.73	0.72	0.65	0.55	0.46	0.37	0.30	0.25	0.24

注:如果考虑为绝热状态的升温,则取ξ=1

图 5-23　Form1 对话框

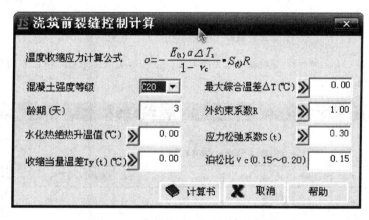

图 5-24　浇筑前裂缝控制计算对话框

弹性模量,然后通过计算,估量混凝土浇筑后可能产生的最大收缩应力。

(1)对话框简介　该对话框主要由计算参数和计算公式两部分构成,如图 5-24 所示。

(2)参数说明及操作

① 水化热绝热升温值:即浇筑完混凝土一段时间,混凝土的绝热温升值。可通过计算得到,此值依赖于龄期,即在计算之前,必须先输入龄期或者在更改龄期之后必须再次计算此值。

操作:在图 5-24 中,单击右侧【〉〉】按钮,在图 5-25 中完成参数输入,按【确定】按钮。

注:混凝土比热和每千克水泥水化热应参照《建筑施工手册》确定。

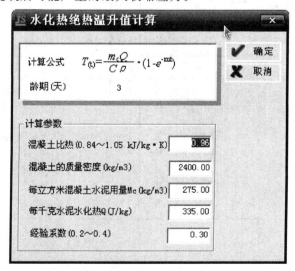

图 5-25　水化热绝热温升值计算对话框

② 收缩当量温差：即把混凝土收缩变形合并在温度应力之中，换成的"当量温差"。可通过计算得到，此值依赖于龄期，即在计算之前，必须先输入龄期，或者在更改龄期之后必须再次计算此值。

操作：单击右侧【〉〉】按钮，在图 5-26 中完成参数输入，按【确定】按钮。

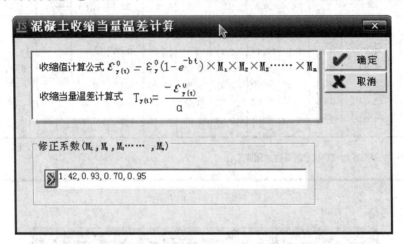

图 5-26 混凝土收缩当量温差计算对话框

注：修正系数（M_1、M_2···）是混凝土收缩变形不同条件影响修正系数，单击右侧【≫】按钮，在图 5-27 中选择确定。

混凝土收缩变形不同条件影响修正系数

水泥品种	M1	水泥细度	M2	骨料	M3	水灰比	M4	水泥浆量(%)	M5
矿渣水泥	1.25	1500	0.90	砂岩	1.90	0.2	0.65	15	0.90
快硬水泥	1.12	2000	0.93	砾砂	1.00	0.3	0.85	20	1.00
低热水泥	1.10	3000	1.00	无相骨料	1.00	0.4	1.00	25	1.20
石灰矿渣水泥	1.00	4000	1.13	玄武岩	1.00	0.5	1.21	30	1.45
普通水泥	1.00	5000	1.35	花岗岩	1.00	0.6	1.42	35	1.75
火山灰水泥	1.00	6000	1.68	石灰岩	1.00	0.7	1.62	40	2.10
抗硫酸盐水泥	0.78	7000	2.05	白云岩	0.95	0.8	1.80	45	2.55
矾土水泥	0.52	8000	2.42	石英岩	0.80			50	3.03

t (d)	M6	W (%)	M7	r'	M8	操作方法	M9	配筋率	M10
1	1.11/1.00	25	1.25	0	0.54/0.21	机械振捣	1.00	0.0	1.00
2	1.11/1.00	30	1.18	0.1	0.76/0.78	手工振捣	1.10	0.65	0.85
3	1.09/0.98	40	1.10	0.2	1.00/1.00	蒸气养护	0.85	0.1	0.76
4	1.07/0.96	50	1.00	0.3	1.03/1.03	高压釜处理	0.54	0.15	0.68
5	1.04/0.94	60	0.88	0.4	1.20/1.05			0.2	0.61
7	1.00/0.90	70	0.77	0.5	1.13			0.25	0.55
10	0.96/0.89	80	0.70	0.6	1.40				
14-180	0.93/0.84	90	0.54	0.7/0.6	1.43/1.44				

图 5-27 修正系数（M）计算用表对话框

③ 最大综合温差：该参数与混凝土龄期，水化热绝热升温值以及收缩当量温差有关，应通过计算得到，当这三个数变化时，需重新计算此参数。

操作：在图 5-24 中，单击右侧【〉〉】按钮，在图 5-28 中完成参数输入，按【确定】按钮。

④ 外约束系数：指混凝土基层对混凝土约束大小的系数，当基层为岩石时，取 1.0；当为可滑动垫层时，取 0；当为一般土地基时，取 0.25～0.5，直接输入。

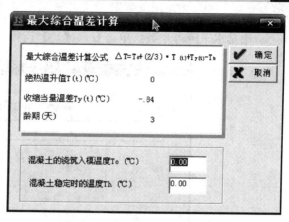

图 5-28　最大综合温差计算对话框

⑤ 应力松弛系数：指混凝土应力松弛系数，它与混凝土龄期有关，可按应力松弛系数表取值，即单击在图 5-24 中，单击右侧【〉〉】按钮，调出参考表查取值并输入，一般取 0.3～0.5。

⑥ 泊松比：取值范围为 0.15～0.20。

3. 浇筑后裂缝控制计算

大体积混凝土浇筑后，根据实测温度值和绘制的温度升降曲线，分别计算各降温阶段产生的混凝土温度收缩应力，将其累计成为总拉应力。

（1）对话框简介

该对话框主要由计算参数、计算公式和测温记录三部分构成，如图 5-29 所示。

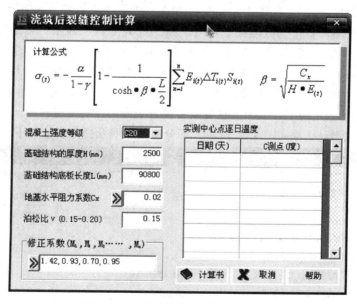

图 5-29　浇筑后裂缝控制计算对话框

（2）参数说明及操作

计算应力 $\sigma_{(t)}$ 是混凝土浇筑后各龄期混凝土的应力之和，即总应力。它与混凝土强度等级、结构的厚度、长度、地基阻力以及混凝土所处温度等条件有关。

该软件操作同"浇筑前裂缝控制计算"，需要说明的有以下几点。

① 测温记录：指混凝土结构中心点的温度，由测温孔测得。

② 地基水平阻力系数：单击右侧【〉〉】按钮，从弹出的图 5-30 的表中查取。

地基水平阻力系数

项 次	地 基 条 件	Cx (N/mm3)
1	软 黏 土	0.01-0.03
2	一般砂质土	0.03-0.06
3	坚硬黏土	0.06-0.10
4	风化岩,低强度砼垫层	0.60-1.00
5	C10以上砼垫层	1.00-1.50

图 5-30　地基水平阻力系数计算用表对话框

③ 修正系数（M）：用户可以通过查修正系数表（图 5-28）得到，也可以自己录入，有多项时用","隔开。

参数选择或输入完成后，单击图 5-29 中【计算书】按钮，软件按输入的参数计计算公式自动计算出总应力 $\sigma_{(t)}$。

4. 温度控制计算

（1）保温法温度控制计算　混凝土采取保温养护，有两种做法。一种是在冬季冷气温下，为使混凝土不被冻坏，而保持正常硬化，或在寒潮作用下，不出现温度陡降，使混凝土急剧冷却（或受冻），而产生裂缝（或冻伤），因此对混凝土表面要采取措施，本软件不计算这种情况；另一种是在春秋气温情况下，为了减少混凝土内外温差，延缓收缩和散热时间（即使后期缓慢地降温），使混凝土在缓慢的散热过程中获得必要的强度来抵抗温度应力，同时降低变形变化的速度（即使缓慢的收缩），充分发挥材料的徐变松弛特性，有效地削减了约束应力，使小于该龄期抗拉强度，防止内外温差过大并超过允许界限（一般是 20～25℃），已导致开始温度裂缝，而采取在混凝土裸露表面适当的覆盖材料。

保温法温度控制对话框如图 5-31 所示。部分参数说明及操作具体如下。

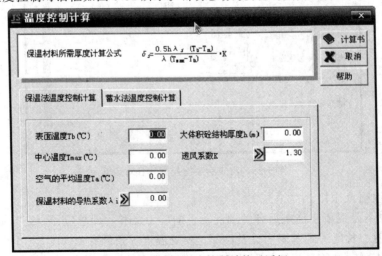

图 5-31　保温法温度控制计算对话框

① 表面温度（℃）：指混凝土表面温度，实测并直接输入。

② 中心温度（℃）：指混凝土中心最高温度，实测并直接输入。

③ 空气的平均温度（℃）：指混凝土浇筑后3～5d空气的平均温度，由相关记录计算平均值后直接输入。

④ 保温材料的热导率［W/(m·K)］：指保温材料的热导率，单击右侧【〉〉】按钮，按图5-32中的查取（热导率，又称导热系数）。

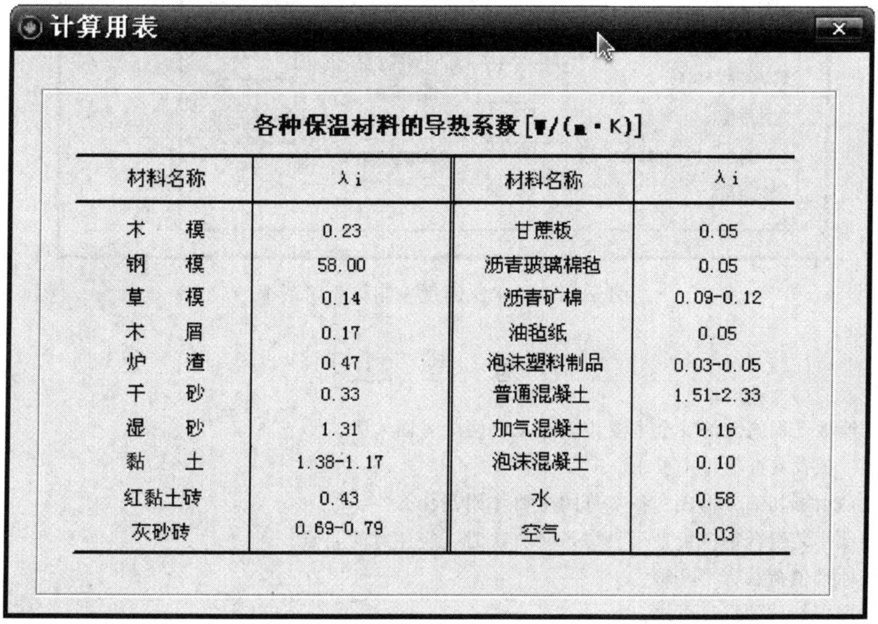

各种保温材料的导热系数［W/(m·K)］

材料名称	λi	材料名称	λi
木 模	0.23	甘蔗板	0.05
钢 模	58.00	沥青玻璃棉毡	0.05
草 模	0.14	沥青矿棉	0.09-0.12
木 屑	0.17	油毡纸	0.05
炉 渣	0.47	泡沫塑料制品	0.03-0.05
干 砂	0.33	普通混凝土	1.51-2.33
湿 砂	1.31	加气混凝土	0.16
黏 土	1.38-1.17	泡沫混凝土	0.10
红黏土砖	0.43	水	0.58
灰砂砖	0.69-0.79	空气	0.03

图5-32 热导率计算用表对话框

⑤ 透风系数：是指传热系数的修正值，即透风系数，对易于透风的保温材料组成取2.6或3.0（指一般风或大风情况，下同）；对不易透风的保温材料取1.2或1.5；对混凝土表面用一层不易透风材料，再用容易透风的保温材料组成，取2.0或2.3。

（2）蓄水法温度控制计算 蓄水法进行温度控制是在混凝土终凝后，在结构表面蓄以一定高度的水，由于水具有一定的隔热保温效果，因面可在一定时间内，控制混凝土表面与内部中心温度之间的差值在20℃以内，使混凝土在预定的时间内具有一定的抗裂强度，从而达到裂控目的。

蓄水法温度控制计算对话框如图5-33所示。部分参数及操作说明具体如下。

① 表面温度、中心温度、透风系数：含义及操作同前。

② 养护时温度（℃）：指空气的平均温度，操作同前。

③ 温度控制时间：指混凝土维持到预定温度的延续时间，直接输入。

④ 水泥用量（kg/m^3）：指每立方米混凝土的水泥用量。

⑤ 龄期内水泥水化热：指温度控制时间时的水泥水化热，参照相关资料直接输入，或按图5-26操作计算。

⑥ 结构尺寸：指混凝土构件的长、宽、厚，单位为m，直接输入。

大体积混凝土的相关计算还有伸缩缝间距计算、结构位移值计算等，操作方法与已经介绍的方法基本相同，差异主要是相关参数的输入有所不同，本小节不再赘述。

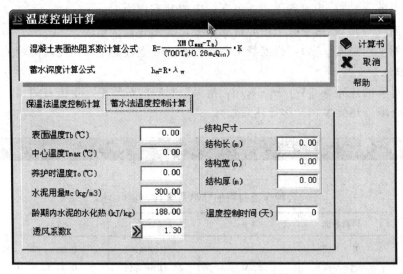

图 5-33 蓄水法温度控制计算对话框

思 考 题

1. 保证模板工程施工的安全主要应重点从哪两个方面入手？
2. 简述模板及支撑的基本要求。
3. 模板是由哪几部分构成？各部分的主要作用是什么？
4. 简述预拼装组合钢模板采用整体吊装方法时，应注意的要点。
5. 模板标准值荷载有哪几种？
6. 简述模板结构的挠度要求。
7. 简述钢筋的绑扎与安装安全要求。
8. 简述钢筋工程机械使用一般安全要求。
9. 简述钢筋支架的构造组成及验算内容。
10. 简述混凝土工程机械一般安全要求。
11. 大体积混凝土裂缝产生的主要原因是什么？有哪两种裂缝？
12. 简述控制内约束温度裂缝的措施。
13. 简述控制外约束温度裂缝的措施。
14. PKPM 软件大体积混凝土裂缝控制计算有哪几种？

计 算 题

1. 混凝土柱高 $H=4.0m$，采用坍落度为 50mm 的普通混凝土，混凝土的重力密度 $\gamma_c=25kN/m^3$，浇筑速度 $V=2.0m/h$，浇筑入模温度 $T=25℃$，试求作用于模板的最大侧压力和有效压头高度。

2. 柱截面尺寸为 500mm×500mm，采用 18mm 厚胶合板面板，50mm×80mm 方木对拉螺栓柱箍，柱箍间距 350mm，新浇混凝土压力标准值为 28.21kN/m^2；倾倒混凝土产生的荷载标准值为 4kN/m^2。已知胶合板抗弯标准强度为 15N/mm^2，抗剪标准强度为 1.4N/mm^2，木方抗弯标准强度为 13N/mm^2，抗剪标准强度为 1.3N/mm^2。试验算以下内容：①胶合板侧模；②柱箍木方。

第六章　结构吊装与拆除工程

学习目标

　　本章主要讲述结构吊装工程中的起重机具及其安全要求和相关计算、混凝土结构吊装及其安全技术和相关计算、房屋拆除安全技术等内容。其目的是通过本章的学习，使学生能够熟悉、了解和掌握结构吊装工程施工安全技术知识以及计算方法。

基本要求

　　1. 了解起重机具的分类以及一般安全要求，了解拆除工程安全技术。
　　2. 熟悉滑车和滑车组、卷扬机和地锚等计算方法以及结构吊装工程施工安全技术知识。
　　3. 掌握吊绳、吊装工具、锚碇、柱绑扎吊点位置计算方法以及防止起重机事故措施、结构吊装工程的安全设施。

　　建筑物和构筑物的结构构件采用工厂预制（或现场预制），再运到现场按设计要求的位置安装固定，在现场对结构构件所进行的拼装、绑扎、吊升、就位、临时固定、校正和永久性固定的全部过程叫结构安装。

　　建筑结构安装工程中广泛的用起重机械与运输机械来提升、搬运或在短距离运送物料。随着我国科学技术的发展，在基本建设中新工艺、新结构、新技术一、新材料不断应用，一些重、大型构件、桥梁等设备的垂直运输及大跨度、高层建筑上的安装就位等工作，没有起重运输机械是很难完成的。结构安装工程中，安全工作是重要环节，稍有疏忽就易发生伤亡事故。

第一节　起重机具

　　起重机具是指结构安装工程中起重机械和索具设备的总称，它包括起重机械、钢丝绳（吊绳和索具）、吊装工具以及其他辅助设施等。

一、起重机的分类

　　起重机的种类很多，每种起重机的工作特点有所不同，为了方便了解各种起重机的主要特性及其使用场合，通常根据结构特征与用途分为简单起重机、升降机和通用起重机三大类。

　　(1) 简单起重机　构造简单，一般只有一个起升机构的起重机。属于这一类的有千斤顶、葫芦、卷扬机等。

　　(2) 升降机　主要有升降机构的一种固定升降装置。升降机可分为载人的及载货的两类。

　　(3) 通用起重机　能垂直和水平方向输送物品，使物品能在一个立体空间范围内进行运转的起重机。属这类的起重机可分为桥式类型和旋转类型。

建筑起重机根据规定，另一种分类是除塔式起重机以外，可分为 7 大类 22 种。

（1）汽车起重机　又分为机械式汽车起重机、液压式汽车起重机、电动式汽车起重机三种。

（2）轮胎式重机　又分为机械式轮胎起重机、液压式轮胎起重机、电动式轮胎起重机三种。

（3）履带式起重机　又分为机械式履带起重机、液压式履带起重机、电动式履带起重机三种。

（4）管道起重机　又分为机械式管道起重机、液压式管道起重机二种。

（5）桅杆起重机　又分为斜撑式桅杆起重机、缆绳式桅杆起重机二种。

（6）缆索起重机　又分为辐射式缆索起重机、平移式缆索起重机、固定式缆索起重机三种。

（7）卷扬机　又分为单筒快速卷扬机、单筒慢速卷扬机、单筒多速卷扬机、双筒快速卷扬机、双筒慢速卷扬机、手动卷扬机五种。

二、索具设备

索具设备包括吊绳（钢丝绳）、吊装工具、滑车和滑车组、倒链、卷扬机、地锚等，它们是结构吊装工程辅助设备，也是确保结构吊装工程安全施工的重要设备。

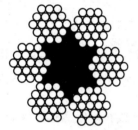

图 6-1　普通钢丝绳截面

（一）钢丝绳

钢丝绳是吊装中的主要绳索，它具有强度高、弹性大、韧性好、耐磨、能承受冲击载荷等优点，且磨损后外部产生许多毛刺，容易检查，便于预防事故。

1. 钢丝绳的构造和种类

结构吊装中常用的钢丝绳是由六束绳股和一根绳芯（一般为麻芯）捻成。绳股是由许多高强钢丝捻成（图 6-1）。

钢丝绳按其捻制方法分有右交互捻、左交互捻、右同向捻、左同向捻四种（图 6-2）。

(a) 右交互捻（股向右捻，丝向左捻）　(b) 左交互捻（股向左捻，丝向右捻）　(c) 右同向捻（股和丝均向右捻）　(d) 左同向捻（股和丝均向左捻）

图 6-2　钢丝绳捻制方法

同向捻钢丝绳中钢丝捻的方向和绳股捻的方向一致；交互捻钢丝绳中钢丝捻的方向和绳股捻的方向相反。同向捻钢丝绳比较柔软、表面较平整，它与滑轮或卷筒凹槽的接触面较大，磨损较轻，但容易松散和产生扭结卷曲，吊重时容易旋转，故吊装中一般不用；交互捻钢丝绳较硬，强度较高，吊重时不易扭结和旋转，吊装中应用广泛。

钢丝绳按绳股数及每股中的钢丝数区分，有 6 股 7 丝，7 股 7 丝，6 股 19 丝，6 股 37 丝及 6 股 61 丝等。吊装中常用的有 6×19、6×37 两种。6×19 钢丝绳可作缆风和吊索；6×37 钢丝绳用于穿滑车组和作吊索。

2. 钢丝绳的技术性能

常用钢丝绳的技术性能见表 6-1 和表 6-2。

表 6-1　6×19 钢丝绳的主要数据

直径		钢丝总断面积	参考重量	钢丝绳公称抗拉强度/(N/mm²)				
钢丝绳	钢丝			1400	1550	1700	1850	2000
				钢丝破断拉力总和				
/mm		/mm²	/(kg/100m)	/kN				
6.2	0.4	14.32	13.53	20.0	22.1	24.3	26.4	28.6
7.7	0.5	22.37	21.14	31.3	34.6	38.0	41.3	44.7
9.3	0.6	32.22	30.45	45.1	49.9	54.7	59.6	64.4
11.0	0.7	43.85	41.44	61.3	67.9	74.5	81.1	87.7
12.5	0.8	57.27	54.12	80.1	88.7	97.3	105.5	114.5
14.0	0.9	72.49	68.50	101.0	112.0	123.0	134.0	144.5
15.5	1.0	89.49	84.57	125.0	138.5	152.0	165.5	178.5
17.0	1.1	103.28	102.3	151.5	167.5	184.0	200.0	216.5
18.5	1.2	128.87	121.8	180.0	199.5	219.0	238.0	257.5
20.0	1.3	151.24	142.9	211.5	234.0	257.0	279.5	302.0
21.5	1.4	175.40	165.8	245.5	271.5	298.0	324.0	350.5
23.0	1.5	201.35	190.3	281.5	312.0	342.0	372.0	402.5
24.5	1.6	229.09	216.5	320.5	355.0	389.0	423.5	458.0
26.0	1.7	258.63	244.4	362.0	400.5	439.5	478.0	517.0
28.0	1.8	289.95	274.0	405.5	449.0	492.5	536.0	579.5
31.0	2.0	357.96	338.3	501.0	554.5	608.5	662.0	715.5
34.0	2.2	433.13	409.3	306.0	671.0	736.0	801.0	
37.0	2.4	515.46	487.1	721.5	798.5	876.0	953.5	
40.0	2.6	604.95	571.7	846.5	937.5	1025.0	1115.0	
43.0	2.8	701.60	663.0	982.0	1085.0	1190.0	1295.0	
46.0	3.0	805.41	761.1	1125.0	1245.0	1365.0	1490.0	

注：粗线左侧，可供应光面或镀锌钢丝绳，右侧只供应光面钢丝绳。

表 6-2　6×37 钢丝绳的主要数据

直径		钢丝总断面积	参考重量	钢丝绳公称抗拉强度/(N/mm²)				
钢丝绳	钢丝			1400	1550	1700	1850	2000
				钢丝破断拉力总和				
/mm		/mm²	/(kg/100m)	/kN				
8.7	0.4	27.88	26.21	39.0	43.2	47.3	51.5	55.7
11.0	0.5	43.57	40.96	60.9	67.5	74.0	80.6	87.1
13.0	0.6	62.74	58.98	87.8	97.2	106.5	116.0	125.0
15.0	0.7	85.39	80.57	119.5	132.0	145.0	157.5	170.5
17.5	0.8	111.53	104.8	156.0	172.5	189.5	206.0	223.0
19.5	0.9	141.16	132.7	197.5	213.5	239.5	261.0	282.0
21.5	1.0	174.27	163.3	243.5	270.0	296.0	322.0	348.5
24.0	1.1	210.87	198.2	295.0	326.5	358.0	390.0	421.5

续表

直径		钢丝总断面积	参考重量	钢丝绳公称抗拉强度/(N/mm²)				
钢丝绳	钢丝			1400	1550	1700	1850	2000
				钢丝破断拉力总和				
/mm		/mm²	/(kg/100m)			/kN		
26.0	1.2	250.95	235.9	351.0	388.5	426.5	464.0	501.5
28.0	1.3	294.52	276.8	412.0	456.5	500.5	544.5	589.0
30.0	1.4	341.57	321.1	478.0	529.0	580.5	631.5	683.0
32.5	1.5	392.11	368.6	548.5	607.5	666.5	725.0	784.0
34.5	1.6	446.13	419.4	624.5	691.5	758.0	825.0	892.0
36.5	1.7	503.64	473.4	705.0	780.5	856.0	931.5	1005.0
39.0	1.8	564.63	530.8	790.0	875.0	959.5	1040.0	1125.0
43.0	2.0	697.08	655.3	975.5	1080.0	1185.0	1285.0	1390.0
47.5	2.2	843.47	792.9	1180.0	1305.0	1430.0	1560.0	
52.0	2.4	1003.80	943.6	1405.0	1555.0	1705.0	1855.0	
56.0	2.6	1178.07	1107.4	1645.0	1825.0	2000.0	2175.0	
60.5	2.8	1366.28	1234.3	1910.0	2115.0	2320.0	2525.0	
65.0	3.0	1568.43	1474.3	2195.0	2430.0	2665.0	2900.0	

注：粗线左侧，可供应光面或镀锌钢丝绳，右侧只供应光面钢丝绳。

3. 钢丝绳使用注意事项

① 钢丝绳解开使用时，应按正确方法进行，以免钢丝绳产生扭结。钢丝绳切断前应在切口两侧用细铁丝捆扎，以防切断后绳头松散。

② 钢丝绳穿过滑轮时，滑轮槽的直径应比绳的直径大 1~2.5mm。滑轮槽过大钢丝绳容易压扁；过小则容易磨损。滑轮的直径不得小于钢丝绳直径的 10~12 倍，以减小绳的弯曲应力。禁止使用轮缘破损的滑轮。

③ 应定期对钢丝绳加润滑油（一般以工作时间四个月左右加一次）。

④ 存放在仓库里的钢丝绳应成卷排列，避免重叠堆置，库中应保持干燥，以防钢丝绳锈蚀。

⑤ 在使用中，如绳股间有大量的油挤出，表明钢丝绳的荷载已相当大，这时必须勤加检查，以防发生事故。

（二）钢丝绳夹

1. 钢丝绳夹作用及规格

钢丝绳夹（又叫绳卡）是固定钢丝绳绳端或连接钢丝绳所用工具。它由 U 螺栓、卡座和螺母组成。其外形及规格如表 6-3。

表 6-3 钢丝绳夹外形及规格

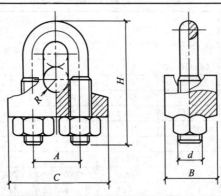

续表

绳夹公称尺寸/mm （钢丝绳公称直径 d）	尺寸/mm					螺母 d	单组重量 /kg
	A	B	C	R	H		
6	13	14	27	3.5	31	M6	0.034
8	17	19	36	4.5	41	M8	0.073
10	21	23	44	5.5	51	M10	0.140
12	25	28	53	6.5	62	M12	0.243
14	29	32	61	7.5	72	M14	0.372
16	31	32	63	8.5	77	M14	0.402
18	35	37	72	9.5	87	M16	0.601
20	37	37	74	10.5	92	M16	0.624
22	43	46	89	12.0	108	M20	1.122
24	45.5	46	91	13.0	113	M20	1.205
26	47.5	46	93	14.0	117	M20	1.244
28	51.5	51	102	15.0	127	M22	1.605
32	55.5	51	106	17.0	136	M22	1.727

2. 钢丝绳夹使用注意事项

① 钢丝绳夹应按图 6-3 所示方法把夹座扣在钢丝绳的工作段上，U 形螺栓扣在钢丝绳的尾段上，钢丝绳夹不得在钢丝绳上交替布置。

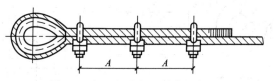

图 6-3　钢丝绳夹的正确布置方法

② 每一连接处所需钢丝绳夹的最少数量如表 6-4 所示。

表 6-4　钢丝绳夹使用数量和间距

绳夹公称尺寸/mm （钢丝绳公称直径 d）	数量/组	间距/mm
≤18	3	
19～27	4	
28～37	5	6～8 倍钢丝绳直径
38～44	6	
45～60	7	

③ 绳夹正确布置时，固定处的强度至少为钢丝绳自身强度的 80%，绳夹在实际使用中受载一两次后螺母要进一步拧紧。

④ 离套环最近处的绳夹应尽可能地紧靠套环，紧固绳夹时要考虑每个绳夹的合理受力，离套环最远处的绳夹不得首先单独紧固。

⑤ 为了便于检查接头，可在最后一个夹头后面约 500mm 处再安一个夹头，并将绳头放出一个"安全弯"（图 6-4）。当接头的钢丝绳发生滑动时，"安全弯"即被拉直，这时就应立即采取措施。

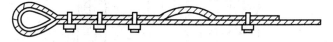

图 6-4　安装钢丝绳夹放"安全弯"方法

（三）吊装工具

1. 吊钩

吊钩常用优质碳素钢锻成。锻成后要进行退火处理，要求硬度达到 95～135HB。吊钩表面应光滑，不得有剥裂、刻痕、锐角、裂缝等缺陷存在，并不准对磨损或有裂缝的吊钩进行补焊修理。

吊钩在钩挂吊索时要将吊索挂至钩底；直接钩在构件吊环中时，不能使吊钩硬别或歪扭，以免吊钩产生变形或使吊索脱钩。带环吊钩规格见表 6-5。

表 6-5　带环吊钩规格　　　　　mm

简图	起重量 /t	A	B	C	D	E	F	适用钢丝绳直径 /mm	每只自重 /kg
	0.5	7	114	73	19	19	19	6	0.34
	0.75	9	133	86	22	25	25	6	0.45
	1	10	146	98	25	29	27	8	0.79
	1.5	12	171	109	32	32	35	10	1.25
	2	13	191	121	35	35	37	11	1.54
	2.5	15	216	140	38	38	41	13	2.04
	3	16	232	152	41	41	48	14	2.90
	3.75	18	257	171	44	48	51	16	3.86
	4.5	19	282	193	51	51	54	18	5.00
	6	22	330	206	57	54	64	19	7.40
	7.5	24	356	227	64	57	70	22	9.76
	10	27	394	255	70	64	79	25	12.30
	12	33	419	279	76	72	89	29	15.20
	14	34	456	308	83	83	95	32	19.10

2. 卡环（卸甲、卸扣）

（1）卡环组成、种类和作用　卡环用于吊索和吊索或吊索和构件吊环之间的连接，由弯环与销子两部分组成。卡环按弯环形式分，有 D 形卡环和弓形卡环（图 6-5）；按销子和弯环的连接形式分，有螺栓式卡环和活络卡环。螺栓式卡环的销子和弯钩采用螺纹连接；活络卡环的销子端头和弯环孔眼无螺纹，可直接抽出，销子断面有圆形和椭圆形两种。

D 形卡环外形及规格见表 6-6。

(a)螺栓式卡环(D形)　(b)椭圆销活络卡环(D形)　(c)弓形卡环

图 6-5　卡环

表 6-6　D 形卡环外形及规格

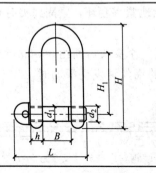

续表

使用负荷			D	H	H_1	L	d	d_1	d_2	B	重量
	/N	/kg				/mm					/kg
0.2	2450	250	16	49	35	34	6	8.5	M8	12	0.04
0.4	3920	400	20	63	45	44	8	10.5	M10	18	0.09
0.6	5880	600	24	72	50	53	10	12.5	M12	20	0.16
0.9	8820	900	30	87	60	64	12	16.5	M16	24	0.30
1.2	12250	1250	35	102	70	73	14	18.5	M18	28	0.46
1.7	17150	1750	40	116	80	83	16	21	M20	32	0.69
2.1	20580	2100	45	132	90	98	20	25	M22	36	1
2.7	26950	2750	50	147	100	109	22	29	M27	40	1.54
3.5	34300	3500	60	164	110	122	24	33	M30	45	2.20
4.5	44100	4500	68	182	120	137	28	37	M36	54	3.21
6.0	58800	6000	75	200	135	158	32	41	M39	60	4.57
7.5	73500	7500	80	226	150	175	36	46	M42	68	6.20
9.5	93100	9500	90	255	170	193	40	51	M48	75	8.63
11.0	107800	1100	100	285	190	216	45	56	M52	80	12.03
14.0	137200	1400	110	318	215	236	48	59	M56	80	15.58
17.5	171500	1750	120	345	235	254	50	66	M64	100	19.35
21.0	205800	2100	130	375	250	288	60	71	M68	110	27.83

（2）使用活络卡环吊装柱子时应注意

① 绑扎时应使柱起吊后销子尾部朝下，以便拉出销子（图6-6）。同时，吊索在受力后要压紧销子。

② 在构件起吊前要用白棕绳（直径10mm）将销子与吊索末端的圆圈连在一起，用镀锌钢丝将弯环与吊索末端的圆圈捆在一起。

③ 拉绳人应选择适当位置和起重机落钩中的有利时机，即当吊索松弛不受力且使白棕绳与销子轴线基本成一直线时拉出销子。

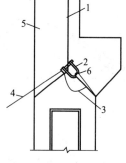

图 6-6　用活络卡环绑扎柱
1—吊索；2—活络卡环；3—销子安全绳；4—白棕绳；5—柱；6—镀锌钢丝

3. 吊索（千斤）

吊索有环状吊索（又称万能吊索或闭式吊索）和8股头吊索（又称轻便吊索或开式吊索）两种（图6-7）。

吊索是用钢丝绳做成的，因此，钢丝绳的允许拉力即为吊索的允许拉力。在工作中，吊索拉力不应超过其允许拉力。

(a) 环状吊索　　　(b) 8股头吊索

图 6-7　吊索

吊索拉力取决于所吊构件的重量及吊索的水平夹角，水平夹角应不小于30°，一般用45°~60°。在知道构件重量和水平夹角后。

4. 横吊梁（铁扁担）

横吊梁常用于柱和屋架等构件的吊装。用横吊梁吊柱容易使柱身保持垂直，便于安装；

用横吊梁吊屋架可以降低起吊高度，减少吊索的水平分力对屋架的压力。

常用的横吊梁有滑轮横吊梁、钢板横吊梁、钢管横吊梁等。

（1）滑轮横吊梁　一般用于吊装 8t 以内的柱，它由吊环、滑轮和轮轴等部分组成（图 6-8），其中吊环用 Q235 号圆钢锻制而成，环圈的大小要保证能够直接挂上起重机吊钩；滑轮直径应大于起吊柱的厚度，轮轴直径和吊环断面应按起重量的大小计算而定。

（2）钢板横吊梁　一般用于吊装 10t 以下的柱，它是由 Q235 号钢钢板制作而成（图 6-9）。钢板横吊梁中的两个挂卡环孔的距离应比柱的厚度大 20cm，以便柱"进挡"。

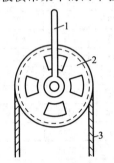

图 6-8　滑轮横吊梁图

1—吊环；2—滑轮；3—吊索

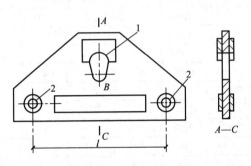

图 6-9　钢板横吊梁

1—挂吊钩孔；2—挂卡环孔

设计钢板横吊梁时，应先根据经验初步确定截面尺寸，再进行强度验算。

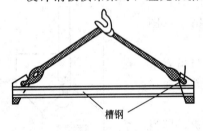

图 6-10　钢管横吊梁

钢板横吊梁应对中部截面（图 6-9 中的 $A—C$）进行强度验算和对吊钩孔壁、卡环孔壁进行局部承压验算。计算荷载按构件重力乘以动力系数 1.5 计算。

（3）钢管横吊梁　一般用于吊屋架，钢管长 6～12m（图 6-10）。

钢管横吊梁在起吊构件时承受轴向力 N 和弯矩 M（由钢管自重产生的）。设计时，先根据容许长细比 $[\lambda]=120$ 初选钢管截面，然后，按压弯构件进行稳定验算。荷载按构件重力乘以动力系数 1.5，容许应力 $[\sigma]$ 取 140N/mm² 。钢管横吊梁中的钢管亦可用两个槽钢焊接成箱形截面来代替。

（四）滑车、滑车组

1. 滑车

滑车（又名葫芦），可以省力，也可改变用力的方向。滑车按其滑轮的多少，可分为单门、双门和多门等；按连接件的结构形式不同，可分为吊钩型、链环型、吊环型和吊梁型四种；按滑车的夹板是否可以打开来分，有开口滑车和闭口滑车两种（图 6-11）。

滑车按使用方式不同，可分为定滑车和动滑车两种（图 6-12）。定滑车可改变力的方向，但不能省力；动滑车可以省力，但不能改变力的方向。

2. 滑车组

滑车组是由一定数量的定滑车和动滑车及绕过它们的绳索组成的。

（1）滑车组的种类　滑车组根据跑头（滑车组的引出绳头）引出的方向不同，可分为以下三种（图 6-13）。

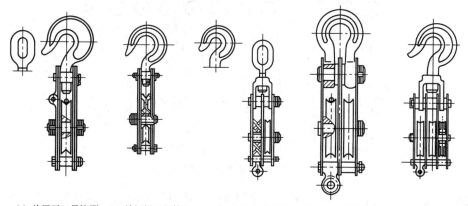

(a) 单门开口吊钩型　(b) 单门闭口吊钩型　(c) 双门闭口链环型　(d) 双门吊环型　(e) 三门闭口吊环型

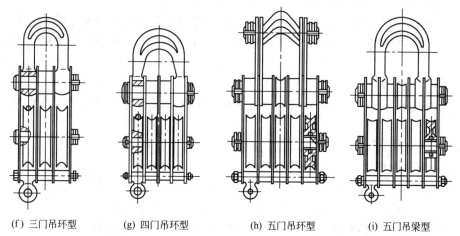

(f) 三门吊环型　　(g) 四门吊环型　　　(h) 五门吊环型　　　(i) 五门吊梁型

图 6-11　滑车形式

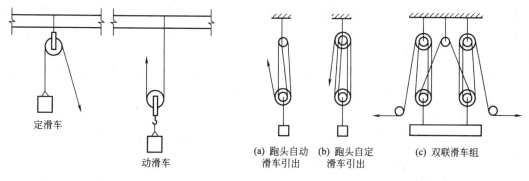

图 6-12　定滑车和动滑车　　　　　　　图 6-13　滑车组的种类

① 跑头自动滑车引出：用力的方向与重物移动的方向一致。

② 跑头自定滑车引出：用力的方向与重物移动的方向相反。

③ 双联滑车组：有两个跑头，可用两台卷扬机同时牵引。具有速度快一倍、受力较均衡、工作中滑车不会产生倾斜等优点。

（2）滑车组的穿法　滑车组中绳索有普通穿法和花穿法两种（图 6-14）。

① 普通穿法：将绳索自一侧滑轮开始，顺序地穿过中间的滑轮，最后从另一侧滑轮引

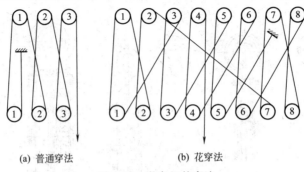

(a) 普通穿法　　　　　　(b) 花穿法

图 6-14　滑车组的穿法

出。这种穿法，滑车组在工作时，由于两侧钢丝绳的拉力相差较大，因此滑车在工作中不平稳，甚至会发生自锁现象（即重物不能靠自重下落）。

② 花穿法：花穿法的跑头从中间滑轮引出，两侧钢丝绳的拉力相差较小，故在用"三三"（由三个定滑车和三个动滑车组成的滑车组称为"三三"滑车组）以上的滑车组时，宜用花穿法。

（3）滑车组的使用

① 使用前应查明它的允许荷载，检查滑车的各部分，看有无裂缝和损伤情况，滑轮转动是否灵活等。

② 滑车组穿好后，要慢慢地加力；绳索收紧后应检查各部分是否良好，有无卡绳之处，若有不妥，应立即修正，不能勉强工作。

③ 滑车的吊钩（或吊环）中心，应与起吊构件的重心在一条垂直线上，以免构件起吊后不平稳；滑车组上下滑车之间的最小距离一般为 700～1200mm。

④ 滑车使用前后都要刷洗干净，轮轴应加油润滑，以减少磨损和防止锈蚀。

（五）卷扬机

卷扬机有手动卷扬机和电动卷扬机之分。手动卷扬机在结构吊装中已很少使用。电动卷扬机按其速度可分为快速、中速、慢速等。快速卷扬机又分单筒和双筒，其钢丝绳牵引速度为 25～50m/min，单头牵引力为 4.0～80kN，如配以井架、龙门架、滑车等可作垂直和水平运输等用。

慢速卷扬机多为单筒式，钢丝绳牵引速度为 6.5～22m/min，单头牵引力为 5～100kN，如配以拔杆、人字架、滑车组等可作大型构件安装等用。

1. 卷扬机的固定

卷扬机必须用地锚予以固定，以防工作时产生滑动或倾覆。根据受力大小，固定卷扬机有螺栓锚固法、水平锚固法、立桩锚固法和压重锚固法四种（图 6-15）。

2. 卷扬机的布置

卷扬机的布置（即安装位置）应注意下列几点。

① 卷扬机安装位置周围必须排水畅通并应搭设工作棚。

② 卷扬机的安装位置应能使操作人员看清指挥人员和起吊或拖动的物件。卷扬机至构件安装位置的水平距离应大于构件的安装高度，即当构件被吊到安装位置时，操作者视线仰角应小于 45°。

③ 在卷扬机正前方应设置导向滑车，导向滑车至卷筒轴线的距离，带槽卷筒应不小于卷筒宽度的 15 倍，即倾斜角 α 不大于 2°（图 6-16），无槽卷筒应大于卷筒宽度的 20 倍，以

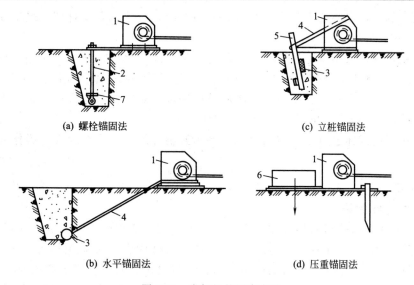

(a) 螺栓锚固法　　　　　　　　　　(c) 立桩锚固法

(b) 水平锚固法　　　　　　　　　　(d) 压重锚固法

图 6-15　卷扬机的固定方法

1—卷扬机；2—地脚螺栓；3—横木；4—拉索；5—木桩；6—压重；7—压板

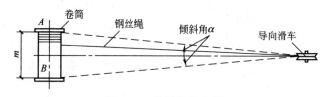

图 6-16　卷扬机的布置

免钢丝绳与导向滑车槽缘产生过分的磨损。

④ 钢丝绳绕入卷筒的方向应与卷筒轴线垂直，其垂直度允许偏差为 6°。这样能使钢丝绳圈排列整齐，不致斜绕和互相错叠挤压。

3. 卷扬机使用注意事项

① 作用前，应检查卷扬机与地面的固定，弹性联轴器不得松旷。并应检查安全装置、防护设施、电气线路、接零或接地线、制动装置和钢丝绳等，全部合格后方可使用。

② 使用皮带或开式齿轮的部分，均应设防护罩，导向滑轮不得用开口拉板式滑轮。

③ 以动力正反转的卷扬机，卷筒旋转方向应与操纵开关上指示的方向一致。

④ 卷扬机必须有良好的接地或接零装置，接地电阻不得大于 10Ω。在一个供电网路上，接地或接零不得混用。

⑤ 卷扬机使用前要先空运转作空载正、反转试验 5 次，检查运转是否平稳，有无不正常响声；传动制动机构是否灵活可靠；各紧固件及连接部位有无松动现象；润滑是否良好，有无漏油现象。

⑥ 钢丝绳的选用应符合原厂说明书规定。卷筒上的钢丝绳全部放出时应留有不少于 3 圈；钢丝绳的末端应固定牢靠；卷筒边缘外周至最外层钢丝绳的距离应不小于钢丝绳直径的 1.5 倍。

⑦ 钢丝绳应与卷筒及吊笼连接牢固，不得与机架或地面摩擦，通过道路时，应设过路保护装置（套管等）。

⑧ 在卷扬机制动操作杆的行程范围内，不得有障碍物或阻卡现象。

⑨ 卷筒上的钢丝绳应排列整齐，当重叠或斜绕时，应停机重新排列，严禁在转动中用手拉脚踩钢丝绳。

⑩ 作业中，任何人不得跨越正在作业的卷扬钢丝绳。物件提升后，操作人员不得离开卷扬机，物件或吊笼下面严禁人员停留或通过。休息时应将物件或吊笼降至地面。

⑪ 作业中如发现异响、制作不灵、制动带或轴承等温度剧烈上升等异常情况时，应立即停机检查，排除故障后方可使用。

⑫ 作业中停电或休息时，应切断电源，将提升物件或吊笼降至地面。操作人员离开现场应锁好开关箱。

（六）地锚

1. 地锚种类与使用

地锚按设置形式分有桩式地锚和水平地锚两种。桩式地锚适用于固定受力不大的缆风，结构吊装中很少使用。水平地锚是将几根圆木（方木或型钢）用钢丝绳捆绑在一起，横放在地锚坑底，钢丝绳的一端从坑前端的槽中引出，绳与地面的夹角应等于缆风与地面的夹角，

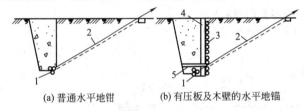

(a) 普通水平地钳 (b) 有压板及木壁的水平地锚

图 6-17　水平地锚

1—横木；2—拉索；3—木壁；4—立柱；5—压板

然后用土石回填夯实。圆木埋入深度及圆木的数量应根据地锚受力的大小和土质而定，一般埋入深度为 1.5～2m 时，可受力 30～150kN，圆木的长度为 1～1.5m。当拉力超过 75kN 时，地锚横木上应增加压板。当拉力大于 150kN 时，应用立柱和木壁加强，以增加土的横向抵抗力（图 6-17）。

受力很大的地锚（如重型桅杆式起重机和缆索起重机的缆风地锚）应用钢筋混凝土制作，其尺寸、混凝土强度等级及配筋情况须经专门设计确定。

2. 水平地锚埋设和使用应注意的问题

① 地锚应埋设在土质坚硬的地方，地面不潮湿、不积水。

② 不得用腐烂的木料作地锚，横木绑拉索处，四角要用角钢加固。钢丝绳要绑扎牢固。

③ 重要的地锚应经过计算，埋设后需进行试拉。

④ 地锚埋设后，应经过详细检查，才能正式使用。使用时要有专人负责看守，如发生变形，应立即采取措施加固。

第二节　混凝土结构吊装安全技术

一、安全设施

混凝土结构吊装中使用的安全设施包括操作台、路基箱、钩挂安全带绳索等。

1. 操作台

操作台是安装屋架时使用的辅助设施，常用的有简易操作台（如图 6-18）和折叠式操作台（图 6-19）两种。

2. 路基箱

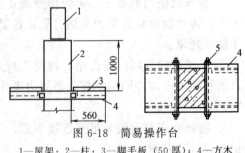

图 6-18　简易操作台

1—屋架；2—柱；3—脚手板（50 厚）；4—方木（50×100）；5—螺栓（M16）

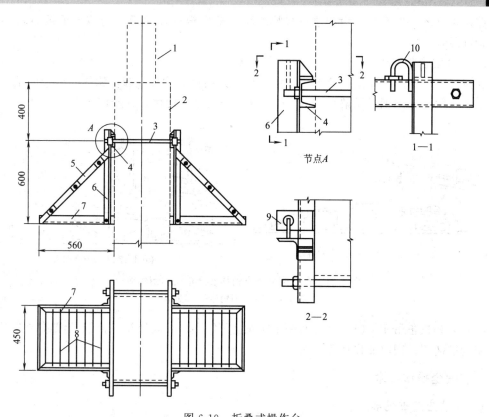

图 6-19 折叠式操作台

1—屋架；2—柱；3—螺栓（M16）；4—5 号槽钢；5—扁钢（－40×4）；

6,7—角钢（∟40×4）；8—φ12 圆钢；9—钢板（－50×10）；10—φ12 弯环

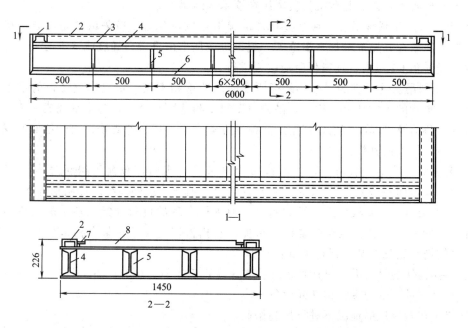

图 6-20 路基箱

1,2—8 号槽钢；3,6—钢板（－1450×8）；4—16 号工字钢；

5—加劲板（－160×8）；7—钢板（－50×10）；8—硬木（150×50）

路基箱（图 6-20）是铺设起重机行驶道路的辅助设施，适用于场地土承载力较小地区的重构件吊装。

3. 钩挂安全带绳索

在屋架吊装中，沿屋架上弦系一根钢丝绳，并用钢筋钩环托起供钩挂安全带使用。也可在屋架上弦用钢管把钢丝绳架高 1m 左右，供钩挂安全带使用，并兼作扶手用（图 6-21）。

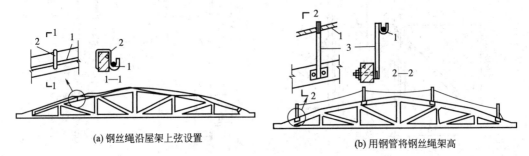

(a) 钢丝绳沿屋架上弦设置　　　　　　　　(b) 用钢管将钢丝绳架高

图 6-21　在屋架上弦设钩挂安全带用的钢丝绳
1—钢丝绳；2—钢筋钩环；3—钢管

在安装和校正吊车梁时，在柱间距吊车梁上平面约 1m 高处拉一根钢丝绳或白棕绳，供钩挂安全带使用，同时兼作扶手使用。

二、安全操作技术

（一）防止起重机事故措施

① 起重机的行驶道路必须平坦坚实，地下基坑和松软土层要进行处理。必要时，需铺设道木或路基箱。起重机不得停置在斜坡上工作。当起重机通过墙基或地梁时，应在墙基两侧铺垫道木或石子，以免起重机直接碾压在墙基或地梁上。

② 应尽量避免超载吊装。在某些特殊情况下难以避免时，应采取措施，如：在起重机吊杆上拉缆风或在其尾部增加平衡重等。起重机增加平衡重后，卸载或空载时，吊杆必须落到与水平线夹角 60° 以内。在操作时应缓慢进行。

③ 禁止斜吊。这里讲的斜吊，是指所要起吊的重物不在起重机起重臂顶的正下方，因而当将捆绑重物的吊索挂上吊钩后，吊钩滑车组不与地面垂直，而与水平线成一个夹角。斜吊会造成超负荷及钢丝绳出槽，甚至造成拉断绳索。斜吊还会使重物在离开地面后发生快速摆动，可能碰伤人或其他物体。

④ 起重机应避免带载行走，如需作短距离带载行走时，载荷不得超过允许起重量的 70%，构件离地面不得大于 50cm，并将构件转至正前方，拉好溜绳，控制构件摆动。

⑤ 双机抬吊时，要根据起重机的起重能力进行合理的负荷分配，各单机载荷不得超过其允许载荷的 80%，并在操作时要统一指挥，互相密切配合。在整个抬吊过程中，两台起重机的吊钩滑车组均应基本保持垂直状态。

⑥ 绑扎构件的吊索需经过计算，绑扎方法应正确牢靠。所有起重工具应定期检查。

⑦ 不吊重量不明的重大构件或设备。

⑧ 禁止在六级风的情况下进行吊装作业。

⑨ 起重吊装的指挥人员必须持证上岗，作业时应与起重机驾驶员密切配合，执行规定的指挥信号。驾驶员应听从指挥，当信号不清或错误时，驾驶员可拒绝执行。

⑩ 严禁起吊重物长时间悬挂在空中，作业中遇突发故障，应采取措施将重物降落到安

全地方，并关闭发动机或切断电源后进行检修。在突然停电时，应立即把所有控制器拨到零位，断开电源总开关，并采取措施使重物降到地面。

⑪ 起重机的吊钩和吊环严禁补焊。当吊钩吊环表面有裂纹、严重磨损或危险断面有永久变形时应予更换。

（二）防止高处坠落措施

① 操作人员在进行高处作业时，必须正确使用安全带。安全带一般应高挂低用，即将安全带绳端的钩环挂于高处，而人在低处操作。

② 在高处使用撬杠时，人要立稳，如附近有脚手架或已安装好的构件，应一手扶住，一手操作。撬杠插进深度要适宜，如果撬动距离较大，则应逐步撬动，不宜急于求成。

③ 雨天和雪天进行高处作业时，必须采取可靠的防滑、防寒和防冻措施。作业处和构件上有水、冰、霜、雪均应及时清除。

对进行高处作业的高耸建筑物，应事先设置避雷设施。遇有六级以上强风、浓雾等恶劣气候，不得从事露天高处吊装作业。暴风雪及台风暴雨后，应对高处作业安全设施逐一加以检查，发现有松动、变形、损坏或脱落等现象，应立即修理完善。

④ 登高用梯子必须牢固。梯脚底部应坚实，不得垫高使用。梯子的上端应有固定措施。立梯工作角度以 $75°\pm5°$ 为宜，踏板上下间距以 30cm 为宜，不得有缺档。

⑤ 梯子如需接长使用；必须有可靠的连接措施，且接头不得超过 1 处，连接后梯梁的强度，不应低于单梯梯梁的强度。

⑥ 固定式直爬梯应用金属材料制成。梯宽不应大于 50cm，支撑应采用不小于L70×6 的角钢，埋设与焊接均必须牢固。梯子顶端的踏棍应与攀登的顶面齐平，并加设 1～1.5m 高的扶手。

⑦ 操作人员在脚手板上通行时，应思想集中，防止踏上挑头板。

⑧ 安装有预留孔洞的楼板或屋面板时，应及时用木板盖严，或及时设置防护栏杆、安全网等防坠落措施。

⑨ 电梯井口必须设防护栏杆或固定栅门；电梯井内应每隔两层并最多隔 10m 设一道安全网。

⑩ 从事屋架和梁类构件安装时，必须搭设牢固可靠的操作台。需在梁上行走时，应设置护栏横杆或绳索。

（三）防止高处落物伤人措施

① 地面操作人员必须戴安全帽。

② 高处操作人员使用的工具、零配件等，应放在随身佩带的工具袋内，不可随意向下丢掷。

③ 在高处用气割或电焊切割时，应采取措施，防止火花落下伤人。

④ 地面操作人员，应尽量避免在高空作业面的正下方停留或通过，也不得在起重机的起重臂或正在吊装的构件下停留或通过。

⑤ 构件安装后，必须检查连接质量，连接确实安全可靠后，才能松钩或拆除临时固定工具。

⑥ 设置吊装禁区，禁止与吊装作业无关的人员入内。

（四）防止触电措施

① 吊装工程施工组织设计中，必须有现场电气线路及设备位置平面图。现场电气线路和设备应由专人负责安装、维护和管理，严禁非电工人员随意拆改。

② 施工现场架设的低压线路不得用裸导线。架设的高压线应距建筑物 10m 以外，距离

地面 7m 以上。跨越交通要道时，需加安全保护装置。施工现场夜间照明，电线及灯具高度不应低于 2.5m。

③ 起重机不得靠近架空输电线路作业。起重机的任何部位与架空输电线路的安全距离不得小于《施工现场临时用电安全技术规范》（JGJ 46—2005）的规定。

④ 构件运输时，构件或车辆与高压线净距不得小于 2m，与低压线净距不得小于 1m，否则，应采取停电或其他保证安全的措施。

⑤ 现场各种电线接头、开关应装入开关箱内，用后加锁，停电必须拉下电闸。

⑥ 电焊机的电源线长度不宜超过 5m，并必须架高。电焊机手把线的正常电压，在用交流电工作时为 60～80V，要求手把线质量良好，如有破皮情况，必须及时用胶布严密包扎。电焊机的外壳应该接地。电焊线如与钢丝绳交叉时应有绝缘隔离措施。

⑦ 使用塔式起重机或长起重臂的其他类型起重机时，应有避雷防触电设施。

⑧ 各种用电机械必须有良好的接地或接零。接地线应用截面不小于 25mm 的多股软裸铜线和专用线夹。不得用缠绕的方法接地和接零。同一供电网不得有的接地，有的接零。手持电动工具必须装设漏电保护装置。使用行灯电压不得超过 36V。

⑨ 在雨天或潮湿地点作业的人员，应穿戴绝缘手套和绝缘鞋。大风雪后，应对供电线路进行检查，防止断线造成触电事故。

第三节　结构吊装工程中的安全计算

一、吊绳计算

（一）钢丝绳的允许拉力计算

钢丝绳允许拉力按下列公式计算：

$$[F_g] = \alpha F_g / K \tag{6-1}$$

式中　$[F_g]$——钢丝绳的允许拉力，kN；

$\quad\quad F_g$——钢丝绳的钢丝破断拉力总和，kN；

$\quad\quad \alpha$——换算系数，按表 6-7 取用；

$\quad\quad K$——钢丝绳的安全系数，按表 6-8 取用。

表 6-7　钢丝绳破断拉力换算系数

钢丝绳结构	换算系数	钢丝绳结构	换算系数
6×19	0.85	6×61	0.80
6×37	0.82		

表 6-8　钢丝绳的安全系数

用途	安全系数	用途	安全系数
作缆风	3.5	作吊索、无弯曲时	6～7
用于手动起重设备	4.5	作捆绑吊索	8～10
用于机动起重设备	5～6	用于载人的升降机	14

注：如果用旧钢丝绳，则求得的允许拉力应根据钢丝绳的新旧程度乘以 0.4～0.75 的系数。

【例 6-1】　用一根直径 24mm，公称抗拉强度为 1550N/mm² 的 6×37 钢丝绳作捆绑吊索，求它的允许拉力。

解 从表 6-2 查得 $F_g=326.5\text{kN}$，从表 6-10 查得 $K=8$，从表 6-9 查得 $\alpha=0.82$，则允许拉力 $[F_g]=\alpha F_g/K=0.82\times326.5/8=33.47(\text{kN})$

（二）吊绳计算软件操作

1. 对话框简介

吊绳计算对话框如图 6-22 所示，该软件提供了白棕绳（麻绳）容许拉力计算、钢丝绳容许拉力计算、钢丝绳复合应力计算和钢丝绳冲击荷载计算四项计算。在所要计算的绳类型前复选，打"√"，选择待计算项。

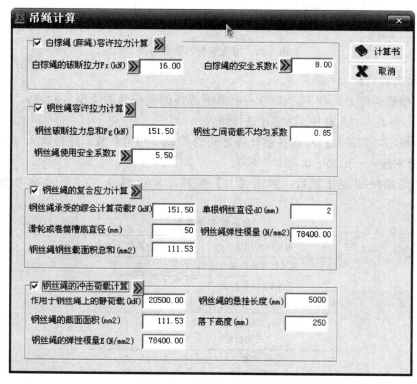

图 6-22　吊绳计算对话框

2. 对话框参数说明及操作

（1）塔吊白棕绳（麻绳）容许拉力计算

① 白棕绳破断拉力 F_Z（kN）：单击【》】按钮，显示如图 6-23 所示参考表，选择并输入。

白棕绳技术性能

直径(mm)	圆周(mm)	每卷重量 (长 250m)(kg)	破断拉力 (kN)	直径(mm)	圆周(mm)	每卷重量 (长 250m)(kg)	破断拉力 (kN)
6	19	6.5	2.00	22	69	70	2.00
8	25	10.5	3.25	25	79	90	3.25
11	35	17	5.75	29	91	120	5.75
13	41	23.5	8.00	33	103	165	8.00
14	44	32	9.50	38	119	200	9.50
16	50	41	11.50	41	129	250	11.50
19	60	52.5	13.00	44	138	290	13.00
20	63	60	16.00	51	160	330	16.00

图 6-23　白棕绳技术性能参考表

② 白棕绳的安全系数：单击【》】按钮，显示如图 6-24 所示参考表，选择并输入。

麻绳安全系数

麻绳的用途	使用程度	安全系数值 K
一般吊装	新绳	3
	旧绳	6
作缆风绳	新绳	6
	旧绳	12
作捆绑吊索或重要的起重吊装		8～10

图 6-24　麻绳安全系数参考表

（2）钢丝绳容许拉力计算

① 钢丝绳破断拉力总和 F_g（kN）：根据所选择的钢丝绳的类型（6×19、6×37、6×61）和直径，查表 6-1 或表 6-2 确定并进行输入。

② 钢丝绳不均匀系数：考虑各钢丝绳之间的荷载不均匀系数，进行输入（6×19、6×37、6×61 分别输入：0.85、0.82、0.80）。

③ 钢丝绳的使用安全系数：单击【》】按钮，显示如图 6-25 所示参考表，选择并输入。

钢丝绳安全系数

钢丝绳的用途	安全系数值 K
缆风绳及拖拉绳	3.5
作于滑车时：手动的	4.5
机动的	5～6
作吊索：无绕曲时	5～7
有绕曲时	6～8
作地锚绳	5～6
作捆绑吊索	8～10
用于载人升降机	14

图 6-25　钢丝绳安全系数参考表

（3）钢丝绳的复合应力计算

钢丝绳的复合应力计算公式如下：

$$\sigma = \frac{F}{A} + \frac{d_0}{D} E_0 \tag{6-2}$$

式中　σ——钢丝绳承受拉伸和弯曲的复合应力，N/mm^2；

　　F——钢丝绳承受的综合计算荷载，kN；

　　A——钢丝绳钢丝截面面积总和，mm^2；

　　d_0——单根钢丝的直径，mm；

　　D——滑轮或卷筒槽底的直径，mm；

　　E_0——钢丝绳的弹性模量，取 $E_0 = 7.84 \times 10^4 N/mm^2$。

（4）钢丝绳的冲击荷载计算

钢丝绳的冲击荷载计算公式如下：

$$F_s = Q\left(1 + \sqrt{1 + \frac{2EAh}{QL}}\right) \tag{6-3}$$

式中　F_s——冲击荷载，N；

　　　Q——静荷载，即作用于钢丝绳上的荷载，N；

　　　E——钢丝绳的弹性模量，取 $E_0 = 7.84 \times 10^4\,\text{N/mm}^2$；

　　　A——钢丝绳截面面积，mm^2；

　　　h——落下高度，即重物可下落的垂直距离，mm；

　　　L——钢丝绳的悬挂长度，即指落下距离与重物到挂点的距离，mm。

二、吊装工具计算

（一）吊索计算

吊索是用钢丝绳做成的，因此，钢丝绳的允许拉力即为吊索的允许拉力。在工作中，吊索拉力不应超过其允许拉力。

吊索拉力取决于所吊构件的重量及吊索的水平夹角，水平夹角应不小于 30°，一般用 45°～60°。在已知构件重量和水平夹角后，两支吊索的拉力可从表 6-9 中查得。

表 6-9　两支吊索的拉力计算表

简图	简图夹角 α	吊索拉力 F	水平压力 H
	25°	1.18G	1.07G
	30°	1.00G	0.87G
	35°	0.87G	0.71G
	40°	0.78G	0.60G
	45°	0.71G	0.506
	50°	0.65G	0.42G
	55°	0.61G	0.356
	60°	0.58G	0.29G
	65°	0.56G	0.24G
	70°	0.53G	0.18G

注：G 为构件重力。

当采用如图 6-26 所示的四支等长的吊索起吊构件时，每支吊索的拉力可用下式计算：

$$F = \frac{G}{4\cos\beta} \tag{6-4}$$

式中　F——一根吊索的拉力；

　　　G——构件重力；

　　　β——吊索与垂直线的夹角。

如果已知构件吊环的相互位置和起重机吊钩至构件上表面的距离，则：

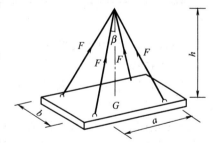

图 6-26　四支等长吊索拉力计算示意图

$$\cos\beta = \frac{2h}{\sqrt{a^2 + b^2 + 4h^2}} \tag{6-5}$$

即

$$F = \frac{\sqrt{a^2 + b^2 + 4h^2}}{8h}G \tag{6-6}$$

式中　a——在构件纵向两吊环的距离；

　　b——在构件横向两吊环的距离；

　　h——起重机吊钩至构件上表面的距离。

（二）吊装工具计算操作

1. 对话框简介

　　吊装工具计算对话框如图 6-27 所示，该软件提供了吊钩计算、圆形吊环计算、整体吊环计算和绳卡计算四项计算。在所要计算的类型前复选，打"√"，选择待计算项。

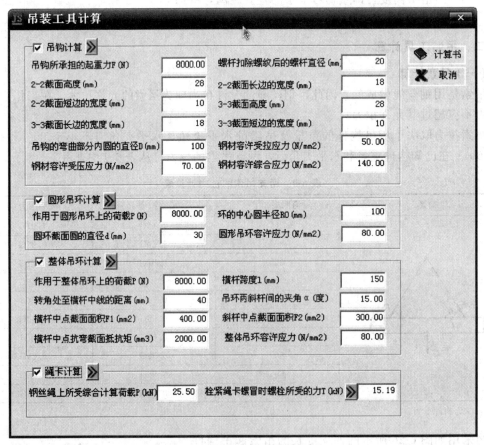

图 6-27　吊装工具计算对话框

2. 对话框参数说明及操作

（1）吊钩计算

　　① 单击【》】按钮，显示如图 6-28 所示，该对话框显示了吊钩构造简图及验算的部位及其计算公式，供参数输入参考。

　　② 根据图 6-28，结合实际情况输入相关参数。

　　注：吊钩所承担的起重力是指所吊重物的最大重量，包括索具重量；涉及吊钩材料的参数应根据钓钩所用材料确定。

（2）圆形吊环计算

　　① 单击【》】按钮，显示如图 6-29 所示，该对话框显示了圆形吊环构造简图及其计算公式，供参数输入参考。

　　② 根据上图结合实际情况输入参数。

（3）整体吊环计算

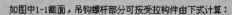

如图中1-1截面，吊钩螺杆部分可按受拉构件由下式计算：

$$\sigma_t = \frac{F}{A_1} \leq [\sigma_t]$$

式中：σ_t 为吊钩螺杆部分的拉应力

F为吊钩所承担的起重力；

A1为螺杆扣除螺纹后的净截面面积，$A_1 = \frac{\pi d_1^2}{4}$

其中 d1为螺杆扣除螺纹后螺杆直径

$[\sigma_t]$ 为钢材容许受拉应力，取 50N/mm2；

如图中2-2截面，该截面受到偏心荷载的作用，在截面内侧的o点产生最大拉应力σ_c，可按下式计算：

$$\sigma_c = \frac{F}{A_2} + \frac{M_x}{\gamma_x W_x} \leq [\sigma_c]$$

式中：F为吊钩所承担的起重力；

A2为验算2-2截面的截面面积；

$$A_2 \approx h \times \frac{(b_1 + b_2)}{2}$$

其中 h为截面高度；

b1，b2 分别为截面长边和短边的宽度；

Mx为2-2截面所产生的弯矩，$M = F\left(\frac{D}{2} + e_1\right)$

其中 D为吊钩的弯曲部分内圆的直径；

e1为梯形截面重心到截面内侧长边的距离，

$$e_1 = \frac{h}{3}\left(\frac{b_1 + 2b_2}{b_1 + b_2}\right)$$，可从截面对X-X轴的面积矩求得；

γ_x 为截面塑性发展系数，取 $\gamma_x = 1.0$；

Wx为截面对x-x轴的抵抗矩，$W_x = \frac{I_x}{e_1}$

其中 Ix为水平梯形截面的惯性矩

$$I_x = \frac{h^3}{36}\left[\frac{(b_1 + b_2)^2 + 2b_1 b_2}{b_1 + b_2}\right]$$

$[\sigma_c]$为钢材容许受压应力，可取60～80N/mm2；

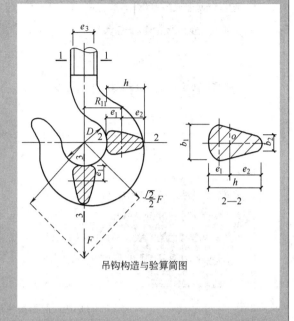

吊钩构造与验算简图

如图中3-3截面，其应力计算与2-2截面验算相同，剪应力τ按下式计算：

$$\tau = \frac{F}{2A_3}$$

式中：F为吊钩所承担的起重力；

A3为3-3截面的竖截面面积。

求出σ，τ后，再根据强度理论公式按下式验算应力：

$$\sigma = \sqrt{\sigma^2 + 3\tau^2} \leq [\sigma]$$

$[\sigma]$ Q235钢取为140 N/mm2；

图 6-28 吊钩计算对话框

① 单击【〉〉】按钮，显示如图 6-30 所示，该对话框显示了整体吊环构造简图及其计算公式，供参数输入参考。

② 根据上图结合实际情况输入参数。

（4）绳卡计算

① 单击【〉〉】按钮，显示如图 6-31 所示，该对话框绳卡计算公式，供参数输入参考。

② 钢丝绳上所受综合计算荷载 P：指绳卡的钢丝绳所受的综合计算荷载，根据计算输入。

③ 拴紧绳卡螺帽时螺栓所受的力 T：单击右侧【〉〉】按钮，弹出如图 6-32 所示的参数表，根据实际选择参数并输入。

三、滑车和滑车组的计算

（一）滑车组的计算

滑车组的跑头拉力计算具体如下。

圆形吊环近似计算公式如下：

1，在作用点A处截面的最大弯矩M为：

$$M = \frac{1}{\pi}PR_0$$

2，圆环的弯曲应力σ0 按下式验算：

$$\sigma_0 = \frac{M}{W} = \frac{\frac{1}{\pi}PR_0}{\frac{\pi}{32}d^3} = 3.24\frac{PR_0}{d^3} \leq [\sigma_0]$$

式中　P为作用于圆环上荷载 (N)；

　　　RO 为环的中心圆半径 (mm)；

　　　d 为圆环截面圆的直径 (mm)；

　　　[σ0] 为圆环容许应力，取80N/mm2。

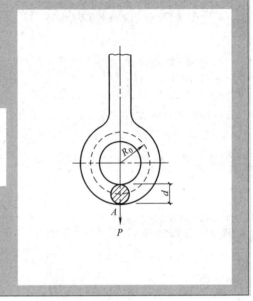

图 6-29　圆形吊环计算对话框

整体吊环近似计算公式如下：

1，在横杆中点截面的弯矩M1和拉力P1按下式计算：

$$M_1 \approx \frac{Pl}{6} + P_1 x$$

其中

$$P_1 = \frac{P}{2} \cdot \tan\frac{\alpha}{2}$$

2，在吊环转角处截面中 (A 点) 的弯矩 M2：

$$M_2 = \frac{Pl}{13}$$

3，在斜杆中的拉力 P2：

$$P_2 = \frac{P}{2\cos\frac{\alpha}{2}}$$

4，横杆中点截面的最大拉应力σ1为：

$$\sigma_1 = \frac{M_1}{W} + \frac{P_1}{F_1} \leq [\sigma]$$

5，斜杆中点截面的拉应力σ2为：

$$\sigma_2 = \frac{P_2}{F_2} \leq [\sigma]$$

式中　P为作用于整体吊环上的荷载

　　　P1为在横杆中的拉力 (N)

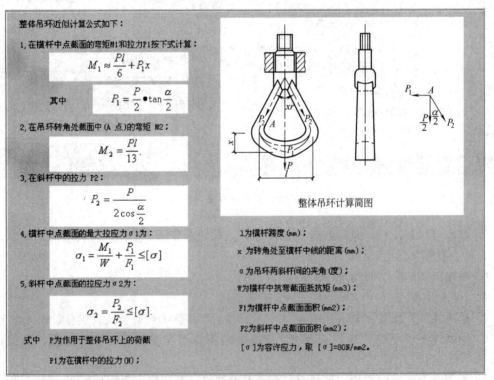

整体吊环计算简图

1为横杆跨度 (mm)；

x 为转角处至横杆中线的距离 (mm)；

α为吊环两斜杆间的夹角 (度)；

W为横杆中抗弯截面抵抗矩 (mm3)；

F1为横杆中点截面面积 (mm2)；

F2为斜杆中点截面面积 (mm2)；

[σ]为容许应力，取 [σ]=80N/mm2。

图 6-30　整体吊环计算对话框

（1）钢丝绳由定滑车绕出时的跑头拉力（引出索拉力）按下式计算：

$$S = \frac{f^n(f-1)}{f^n-1}f^k Q \tag{6-7}$$

（2）钢丝绳由动滑车绕出时的跑头拉力（引出索拉力）按下式计算：

$$S=\frac{f^{n-1}(f-1)}{f^{n}-1}f^{k}Q \tag{6-8}$$

式中 S——跑头拉力；

k——导向滑车个数，若绕出绳由定滑车绕出，则最后一个定滑车亦应按导向滑车计算，即实际导向滑车个数加 1；若绕出绳由动滑车绕出，则按实际导向滑车个数计算；

Q——吊装荷载，为构件重力与索具重力之和；

n——为工作绳数；

f——为滑轮阻力系数，当滚动轴承取 $f=1.02$；青铜衬套取 $f=1.04$；无青铜衬套取 $f=1.06$。

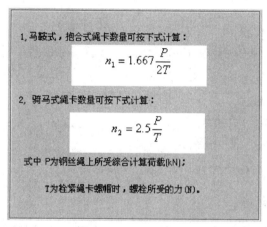

图 6-31 绳卡计算对话框

参数表

栓紧绳卡螺帽时螺栓受的力

螺栓直径 (mm)	螺纹外的断面计算面积 (cm2)	螺栓上所受力 (N)	螺栓直径 (mm)	螺纹外的断面计算面积 (cm2)	螺栓上所受力 (N)
9.5	0.44	3920	22.2	2.72	34300
12.7	0.78	7350	25.4	3.57	45080
15.8	1.31	15190	28.4	4.49	56840
19.0	1.96	24500	31.8	5.77	73500

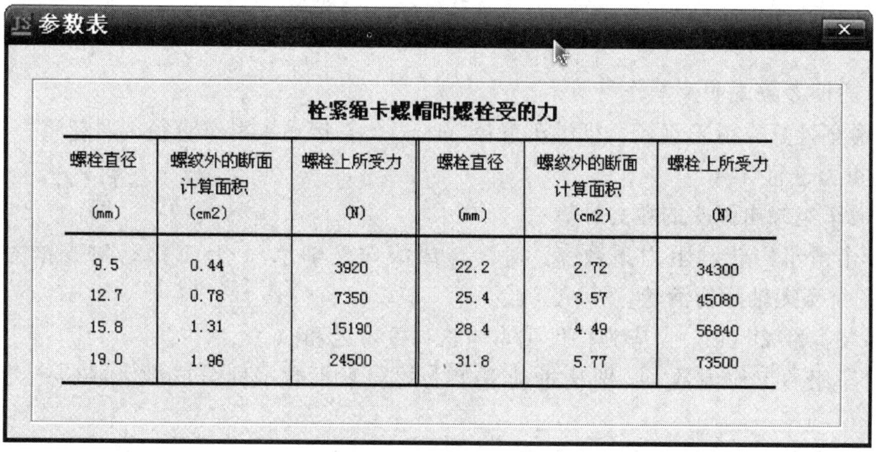

图 6-32 栓紧绳卡螺帽时螺栓受的力的参数表对话框

需注意：从滑车组引出绳到卷扬机之间，一般还要绕过几个导向滑轮，所以，计算卷扬机的牵引力时，还需将滑车组的跑头拉力 S 乘以 f^k（k 为导向滑轮数目）。

【例 6-2】 已知构件重 250kN，滑轮组由 6 个滑轮组成，滑轮均为青铜轴套，绳头由定滑轮绕出，导向滑轮 2 个，求绳头拉力。

解 已知 $f=1.04$，$n=6$，$k=2+1=3$

$$S=\frac{1.04-1}{1.04^6-1}\times1.04^6\times1.04^3\times250=53.65\ (\text{kN})$$

即：绳头拉力 53.65kN。

（二）滑车和滑车组计算软件操作

1. 对话框简介

滑车和滑车组计算对话框，如图 6-33 所示，该界面中提供了滑车计算和滑车组绕出绳头拉力计算两项计算。

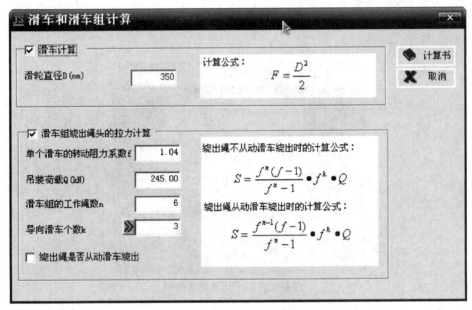

图 6-33　滑车和滑车组计算对话框

2. 对话框参数说明及操作

（1）滑车计算　滑轮直径：指滑车直径（mm），直接输入滑车直径，对起重力不明滑车的安全起重力进行计算。

（2）滑车组绕出绳头的拉力计算

① 单个滑车的转动阻力系数 f：对滚珠或滚珠柱轴承，$f=1.02$；对青铜衬套轴承，$f=1.04$；对于无轴承的滑轮，$f=1.06$。

② 吊装荷载 Q（kN）：应为构件重力与索具重力之和。

③ 滑车组的工作绳数 n：即绕过动滑车上的绳索根数（即分支数，或叫走几），直接输入。

④ 导向滑车个数 k：若绕出绳由定滑车绕出，则最后一个定滑车亦应按导向滑车计算，即实际导向滑车个数加 1；若绕出绳由动滑车绕出，则按实际导向滑车个数计算，要结合"绕出绳是否从动滑车绕出"。

⑤ 绕出绳是否从动滑车绕出：结合实际与上项结合选择。

四、卷扬机牵引力和锚固压重计算

（一）电动卷扬机牵引力计算

1. 作用于卷筒上钢丝绳的牵引力，按下列公式计算：

$$S = 1020 \frac{N_H \eta}{V} \tag{6-9}$$

式中　　　　S——牵引力，kN；

　　　　　N_H——电动机功率，kW；

　　　　　　V——钢丝绳速度，m/s；

　　　　　　η——总效率，$\eta = \eta_0 \times \eta_1 \times \eta_2 \times \cdots \times \eta_n$；

　　　　　η_0——卷筒效率，当卷筒装在滑动轴承上时，$\eta_0 = 0.94$；当卷筒装在滚动轴承上时，$\eta_0 = 0.96$；

$\eta_1, \eta_2, \cdots, \eta_n$——传动机件效率，由表 6-10 查得。

表 6-10　卷扬机零件传动效率表

零 件 名 称			效率
卷筒	滑动轴承		0.94~0.96
	滚动轴承		0.96~0.98
一对圆柱齿轮传动	开式传动	滑动轴承	0.93~0.95
		滚动轴承	0.95~0.96
	闭式传动（稀油润滑）	滑动轴承	0.95~0.97
		滚动轴承	0.96~0.98

2. 钢丝绳速度计算

$$V = \pi D n_n \tag{6-10}$$

式中　V——钢丝绳速度，m/s；

　　　D——卷筒直径，m；

　　　n_n——卷筒转速，r/s，$n_n = n_h i / 60$；

　　　n_h——电动机转速，r/s；

　　　　i——传动比，$i = T_Z / T_B$；

　　　T_Z——所有主动轮齿数的乘积；

　　　T_B——所有被动轮齿数的乘积。

【**例 6-3**】　有 1 台电动卷扬机，技术性能如图 6-34 所示，$P_H = 22kW$，$n_h = 960r/min$，有 3 对齿轮（滑动轴承），$T_1 = 30$，$T_2 = 120$，$T_3 = 22$，$T_4 = 66$，$T_5 = 16$，$T_6 = 54$，卷筒直径为 0.35m，试求其牵引力。

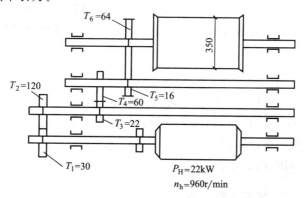

图 6-34　卷扬机技术性能

解 ① 计算传动比 i：

$$i=\frac{T_Z}{T_B}=\frac{30\times22\times16}{120\times66\times64}=\frac{1}{48}$$

② 计算卷筒转速 n_n：

$$n_n=n_h i/60=960(1/48)/60=0.333$$

③ 钢丝绳速度 V：

$$V=\pi Dn_n=3.14\times0.35\times0.333=0.37\ (\text{m/s})$$

④ 总效率：

$$\eta=\eta_0\times\eta_1\times\eta_2\times\cdots\times\eta_n=0.94\times0.93\times0.93\times0.93=0.756$$

⑤ 牵引力 S：

$$S=1020\times\frac{N_H\eta}{V}=1020\times\frac{22\times0.75}{0.37}=45486\ (\text{N})$$

（二）卷扬机卷筒容绳量计算

卷扬机卷筒容绳量，可按下式计算：

$$L=Zm\pi(D+dm) \tag{6-11}$$

式中　L——卷筒容绳量，m；

Z——卷筒每层能缠绕钢丝绳的圈数；

m——卷筒上缠绕钢丝绳的层数；

D——卷筒直径；

d——钢丝绳直径。

（三）卷扬机牵引力和锚固压重计算软件操作

1. 对话框简介

卷扬机牵引力和锚固压重计算软件包括以下计算内容：手动卷扬机推力计算、电动卷扬机牵引力计算、卷扬机卷筒容绳量计算、卷扬机底座固定压重计算、拉力为斜拉力等五项计算，如图 6-35 所示。

2. 对话框参数及操作说明

（1）选择计算项：在所要计算的类型前复选，打"√"，选择待计算项。

（2）单击每个计算项右侧的【〉〉】按钮，软件将弹出相应计算项的计算公式及说明。

（3）在每一计算项的对应参数中输入相应参数后，单击【计算书】按钮即可获得计算结果。

五、锚碇计算

锚碇在工程中应用十分广泛，有水平锚和桩锚两大类，常用的是水平锚。

PKPM 软件提供的锚碇计算包括水平（卧式）锚碇计算、水平（卧式）锚碇容许拉力计算和活动锚碇计算等三项计算。

锚碇计算对话框如图 6-36 所示。

（一）水平 （卧式） 锚碇计算

① 选择计算内容：在水平（卧式）锚碇计算的复选框，打"√"。

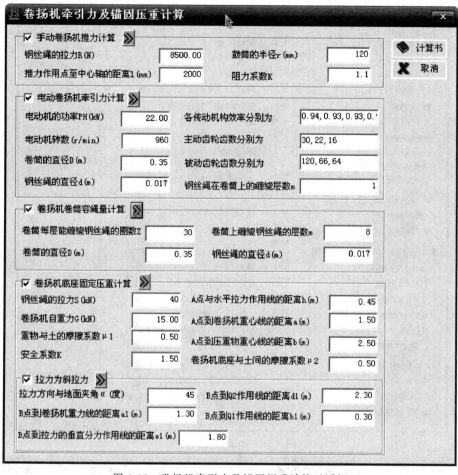

图 6-35　卷扬机牵引力及锚固压重计算对话框

② 显示计算简图及公式：单击计算项右侧的【〉〉】按钮，弹出如图 6-37 所示的对话框。

③ 参数输入：根据图 6-37 所示的计算简图、公式及参数说明，在图 6-36 中输入。

④ 若锚坑有板栅，则选择该项，并输入相应参数。

⑤ 若锚碇为二根钢线绳系在横木上，选择该项，单击右侧的【〉〉】按钮，弹出如图 6-38 所示的对话框。参考该对话框的图形、公式以及说明等完成参数输入。

（二）水平 （卧式） 锚碇容许拉力计算

计算水平（卧式）锚碇容许拉力时，注意锚坑是否有板栅，若有板栅在左下角有一选项框，单击鼠标选择此项。

① 选择计算内容：在水平（卧式）锚碇容许拉力计算的复选框，打"√"。

② 显示计算简图及公式：单击计算项右侧的【〉〉】按钮，弹出如图 6-39 所示的对话框。

③ 参数输入：根据图 6-39 所示的计算简图、公式及参数说明，在图 6-36 中输入。

（三）活动锚碇计算

① 选择计算内容：在活动锚碇计算的复选框，打"√"。

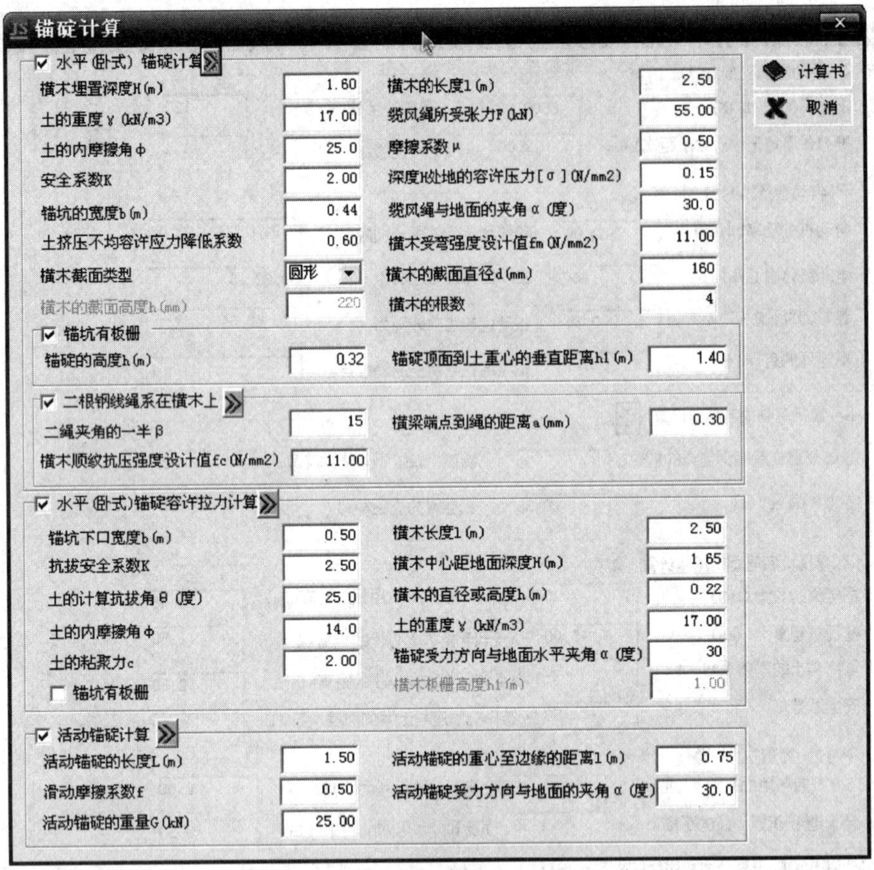

锚碇计算
水平(卧式)锚碇计算
横木埋置深度H(m) 1.60
土的重度γ(kN/m3) 17.00
土的内摩擦角φ 25.0
安全系数K 2.00
锚坑的宽度b(m) 0.44
土挤压不均容许应力降低系数 0.60
横木截面类型 圆形
横木的截面高度h(mm) 220
横木的长度l(m) 2.50
缆风绳所受张力F(kN) 55.00
摩擦系数μ 0.50
深度H处地的容许压力[σ](N/mm2) 0.15
缆风绳与地面的夹角α(度) 30.0
横木受弯强度设计值fm(N/mm2) 11.00
横木的截面直径d(mm) 160
横木的根数 4
计算书
取消
锚坑有板栅
锚碇的高度h(m) 0.32
锚碇顶面到土重心的垂直距离h1(m) 1.40
二根钢线绳系在横木上
二绳夹角的一半β 15
横木顺纹抗压强度设计值fc(N/mm2) 11.00
横梁端点到绳的距离a(mm) 0.30
水平(卧式)锚碇容许拉力计算
锚坑下口宽度b(m) 0.50
抗拔安全系数K 2.50
土的计算抗拔角θ(度) 25.0
土的内摩擦角φ 14.0
土的粘聚力c 2.00
锚坑有板栅
横木长度l(m) 2.50
横木中心距地面深度H(m) 1.65
横木的直径或高度h(m) 0.22
土的重度γ(kN/m3) 17.00
锚碇受力方向与地面水平夹角α(度) 30
横木板栅高度h1(m) 1.00
活动锚碇计算
活动锚碇的长度L(m) 1.50
滑动摩擦系数f 0.50
活动锚碇的重量G(kN) 25.00
活动锚碇的重心至边缘的距离l(m) 0.75
活动锚碇受力方向与地面的夹角α(度) 30.0

图 6-36 锚碇计算对话框

水平(卧式)锚碇计算
在垂直分力作用下锚碇的稳定性按下式验算：
$KT\sin\alpha \le G+\mu T\cos\alpha$
式中 K为安全系数，一般取2；
T为缆风绳所受张力；
α为缆风绳与地面的夹角；
G为地的重力，按下式估算：
对无板栅锚碇： $G=\frac{b+(b+Htg\varphi)}{2}Hl\gamma$
对有板栅锚碇： $G=Hbl\gamma$
其中 b1为横木宽度；
φ为地的内摩擦角，松土取15～20度，一般土取30～40度；
b为有板栅时锚坑的宽度；
H为横木埋置深度；
l为横木长度；
γ为土的重度；
μ为摩擦系数,无板栅锚碇取0.5；有板栅锚碇取0.4；
b_2
H
h_1
h
G
T_1
b_1
T
T_2
α
F
1
2
3
图13-17 水平锚碇计算简图
1—横木；2—钢丝绳或拉索；3—板栅
在水平分力作用下，侧向土的压力强度验算：
对于无板栅锚碇： $[\sigma]K \ge \frac{T\cos\alpha}{hl}$
对于有板栅锚碇： $[\sigma]K \ge \frac{T\cos\alpha}{(h+h_1)l}$
式中 [σ]为深度H处土的容许压力；
K为土挤压不均容许应力降低系数，可取0.5～0.7；；

图 6-37 水平（卧式）锚碇计算对话框

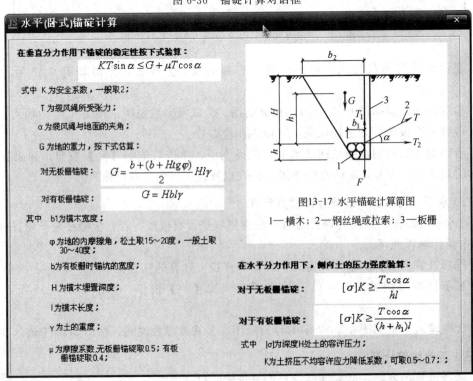

当一根钢丝绳系在横木上时，其最大弯矩计算：

对圆木横木：

$$M = \frac{Tl}{8}$$

对矩形横木：

$$M_x = \frac{T\cos\alpha \cdot l}{8} \quad M_y = \frac{T\sin\alpha \cdot l}{8}$$

对圆木横木应力：

$$\sigma - \frac{M}{W_n} \le f_m$$

对矩形横木应力：

$$\sigma_m = \frac{M_x}{W_{nx}} + \frac{M_y}{W_{ny}} \le f_m$$

式中　M, W_n 为圆木横木所受的弯矩和截面抵抗矩；

　　　M_x, M_{nx} 为矩形横木于水平方向所受的弯矩和
　　　　截面抵抗矩；

　　　M_y, W_{ny} 为矩形横木于垂直方向所受的弯矩和
　　　　截面抵抗矩；

　　　f_m 为横木受弯强度设计值，对落叶松
　　　　一般取17N/mm2；对杉木可取11N/mm2。

当二根钢丝绳系在横木上时，其最大弯矩计算：

对圆木横木：

$$M = \frac{Ta^2}{2l}$$

对矩形横木：

$$M_x = \frac{T\cos\alpha \cdot a^2}{2l} \quad M_y = \frac{T\sin\alpha \cdot a^2}{2l}$$

圆形或矩形横木的轴向力为：

$$N_0 = \frac{T}{2}tg\beta$$

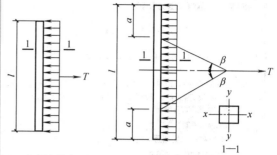

(a) 一根绳索的水平锚碇　　(b) 二根绳索的水平锚碇

图13-18　锚碇横木计算简图

对圆木横木应力：

$$\sigma = \frac{Mf_c}{W_n f_m} + \frac{N_0}{A_n} \le f_c$$

对矩形横木应力：

$$\sigma = \frac{M_x}{W_{nx}} + \frac{M_y}{W_{ny}} + \frac{N_0}{A} \le f_c$$

式中　α 为横梁端点到绳的距离；

　　　β 为二绳夹角的一半；

　　　A 为横木截面面积；

　　　f_c 为木材顺纹抗压强度设计值；

水平地锚规格及允许作用力

作用力(kN)		28	50	75	100	150	200	300	400
缆绳的水平夹角	(°)	30	30	30	30	30	30	30	30
横梁根数×长度 （直径24mm）	(mm)	1×2500	2×2500	3×3200	3×3200	3×2700	3×3500	3×4000	4×4000
埋深H	(m)	1.7	1.7	1.8	2.2	2.5	2.75	2.75	3.5
横梁上系绳点数	(点)	1	1	1	1	2	2	2	2
档木:根数×长度 （直径24mm）	(mm)	无	无	无	无	4×2700	4×3500	5×4000	5×4000
柱木:根数×长度×直径	(mm)	—	—	—	—	2×1200 ×ϕ200	2×1200 ×ϕ200	3×1500 ×ϕ220	3×1500 ×ϕ220
压板:长×宽 （密排ϕ10mm）	(mm)	—	—	800×3200	800×3200	1400×2700	1400×3500	1500×4000	1500×4000

注: 本表计算依据:夯填土重度为16kN/m³,土内摩擦角φ=45°,木材抗弯强度设计值为11N/mm²。

图 6-38　二根钢线绳系在横木上时的参考对话框

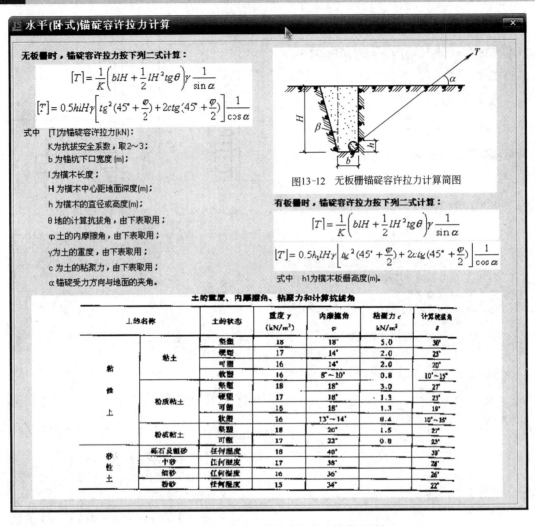

图 6-39　水平（卧式）锚碇容许拉力计算对话框

② 显示计算简图及公式：单击计算项右侧的【〉〉】按钮，弹出如图 6-40 所示的对话框。

③ 参数输入：根据图 6-40 所示的计算简图、公式及参数说明，在图 6-36 中输入。

六、柱绑扎吊点位置计算

柱绑扎吊点计算主要对于预制柱、梁、板计算绑扎吊点的计算。柱根据其截面分为等截面和变截面；根据绑扎点分为一点绑扎、二点绑扎和三点绑扎。

（一）对话框简介

柱绑扎吊点位置计算对话框，如图 6-41 所示。该对话框是由计算简图、计算类型、构件界面尺寸参数等内容构成。

（二）对话框参数及操作说明

（1）计算类型　软件主要提供了等截面一点绑扎、等截面两点绑扎、等截面三点绑扎、变截面一点绑扎、变截面两点绑扎，梁、板起吊位置的计算等计算类型。

（2）参数输入　选择不同的计算类型，有时操作界面有所变化，即参数不同，按实际情况输入相关参数。

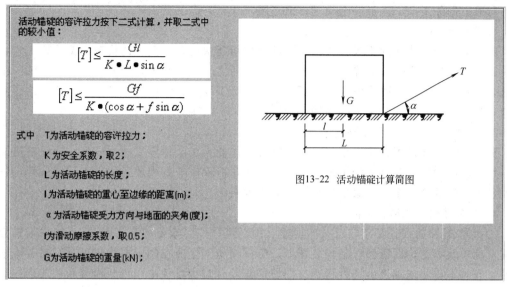

图 6-40　活动锚碇计算对话框

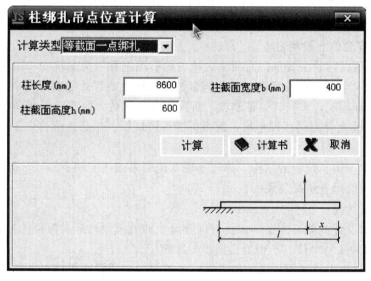

图 6-41　柱绑扎吊点位置计算对话框

第四节　拆除工程安全技术

随着经济的不断发展，城市面貌也不断变新。旧城区改造任务的扩大使每年拆除各类建筑物和构筑物的面积也逐年递增，拆除物的结构也从砖木结构物发展到混合结构、框架结构、板式结构等，从房屋拆除发展到烟囱、水塔、桥梁、码头等建（构）筑物的拆除，因而建（构）筑物的拆除施工近年来已形成一个社会的行业。

一、建（构）筑物拆除施工的特点和一般规定

（一）施工特点

建（构）筑物的拆除施工程序从某种角度来说是建筑施工、安装的逆程序，然而从拆除

物的对象、拆除工期、人员的素质等方面来看，却有自己的特点。

1. 作业流动性大

由于拆除施工作业面不大，拆除的速度要比新建快得多，使用的机械也要比施工建筑机械少得多，如果采用爆破拆除，一幢大楼可在顷刻之间化为平地，因而对一个拆除施工企业来说，只要有任务，拆除作业可以在短期内从一个工地转移到第二、第三个工地。这样对拆除施工管理，尤其是拆除施工的现场安全管理带来了困难。

2. 拆除作业人员的素质较差

拆除施工企业是近几年发展起来的，管理及作业人员整体素质相对较低，缺乏对房屋的基本结构、拆除的规范顺序的了解，经常出现违章拆除作业的现象。因而，近年来死亡事故不断发生，给社会、企业、家庭带来了不安定因素。

3. 拆除过程中的潜在危险

① 由于拆除物往往是年代已久的旧建（构）筑物，拆除委托方（甲方），往往很难交出原建（构）筑物结构图纸和设备安装图纸，给拆除施工企业在制定拆除施工方案时带来很多困难，有时不得不作局部破坏性检查。即使这样，有时也难免由于判断错误而造成事故。

② 由于多次加层改建，改变了原承载系统的受力状态，因而在拆除中往往因拆除了某一构件造成原建（构）筑物的力学平衡体系受到破坏而造成部分构件产生倾覆压伤施工人员。

（二）拆房安全的一般规定

（1）各地区建设行政主管部门对所辖区域内的拆除工程（指建筑物和构筑物）要建立健全制度，实行统一管理，明确职责，强化监督检查工作，确保拆除施工安全。

（2）拆除工程施工，实行许可证制度。拆除工程的单位，应在动工前向工程所在地县以上的地方建设行政主管部门办理手续，取得拆除许可证明。申请拆除许可证明，应具有下列资料。

① 拟拆除建（构）筑物的结构、体积及现状说明书或竣工图；

② 周围环境的调查情况及说明；

③ 施工队伍状况；

④ 施工组织设计或施工方案（包括对拆除垃圾的处理及对环境污染的处理措施）。未取得拆除许可证明的任何单位，不得擅自组织拆除施工。

（3）拆除工程应由具备资质的队伍承担，不得转包。需要变更施工队伍时，应到原发证部门重新办理拆除许可证手续，并经同意后才能施工。

（4）拆除工程施工中，应由专人管理，严格按照施工组织设计和安全技术措施计划进行。施工过程中，确需变更施工组织设计的，须报请原审批部门同意。

（5）拆除工程在施工前，应对作业人员做好安全教育和安全技术交底，特种作业人员持证上岗。应将被拆除工程的电线、煤气管道、上下水管道、供热管线等切断或迁移。施工中必须遵守有关规章制度，不得违章冒险作业。

（6）拆除建（构）筑物，通常应该自上而下对称顺序进行，不得数层同时拆除。当拆除一部分时，先应采取加固或稳定措施，防止另一部分倒塌。当用控制爆破拆除工程时，必须严格按《爆破安全规程》进行，并经过爆破设计，对起爆点、引爆物、用药量和爆破程序进行严格计算，以确保周围建筑和人员的绝对安全。

（7）拆除工程应划定危险区域，做好警戒和警示标志，有专人监护，并在周围设置围栏，夜间应红灯示警。在高处进行拆除工作时要设置溜放槽，较大的或沉重材料，要用吊绳或起重机械吊下或运走，禁止向下抛掷。拆卸下的各种材料应及时清理，分别堆放在指定的场所。

（8）在居民密集点，交通要道进行拆除工程的施工脚手架须采用全封闭形式，并搭设防护隔离棚。脚手架应与被拆除物的主体结构同步拆下。

（9）从事拆除作业的人员应戴好安全帽，高处作业系好安全带，进入危险区域应采取严格的防护措施。

（10）遇有 6 级以上大风或大雾天、雷暴雨、冰雪天等恶劣气候影响施工安全时，禁止进行露天拆除作业。

二、建筑物拆除方法、特点和适用范围

（一）人工拆除

依靠手工加上一些简单工具如风镐、钢钎、榔头、手动葫芦、钢丝绳等，对建（构）筑物实施解体和破碎的方法。

（1）特点

① 人员必须亲临拆除点操作，因此不可避免地要进行高空作业，危险性大，是拆除施工方法中最不安全的一种方法。

② 劳动强度大、拆除速度慢。

③ 受天气影响大：刮风、下雨、结冰、下霜、打雷、下雾均不可登高作业。

④ 可以精雕细刻，易于保留部分建筑物。

（2）适用范围　拆除砖木结构，混合结构以及上述结构的分离和部分保留拆除项目。

（二）机械拆除方法

使用大型机械如挖掘机、镐头机、重锤机等对建筑物、构筑物实施解体和破碎的方法。

（1）特点

① 无需人员直接接触作业点，故安全性好。

② 施工速度快，可以缩短工期，减少扰民时间。

③ 作业时扬尘较大，必须采取湿式作业法。

④ 还需要部分保留的建筑物不可直接拆除，必须先用人工分离后方可拆除。

（2）适用范围　它适用于拆除混合结构、框架结构、板式结构等高度不超过 30m 的建筑物及各类基础和地下构筑物。

（三）爆破拆除方法

利用炸药在爆炸瞬间产生高温高压气体对外做功，借此来解体和破碎建（构）筑物的方法。

（1）特点

① 爆破前施工人员不进行有损建筑物整体结构和稳定性的操作，所以人身安全最有保障。

② 由于爆破拆除是一次性解体，所以是扬尘、扰民较少的施工方法。

③ 对高耸坚固建筑物和构筑物，其拆除效率最高。

④ 对周边环境要求较高，对临近交通要道、保护性建筑、公共场所、过路管线的建筑物和构筑物必须作特殊防护后方可实施爆破。

（2）适用范围　适合拆除除砖木结构以外的任何建筑物、构筑物、各类基础和地下、水

下构筑物。

三、建（构）筑物拆除技术及安全措施

（一）人工拆除

人工拆除方法是拆除施工方法中最不安全的一种，然而只要严格遵循拆除规范、制定施工方案、加强现场安全管理，是可以防止事故的发生的。

1. 人工拆除的拆除顺序

建筑物的拆除顺序原则上按建造的逆程序进行，即先造的后拆，后造的先拆；具体可以归纳成"自上而下，先次后主"。所谓"自上而下"指从上往下层层拆除，"先次后主"是指在同一层面上的拆除顺序，先拆次要的部件，后拆主要的部件。所谓次要部件就是不承重的部件如阳台、屋檐、外楼梯、广告牌和内部的门、窗等，以及在拆除过程中原为承重部件去掉荷载后的部件。所谓主要部件就是承重部件，或者在拆除过程中暂时还承重的部件。

2. 不同结构的拆除技术和注意事项

由于房屋的结构不同，拆除方法也各有差异，下面主要叙述砖木结构、框架结构（或者混合结构）的拆除技术和注意事项。

（1）坡屋面的砖木结构房屋

① 揭瓦。旧房屋的坡屋面多为砖木结构，坡度较大，屋面通常用采用小瓦、平瓦、玻璃钢瓦、石棉瓦等，旧的苏式建筑的屋面则采用铁皮屋面。下面讲述揭瓦的方法及注意事项。

a. 小瓦的揭法：小瓦通常是纵向搭接、横向正反相间铺在屋面板上或屋面砖上，拆除时先拆屋脊瓦（搭接形式），再拆屋面瓦，从上向下，一片一片叠起来，传递至地面堆放整齐。揭瓦的注意事项如下：拆除时人要斜坐在屋面板上向前拆以防打滑。对坡度大于30°的屋面，要系安全带，安全带要固定在屋脊梁上，或者搭脚手架拆除。检查屋面板有无腐烂，对腐烂的屋面板，人要坐在对应梁的位置上操作，防止屋面板断裂、掉落。

b. 平瓦的揭法：平瓦通常是纵向搭接铺压在屋面板上或直接挂在瓦条上，对于前一种铺法的平瓦，拆除方法和注意事项同小瓦。后一种铺法虽然拆法大体相同，但注意事项如下：安全带要系在梁上，不可系在挂瓦条上，拆除时人不可站在瓦上揭瓦，一定要斜坐在檩条对应梁的位置上。揭瓦时房内不得有人，以防碎片伤人。

c. 石棉瓦揭法：石棉瓦通常是纵横搭接铺在屋面板上，特殊简易房，石棉瓦直接固定在钢架上，而钢架的跨度与石棉瓦的长度相当，对这种结构的石棉瓦的拆除注意事项如下：不可站在石棉瓦上拆固定钉，应在室内搭好脚手架，人站在脚手架上拆固定钉，然后用手顶起石棉瓦叠在下一块上，依次往下叠，在最后一块上回收。瓦可通过室内传下，拆瓦、传瓦必须有统一指挥，以防伤人。

② 屋面板拆除。拆除屋面板时，人应站在屋面板上，先用直头撬杠撬开一个缺口，再用弯头带起钉槽的撬杠，从缺口处向后撬，待板撬松后，拔掉铁钉，将板从室内传下。拆除时应注意以下事项。

a. 撬板时人要站在对应衍条的位置上。

b. 对于大于30°的陡屋面，拆除时要系安全带或搭设脚手架。

③ 檩条拆除。檩条与支撑体的连接通常有三种方式，即直接搁在承重墙上；搁在人字梁上；搁在支撑立柱上。拆除檩条时要用撬杠将两头固定钉撬掉，两头系上绳子，慢慢下放

至下层楼面上，在作进一步处理。

④ 人字梁拆除。拆除檩条前在人字梁的顶端系两根可两面拉的绳子，檩条拆除后，将绳两面拉紧，用撬杠或气割轮将两端的固定钉拆除，使其自由，再拉一边绳、松另一边绳，使人字梁向一边倾斜，直至倒置，然后在两端系上绳子，慢慢放至下层楼面上作进一步解体或者整体运走。

(2) 框架结构（或砖混结构）的房屋

① 屋面板拆除。屋面板分预制板和现浇板两种。

a. 预制板拆除方法：预制板通常直接搁在梁上或承重墙上，它与梁或墙体之间没有纵横方向的连接，一旦预制板折断，就会下落。因此，拆除时在预制板的中间位置打一条横向切槽，将预制板拦腰切断，让预制板自由下落即可。拆除注意事项如下：开槽要用风镐，由前向后退打，保证人站在没有破坏的预制板上。打断一块及时下放一块，因有粉刷层的关系，单靠预制板的重量有时不足级克服粉刷层与预制板之间的粘接力而自由下落，这时需用锤子将打断的预制板粉刷层敲松即可下落。

b. 现浇板拆除方法：现浇板由纵横正交单层钢筋混凝土组成，板厚一般为 100mm 左右，它与梁或圈梁之间有钢筋连接组成整体。拆除时用风镐或锤子将混凝土打碎即可，不需考虑拆除顺序和方向。

② 梁的拆除。梁分承重梁、连系梁、圈梁等，当屋面板（楼板）拆除后，联系梁不再承重了，属于次要部件，可以拆除。拆除时用风镐将梁的两端各打开一个缺口，露出所有纵向钢筋，然后气割一端钢筋使其自然下垂，再割另一端钢筋使其脱离主梁，放至下层楼面作进一步处理。

承重梁（主梁）拆除方法大体上同连系梁。但因承重梁通常较大，不可直接气割钢筋让其自由下落，必须用吊具吊住大梁后，方可气割两端钢筋，然后吊至下层楼面或地面作进一步解体。

③ 墙体拆除。墙分砖墙和混凝土墙两种。砖墙拆除的方法是用锤子或撬杠将砖块打（撬）松，自上而下作粉碎性拆除，对于边墙除了自上而下外还应由外向内作粉碎性拆除；混凝土墙拆除方法是用风镐沿梁、柱将墙的左、上、右三面开通槽，再沿地板面墙的背面打掉钢筋保护层，露出纵向钢筋，系好拉绳，气割钢筋，将墙拉倒，再破碎。拆除注意事项如下。

a. 拆墙：室内要搭可移动的脚手架或脚手凳，临人行道的外墙要搭外脚手架并加密网封闭，人流稠密的地方还要加搭过街防护棚。

b. 气割钢筋顺序为：先割沿地面一侧的纵向钢筋，其次为上方沿梁的纵向钢筋，最后是两侧的横向钢筋。

c. 严禁站在墙体或被拆梁上作业。

④ 立柱拆除。立柱拆除采用先拉倒再解体破碎的方法。打掉立柱根部背面的钢筋保护层，露出纵向钢筋，在立柱顶端系好向内拉的绳子，气割钢筋，向内拉倒立柱，进一步破碎。拆除注意事项如下。

a. 立柱倾倒方向应选在下层梁或墙的位置上。

b. 撞击点应设置缓冲防振措施。

⑤ 清理层面垃圾。垃圾从预先设置的垃圾井道下放至地面。垃圾井道的要求如下。

a. 垃圾井道的口径大小：对现浇板结构层面，道口直径为 1.2～1.5m；对预制结构屋面，打掉两块预制板。上下对齐。

b. 垃圾井道数量：原则上每跨不得多于 1 只，对进深很大的建筑可适当增加，但要分布合理。井道周围要作密封性防护，防止灰尘飞扬。

（二）机械拆除

机械拆除地面以上建筑物是 20 世纪 90 年代新发展起来的拆除方法，因它具有快速、安全的优点，被越来越多的拆除企业所使用，逐步代替了部分人工拆除和爆破拆除，是当前使用最多的一种拆除方法。机械拆除的程序为：解体→破碎→翻渣→归堆待运。

根据被拆建筑物、构筑物高度不同又分为镐头机拆除和重锤机拆除两种方法。

1. 镐头机拆除

镐头机可拆除高度不超过 15m 的建（构）筑物。

（1）拆除顺序　自上而下、逐层、逐跨拆除。

（2）工作面选择　对框架结构房屋，选择与承重梁平行的面作为施工面。对混合结构房选择与承重墙平行的面作为施工面。

（3）停机位置选择　设备机身距建筑物垂直距离约 3～5m，机身行走方向与承重梁（墙）平行，大臂与承重梁（墙）成 45°～60°角。

（4）打击点选择　打击顶层立柱的中下部，让顶板、承重梁自然下塌，打断一根立柱后向后退，再打下一根柱，直至最后。对于承重墙要打顶层的上部，防止碎块下落砸坏设备。

（5）清理工作面　用挖掘机将解体的碎块运至后方空地作进一步破碎，空出镐头机作业通道，进行下一跨作业。

2. 重锤机拆除方法

重锤机通常用 50t 吊机改装而成、锤重 3t，拔杆高 30～52m，有效作业高度可达 30m，锤体侧向设置可快速释放的拉绳，因此，重锤机既可以纵向打击楼板，又可以横向撞击立柱、墙体，是一个比较好的拆除设备。

（1）拆除顺序　从上向下层层拆除，拆除一跨后清除悬挂物，移动机身再拆下一跨。

（2）工作面选择　同镐头机。

（3）打击点选择　侧向打击顶层承重立柱（墙），使顶板、梁自然下塌。拆除一层以后，放低重锤以同样方法拆下一层。

（4）拔杆长度选择　拔杆长度为最高打击点高度加 15～18m，但最短不得短于 30m。

（5）停机位置选择　对于 50t 吊机、锤重为 3t，停机位置距打击点所在的拆除面的距离最大为 26m。机身垂直拆除面。

（6）清理悬挂物　用重锤侧向撞击悬挂物使其破碎，或将重锤改成吊篮，人站在吊篮内气割悬挂物，让其自由落下。

（7）清理工作面　拆除一跨以后，用挖土机清理工作面，移动机身拆除下一跨。

3. 机械拆除注意事项

① 根据被拆除物高度选择拆除机械，不可超高作业，打击点必须选在顶层，不可选在次顶层甚至以下。

② 镐头机作业高度不够，可以用建筑垃圾垫高机身以满足高度需要，但垫层高度不得超过 3m，其宽度不得小于 3.5m，两侧坡度不得大于 60°。

③ 机械解体作业时应设专职指挥员，监视被拆除物的动向，及时用对讲机指挥机械操作人员的进退。

④ 人、机不可立体交叉作业，机械作业时，在其回旋半径内不得有人工作业。

⑤ 机械严禁在有地下管线处作业，如果一定要作业，必须在地面垫整块钢板或走道板，

保护地下管线安全。

⑥ 在地下管线两侧严禁开挖深沟，如一定要挖深沟，必须在有管线的一侧先打钢板桩，钢板桩的长度为沟深的 2～2.5 倍，当沟深超过 1.5m 时，必须设内支撑以防塌方，伤害管线。

（三）爆破拆除

爆破拆除属于特殊行业，从事爆破拆除的企业，不但需要精湛的技术，还必须有严格的管理和严密的组织。

1. 爆破拆除企业的注册及分级

（1）爆破拆除企业的注册　从事爆破拆除的企业，必须经当地公安主管部门审查、批准，发给火工品使用许可证后，方可到工商管理部门登记注册。

（2）爆破拆除企业的分级　公安管理部门根据爆破拆除企业的技术力量，将企业分为A、B 两级资质。A 级爆破拆除企业，必须具有从事爆破作业三年以上的两名高级职称和四名中级职称的技术人员；B 级爆破拆除企业，必须具有从事爆破作业三年以上的一名高级职称和两名中级职称的技术人员。

2. 爆破拆除必须符合的原则

① 爆破拆除设计、施工，火工品运输、保管、使用必须遵守国家制定的《爆破安全规程》、《拆除爆破安全规程》及各地区的相关规定。

② 从事爆破拆除方案设计、审核的技术人员，必须经过公安部组织的技术培训，经考试合格，发给"中华人民共和国爆破工程技术人员安全作业证"。安全作业证分高级和中级两种，分别对应高级职称和中级职称。持证设计、审核。

③ 爆破拆除设计方案必须经所在地区公安管理部门和房屋拆除安全管理部门审批、备案方可实施。

④ 爆破作业人员，火工品保管员、押运员必须经过当地公安管理部门组织的技术培训，并经考试合格后分别发给"爆破员证"、"火工品保管员证"、"火工品押运员证"，持证上岗。

⑤ 爆破拆除施工必须在确保周围建筑物、构筑物、管线、设备仪器和人身安全的前提下进行施工。

3. 爆破作业程序

（1）编写施工组织设计　根据结构图纸（或实地踏看）、周围环境、解体要求，确定倒塌方式和防护措施。根据结构参数和布筋情况，决定爆破参数和布孔参数。

（2）组织爆前施工　按设计的布孔参数钻孔；按倒塌方式拆除非承重结构，由技术员和施工负责人二级验收。

（3）组织装药接线

① 由爆破负责人根据设计的单孔药量组织制作药包，并将药包编号。

② 对号装药、堵塞。

③ 根据设计的起爆网络接线联网。

④ 由项目经理、设计负责人、爆破负责人联合检查验收。

（4）安全防护　由施工负责人指挥工人根据防护设计进行防护，由设计负责人检查验收。

（5）警戒起爆

① 由安全员根据设计的警戒点、警戒内容、组织警戒人员。

② 由项目经理指挥，安全员协助清场，警戒人员到位。

③ 提前五分钟发预备警报，开始警戒，起爆员接雷管，各警戒点汇报警戒情况；提前1分钟发起爆警报、起爆器充电。

④ 发令起爆。

（6）检查爆破效果　由爆破负责人率领爆破员对爆破部位进行检查，发现哑炮立即按《拆除爆破安全规程》规定的方法和程序排除哑炮，待确定无哑炮后，解除警报。

（7）破碎清运　用镐头机对解体不充分的梁、柱作进一步破碎，回收旧材料，垃圾归堆待运。

4. **爆破拆除应重点注意的问题**

从施工全过程来讲，爆破拆除是最安全的，但在爆破瞬间有三个不安全因素，必须在设计、施工中作严密的控制方能确保安全。

（1）爆破飞散物（称飞石）的防护　飞散物是爆破拆除中不可避免的东西，因为在计算药量时，为了确保建筑物解体充分需留有余量；结构不对称、爆前施工偏差、混凝土浇铸不均匀性等都可造成飞石；装药堵塞牢紧程度及堵塞物的质量等偏差，这些偏差都有可能给介体的碎片以飞行的能量，形成飞石。为了确保安全需要采取两个措施。

① 在爆破部位、危险的方向上对建筑物进行多层复合防护，把飞石控制在允许范围内。

② 对危险区域实行警戒，保证在飞石飞行范围内没有人和重要设备。

（2）爆破震动的防护　爆破在瞬间产生近寸，万大气压的冲击，根据作用反作用的原理，必然要对地表产生震动，控制不当，严重时可能影响地面爆点附近某些建筑物的安全，尤其是地下构筑物的安全。控制措施如下。

① 分散爆点以减少震动。

② 分段延时起爆，使一次齐爆药量控制在允许范围内。

③ 隔离起爆，先用少量药量炸开一个缺口，使以后起爆的药量不与地面接触，以此隔震。

（3）爆破扬尘的控制　爆破瞬间使大量建筑物解体，产生高压气流的冲击，在破碎面上产生大量的粉尘，控制扬尘的措施如下。

① 爆前对待爆建筑物用水冲洗，清除表面浮尘。

② 爆破区域内设置若干"水炮"同时起爆，形成迷漫整个空间的水雾，吸收大部分粉尘。

③ 在上风方向设置空压水枪，起爆时打开水枪开关，造成局部人造雨，消除因解体塌落时产生的部分粉尘。

思　考　题

1. 根据结构特征与用途分为哪几类？
2. 索具设备包括哪些？
3. 按绳股数吊装中常用的钢丝绳有哪两种？做什么用？
4. 简述钢丝绳使用注意事项。
5. 简述横吊梁的种类及作用。
6. 滑车组根据跑头（滑车组的引出绳头）引出的方向不同，可分为哪几种。
7. 简述卷扬机的固定方法。
8. 简述卷扬机的布置（即安装位置）应注意的问题。
9. 简述水平地锚埋设和使用应注意的问题。
10. 房屋拆除的方法有哪几种？各有什么特点？

11. 简述机械拆除的安全注意事项。

12. 爆破拆除必须符合哪些原则？

计　算　题

1. 起吊构件采用 6×19，直径 12.5mm、钢丝的强度极限为 $1400N/mm^2$ 的钢丝绳作起重滑轮组的起重绳，由卷扬机牵引，求钢丝绳的允许拉应力。

2. 构件重 300kN，滑轮组由 6 个滑轮组成，滑轮均为青铜轴套，绳头由定滑轮绕出，导向滑轮 2 个，求绳头拉力。

第七章　施工现场安全技术

学习目标

本章分四小节介绍建筑施工现场安全技术。通过本章的学习，能够较为全面地了解建筑施工现场安全技术及 PKPM 软件临时用电设计操作知识。

基本要求

1. 了解施工现场临时用电、防火以及施工现场其他安全方面的基本知识，了解文明施工与环境保护。

2. 熟悉施工现场临时用电、防火和道路、材料储存等安全技术及注意事项。

3. 掌握建筑施工现场临时用电安全技术及软件操作方法。

第一节　临时用电

一、施工用电管理规范

（一）临时用电施工的组织设计

按照《施工现场临时用电安全技术规范》（JGJ 46—2005）的规定：临时用电设备在 5 台及 5 台以上或设备容量在 50kW 及 50kW 以上者，应编制临时用电施工组织设计。临时用电施工组织设计的内容包括如下几点。

① 现场勘探。

② 确定电源进线和变电所、配电室、总配电箱、分配电箱等装设位置及线路走向。

③ 负荷计算。

④ 选择变压器容量、导线截面积和电器类型、规格。

⑤ 绘制电气平面图、立面图和接线系统。

⑥ 制定安全用电技术措施和防火措施。

（二）建立临时用电安全技术档案

（1）临时用电施工组织设计资料　施工现场临时用电的基础技术、安全资料。

（2）施工现场临时用电技术交底资料　电气工程技术人员向安装、维修临时用电工程的电工和各种设备用电人员分别贯彻临时用电安全重点的文字资料。技术交底内容包括临时用电施工组织设计的总体意图、具体技术内容、安全用电技术措施和电气防火措施等文字资料。技术交底资料必须完备、可靠，应明确交底日期、讨论意见，交底与被交底人要签名。

（三）安全检测记录

施工现场用电的安全检测是施工现场临时用电安全方面经常性的、全面的监视工作，对及时发现并消除用电事故隐患具有重要的指导意义。安全检测的内容主要包括：临时用电工程检查验收表、电气设备的试验单和调试记录、接地电阻测定记录表、定期检（复）查表。

工程竣工，拆除临时用电工程时间、参加人员、拆除程序的拆除方法和采取的安全防护措施，也应在电工维修记录中详细记录。

二、施工现场对外电线路的安全距离及防护

（一）外电线路的安全距离

安全距离是指带电导体与附近接地的物体、地面、不同极（或相）带电体以及人体之间必须保持的最小空间距离或最小空气间隙。这个距离或间隙保证在各种可能的最大工作电压作用下，带电导体周围不至发生放电，而且还保证带电体周围工作人员身体健康不受损害。高压线路对接地体或地面的安全距离见表7-1。

表7-1　高压线路至接地物体或地面的安全距离　　　　　　cm

外电线路额定电压/kV		1～3	6	10	35	60	110	220j	330j	500j
外电线路的边线至接地物体或地面的安全距离	屋内	7.5	10	12.5	30	55	95	180	260	380
	屋内	20	20	20	40	60	100	180	260	380

注：220j、330j、500j是指中性点直接接地系统。

在建筑施工现场中，安全距离主要是指在建工程（含脚手架具）的外侧边缘与外电架空线路的边缘之间的最小安全操作距离和现场施工的机动车道与外电架空线路交叉时的最小安全垂直距离。《施工现场临时用电安全技术规范》已经作出了具体规定。

（二）外电线路的防护

为了防止外电线路对现场施工构成潜在的危害，在建工程与外电线路（不论是高压，还是低压）之间必须保持规定的安全操作距离，机动车道与外线路之间则必须保持规定的安全距离。

施工现场的在建工程受位置限制无法保证规定的安全距离，为了确保施工安全，必须采取设置防护性遮拦、栅栏以及悬挂警告标志牌等防护措施。

各种不同电压等级的外电线路至遮拦、栅栏等防护设施的安全距离见表7-2所示。从表中可以看出屋外部分的数据较屋内部分数据大，主要是考虑了屋外架空导线因受风吹摆动等因素，网状遮拦的设置还考虑了成年人手指可能伸入网内的因素。

表7-2　带电体至遮拦、栅栏的安全距离　　　　　　cm

外电线路额定电压/kV		1～3	6	10	35	60	110	220j	330j	500j
线路边线至栅栏的安全距离	屋内	82.5	85	87.5	105	130	170	265	450	
	屋外	95	95	95	115	135	175			
线路边线至网状遮拦的安全距离	屋内	17.5	20	22.5	40	65	105	190	270	500
	屋外	30	30	30	50	70	110			

如果现场搭设遮拦、栅栏的场地狭窄，无法按表7-2的要求搭设时，唯一的安全措施就是与有关部门协商，采取停电，迁移外电线路或改变工程位置等。

三、施工现场临时用电的接地与防雷

人身触电事故的发生，一般分为下列两种：一是人体直接触及或过分靠近电气设备的带电部分（搭设防护遮拦、栅栏等属于防止直接触电的安全技术措施）；二是人体碰触平时不带电，因绝缘损坏而带电的金属外壳或金属架构。针对这两种人身触电情况，必须从电气设

备本身采取措施和从事电气工作时采取妥善的保证人身安全的技术措施和组织措施。

（一）保护接地和保护接零

电气设备的保护接地和保护接零是防止人身触及绝缘损坏的电气设备所引起的触电事故而采取的技术措施。接地和接零保护方式是否合理，关系到人身安全，影响到供电系统的正常运行。因此，正确地运用接地和接零保护是电气安全技术中的重要内容。

接地，通常是用接地体与土壤接触来实现的。将金属导体或导体系统埋入土壤中，就构成一个接地体。工程上，接地体除专门埋设外，有时还利用兼作接地体的已有各种金属构件、金属井管、钢筋混凝土建（构）筑物的基础、非燃物质用的金属管道和设备等，这种接地称为自然接地体。用作连接电气设备和接地体的导体，例如电气设备上的接地螺栓，机械设备的金属构架，以及在正常情况下不载流的金属导线等称为接地线。接地体与接地线的总和称为接地装置。

1. 接地类别

（1）工作接地　在电气系统中，因运行需要的接地（例如三相供电系统中，电源中性点的接地）称为工作接地。在工作接地的情况下，大地被作为一根导线，而且能够稳定设备导电部分对地的电压。

（2）保护接地　在电力系统中，因漏电保护需要，将电气设备正常情况下不带电的金属外壳和机械设备的金属构件（架）接地，称为保护接地。

（3）重复接地　在中性点直接接地的电力系统中，为了保证接地的作用和效果，除在中性点处直接接地外，在中性线上的一处或多处再接地，称为重复接地。

（4）防雷接地　防雷装置（避雷针、避雷器、避雷线等）的接地，称为防雷接地。防雷接地的设置主要作用是雷击防雷装置时，将雷击电流泄入大地。

2. 接地电阻

包括接地电阻、接地体本身的电阻及流散电阻。由于接地线和接地体本身的电阻很小（因导线较短，接地良好）可忽略不计。因此，一般认为接地电阻就是散流电阻。它的数值等于对地电压与接地电流之比。接地电阻分为冲击接地电阻、直接接地电阻和工频接地电阻，在用电设备保护中一般采用工频接地电阻。

3. 接地体周围土壤中的电位分布

若电气设备发生漏电故障，则接地体带电，对于垂直接地体，距离接地体 20m 以外处的土壤中流散电流所产生的电位已接近于零。

接地体周围土壤中的电位分布，如图 7-1 所示。从图中看出，距离接地体越远处的地表面对"地"电压越低；相反，距离接地体越近处的地表面对"地"电压越高，而接地体表面处的电位最高，接地体周围的电位分布呈双曲线形状。

4. 跨步电压

跨步电压是指当人的两足分别站在地面上具有不同对"地"电位的两点，在人的两足之间所承受的电位差。跨步电压主要与人体和接地体之间的距离，跨步的大小和方向及接地电流大小等因素有关。

人的跨步一般按 0.8m 考虑，大牲畜的跨距可按 1~1.4m 考虑。从图 7-1 中二

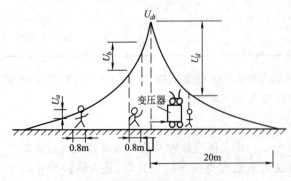

图 7-1　接地体周围的电位分布

人承受的跨步电压，二人与接地体的距离不同，所承受的跨步电压也不相同。距离接地体越近，跨步电压越大。一般离开接地体 20m 以外，就可不考虑跨步电压了。

5. 安全电压

当人体有电流通过时，电流对人体就会有危害，危害的大小与电流的种类、频率、量值和电流流经人体的时间有关。流经人体电流与电流在人体持续时间的乘积等于值 30mA·s 为安全界限值。考虑到人体一般情况下的平均电阻值不低于 1000Ω，从而可得到人的安全电压值。安全电压额定值的等级为 50V、42V、36V、24V、12V、6V。当电气设备采用超过 24V 的安全电压时，必须采取直接接触带电体的保护措施。

（二）临时用电的基本保护系统

国际电工委员会建筑电气设备委员会将电气基本安全保护措施划分为五大保护系统，其具体内容如下。

（1）TN 系统 电源系统有一点直接接地，负载设备的外露导电部分通过保护导体到此接地点的系统。根据中性导体和保护导体的布置，TN 系统的形式有以下三种。

① TN-S 系统：在整个系统中分开的中性导体和保护导体。

② TN-C-S 系统：系统中一部分中性导体和保护导体功能合在一根导体上。

③ TN-C 系统：整个系统，中性导体与保护导体的功能合在一根导体上。

（2）TT 系统 TT 系统是电源系统有一点直接接地，设备外露导电部分的接地与电源系统的接地在电气上无联系的系统。

（3）电源系统的带电部分不接地或通过阻抗接地构成的系统；电气设备的外露导电部分接地构成的系统。

（4）中性点有效接地系统 中性点直接接地或经一低值阻抗接地系统。通常其零序电抗与正序电抗的比值小于或等于 3，即 $|X_0/X|\leqslant 3$，零序电阻与正序电阻的比值小于或等于1，即 $R_0/R\leqslant 1$。本系统也可称为大接地电流系统。

（5）中性点非有效接地系统 中性点不接地，或经高值阻抗接地或谐振接地的系统。通常本系统的零序电抗与正序电抗之比大于 3，即 $X_0/X>1$，零序电阻与正序电阻的比值大于1，即 $R_0/R\geqslant 1$，本系统也可称为小接地电流系统。

（三）施工现场的防雷

雷电是一种大气中的静电放电现象。它的形成是由某些云积累起正电荷，另一些云积累起负电荷，随着电荷的积累，电压逐渐增高，当雷云带有足够数量的电荷，又互相接近到一定程度时，发生激烈的放电，出现耀眼的闪光。同时，由于放电时温度高达 2000℃，空气受热急剧膨胀，发出震耳的轰鸣。这就是闪电和雷鸣。

土建施工大部是露天工程，它是雷击的目标之一，对于施工人员来说，掌握一定的防雷知识很有必要。

1. 人身防雷措施

雷暴时，由于雷云直接对人体放电，雷电流入大地产生对地电压和由于二次放电对人体造成的电击，故必须采取安全措施。

① 雷暴时，在施工现场工作的人员应尽童少在场地逗留；在户外或野外作业时，最好穿塑料等不浸水的雨衣，有条件时，要进入有宽大金属建筑物的街道或高大树木屏蔽的街道躲避，但要离开墙壁和树木 8m 以外。

② 雷暴时，应尽量离开小山、小丘或隆起的小道。要尽量离开海滨、河边、池旁以及

铁丝网、金属晒衣绳、铁制旗杆一、烟囱、宝塔、孤独的树木等，还应尽量离开设有防雷保护的小建筑物或其他设施。

③ 雷暴时，在户内应注意雷电浸入波的危险，应离开照明线、动力线、电话线、广播线收音机电源线、收音机和电视机天线及与其相连的各种设备，以防止这些线路或设备对人体二次放电。户内对人体二次放电事故发生在1m以内的约70％，相距1.5以上没发现死亡事故。

④ 雷暴时，应注意关闭门窗，防止球形雷进入室内造成危害。

2. 施工现场的防雷保护

高大建筑物的施工工地应充分重视防雷保护。由于高层建筑施工工地四周的起重机、门式架、井字架、脚手架突出很高，材料堆积多，万一遭受雷击，不但对施工人员造成生命危险，而且容易引起火灾，造成严重事故。

高层建筑施工期间，应注意采取以下防雷措施。

① 由于建筑物的四周有起重机，起重机最上端必须装设避雷针，并应将起重机钢架连接于接地装置上。接地装置应尽可能利用永久性接地系统。如果是水平移动的塔式起重机，其地下钢轨必须可靠地接到接地系统上。起重机上装设的避雷针，应能保护整个起重机及其电力设备。

② 沿建筑物四角和四边竖起的木、竹架子上，做数根避雷针并接到接地系统上，针长最小应高出木、竹架子3.5m，避雷针之间的间距以24m为宜。对于钢脚手架，应注意连接可靠并要可靠接地。如施工阶段的建筑物当中有突出高点，应如上述加装避雷针。在雨期施工应随脚手架的接高加高避雷针。

③ 建筑工地的井字架、门式架等垂直运输架上，应将一侧的中间立杆接高，高出顶墙2m，作为接闭器，并在该立杆下端设置接地线，同时应将卷扬机的金属外壳可靠接地。

④ 应随时将每层楼的金属门窗（钢门窗、铝合金门窗）和现浇混凝土框架（剪刀墙）的主筋可靠连接。

⑤ 施工时应按照正式设计图纸的要求，先做完接地设备。同时，应当注意跨步电压的问题。

⑥ 在开始架设结构骨架时，应按图纸规定，随时将混凝土柱子的主筋与接地装置连接，以防施工期间遭到雷击而被破坏。

⑦ 应随时将金属管道及电缆外皮在进入建筑物的进口处与接地设备连接，并应把电气设备的铁架及外壳连接在接地系统上。

四、施工现场配电室及自备电源

（一）配电室的位置及布置

1. 配电室的位置选择

配电室的位置选择应根据现场负荷类型、大小和分布特点、环境特征等进行全面考虑。正确选择配电室的位置应符合以下原则。

① 配电室应尽量靠近负荷中心，以减少线路的长度和减少导线的截面积，提高配电质量，同时还能使配电线路清晰，便于维护。

② 进出线方便，并要便于电气设备的搬运。

③ 尽量避开多尘、震动、高温、潮湿等场所，以防止尘埃、潮气、高温对配电装置导电部分和绝缘部分的侵蚀，防止震动对配电装置运行的影响。

④ 尽量设在污染源的上风侧，防止因空气污秽引起电气设备绝缘及导电水平降低。

⑤ 不应设在容易积水场所的正下方。

2. 配电室的布置

配电室一般是独立式建筑物，配电装置设置在室内。在低压配电室里，常用的低压配电屏型号及结构的简要特征见表 7-3。

表 7-3　配电屏型号及结构简要特征

配电屏型号	结构简要特征	配电屏型号	结构简要特征
BSL-1	双面维护、非靠墙装置	BDL-1	单面维护、靠墙装置
BSL-6	双面维护、非靠墙装置	BDL-10	单面维护、靠墙装置
BSL-10	双面维护、非靠墙装置	BFL-2	抽屉式、非靠墙装置

配电室内的配电屏是经常带电的配电装置，为了保证运行安全和检查、维修安全，装置之间及装置与配电室顶棚、墙壁、地面之间必须保持电气安全距离。例如：配电屏正面操作通道宽度：单列布置时应不小于 1.5m，双列布置时应不小于 2m；配电屏后面的维护、检修通道宽度应不小于 0.8m 等。配电屏还应采取如下安全技术措施。

① 配电屏上的各条线路均应统一编号，并作出用途标记，以便管理，利于正常安全操作。

② 配电屏应装设短路、过负荷、漏电等电气保护装置，主要对配电系统中开关箱以上的配电装置（包括电力变压器）和配电线路实行短路保护、过载保护和漏电保护。

③ 成列的配电屏（包括控制屏）的两端应与重复接地和专用保护零线做电气连接，以实现所有配电屏正常不带电的金属部件与大地等电位的等位体。

④ 配电屏或配电线路维修时，应停电、并悬挂标志牌，以避免停、送电时发生误操作。

3. 配电室建筑的要求

对配电室建筑的基本要求是室内搬运、装设、操作和维修方便，以及运行安全可靠。其长度和宽度应根据配电屏的数量和排列方式决定；其高度要视进、出线的方式（电缆埋地敷设或绝缘导线架空敷设）以及墙上是否设隔离开关等因素而定。

配电室建筑物的耐火等级不低于三级，室内不准存放易爆、易燃物品，并应配备砂箱、1211 灭火器等。配电室应有自然通风和采光，设有隔层及防水、排水措施，还须有避免小动物进入的措施；配电室的门向外开并加锁，以便于紧急情况下室内人员撤离和防止闲杂人员随意进入。

（二）自备电源

当外电线路电力供电不足或其他原因而停止供电时就须自备电源，按照现行《施工现场临时用电安全技术规范》的规定，施工现场临时用电应采用具有专用保护零线的、电源中性点直接接地的三相四线制供电系统。为了保证自备发电，机组电源的供配电系统运行安全、可靠，并且充分利用已有的供配电线路，自备发配电系统也应采用具有专用保护零线的、中性点直接接地的三相四线制供配电系统。但该系统运行时，必须与外电线路（例如电力变压）部分在电气上完全隔离，即所谓独立设置，以防止自备发电机供配电系统通过外电线路电源变压器低压侧向高压侧反馈送电而造成危险。

在图 7-2 所示的线路中，如果外电线路高压侧拉闸停电，自备发电机投入运行，*FDK*、*FNPEK* 闭合，*DK*、*NPEK* 未分断，则自备发电机不仅向施工现场的负载供电，而且还向外电线路低压侧的负载供电，同时使电力变压器 T 处于升压反馈送电工作状态，这对电力变压器高压侧的工作人员来讲，易带来意外高压触电危险。即使分断电源开关 DK，上述反馈送电的危险仍然存在，是由于施工现场用电设备中的不平衡电流经过工作零线流入变压器 T 的低压绕组所造成的。

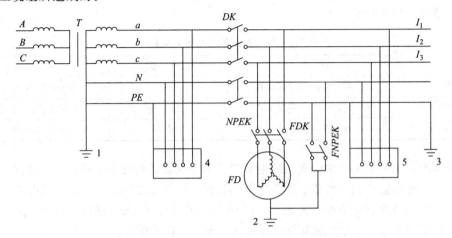

图 7-2 具有自备发电机组的施工现场供电系统线路

T—三相电力变压器；DK—电源开关；FD—发电机；$NPEK$—零线隔离开关；

FDK—发电机电源开关；$FNPEK$—发电机零线开关

1—表示电力变压器 T 的工作接地；2—表示发电机 FD 的工作接地；

3—配电系统重复接地；4—线路的负载；5—施工现场负载

外电线路高压侧分闸断电后，自备发电机组投入运行前，必须先将开关 DK 和 $NPEK$ 分闸断开，然后再依次将 $FNPEK$ 和 FDK 开关合闸，使发电机组投入运行，以实现自备发电机供电系统与外电线路的电气隔离，并体现接地、接零系统设置的独立性。

施工现场临时用电自备发电机供配电系统的设置必须遵守以下三项规定。

① 自备发电机组电源应与外电线路电源相互联锁，严禁并列运行。

② 自备发电机组电源的接地、接零系统应独立设置，与外电线路隔离，不得有电气连接。

③ 自备发电机组的供配电系统应采用有专用保护零线的三相四线制中性点直接接地系统。

五、施工现场的配电线路

施工现场的配电线路包括室内线路和室外线路。室内线路通常有绝缘导线和电缆的明敷设和暗敷设；室外线路主要有绝缘导线架空敷设和绝缘电缆埋地敷设两种，也有电缆线架空明敷设的。

（一）架空线路的要求

架空线路由导线、绝缘子、横担及电杆等组成。

（1）架空线路应采用绝缘铜线或绝缘铝线，铝线的截面积大于 $16mm^2$，铜线的截面积大于 $10mm^2$。

（2）架空线路严禁架设在树木、脚手架及其他非专用电杆上，且严禁成束架设。架空线路的挡距不得大于 35m，线间距不得大于 30mm，架空线的最大弧垂处与地面最小距离（施工现场一般为 4m，机动车道为 6m，铁路轨道为 7.5m）。

（3）架空线的相序排列规定如下。

① 工作零线与相线在一个横担上时，导线排列相序是：面向负荷从左侧起为 A、（N）、B、C。

② 当同保护零线在同一横担上时，导线的排列顺序是：面向负荷从左侧起为 A、（N）、B、C、（PE）。

③ 动力线、照明线在两个横担上分别架设时，上层横担，面向负荷从左侧起为 A、B、C；下层横担，面向负荷从左侧起为 A（B、C）、（N）、（PE）；在两个横担上架设时，最下层横担面向负荷，最右边的导线为保护零线（PE）。

（二）室内配电线的要求

安装在室内的导线，以及它们的支持物、固定用配件，总称室内配线。

室内配线分明装、暗装两种，明装导线是沿屋顶、墙壁敷设；暗装导线是敷设在地下、墙内，顶棚上面等看不到的地方。一般应满足以下使用安全要求。

① 导线的线路应减少弯曲；导线绝缘层应符合线路的安全方式和敷设的环境条件。

② 导线的额定电压应符合线路的工作电压；导线截面积要满足供电容量要求和机械强度要求；导线连接应尽量减少分支一、不受机械作用；线路中应尽量减少接头。

③ 线路布置尽可能避开热源，应便于检查。

④ 水平敷设线路距地面低于 2m 或垂直敷设的线路距地面低于 1.8m 的线段，应预防机械损伤。

⑤ 为防止漏电，线路对地的绝缘电阻不小于 100Ω/V。

（三）电缆线路的要求

① 确定敷设电缆的方式和地点，应以方便安全、经济、可靠为依据。电缆直埋方式，施工简单、投资省、散热好，应首先考虑。敷设地点应保证电缆不受机械损伤或其他热辐射，同时应尽量避开建筑物和交通设施。

② 电缆直接埋地的深度不小于 0.6m，并在电缆上下均匀铺设不小于 50mm 厚的细砂，再覆盖砖等硬质保护层，并在地上插有标志。

③ 电缆穿过建筑物、构筑物时须设置护管，以免机械损伤。

④ 电缆架空敷设时，应沿墙壁或电杆设置。严禁用金属裸线作绑线，电缆的最大弧垂距地不小于 2.5m。

六、施工现场的配电箱和开关箱

（一）配电箱与开关的设置

（1）设置原则　施工现场应设总配电箱（或配电室），总配电箱以下设分配电箱，分配电箱以下设开关箱，开关箱以下是用电设备。

（2）总配电箱　施工现场的配电系统的总枢纽，装设位置应便于电源引入，靠近负荷中心，减少配电线路，缩短配电距离等因素综合确定。分配电箱应考虑用电设备的分布情况分片装设在用电设备或负荷相对集中的地区，分配电箱与开关箱的距离应力求缩短。

开关箱与所控制的用电设备的距离不宜过长，保证当操作开关箱的开关时用电设备启动、停止和运行情况能在操作者的监护视线范围之内。

配电箱和开关箱的装设环境应符合以下要求。

① 防雨、防尘、干燥、通风，在常温下，无热源烘烤，无液体浸溅；

② 无外力撞击和强烈振动；

③ 无严重瓦斯、蒸汽—、烟气及其他有害介质影响；

④ 配电箱、开关箱应保证有足够的工作场地和通道，周围不应有杂物。

（3）电气安全技术措施

① 配电箱、开关箱的箱体材料一般选用铁板，也可用绝缘板。

② 配电箱、开关箱内部开关的安装应符合技术要求，工作位置安装端正、牢固、不倒置、歪斜、松动。移动式配电箱、开关箱应牢固，安装在稳定、坚实的支架上。安装高度能适应操作，通常固定式配电箱、开关箱的下底面安装高度为 1.3～1.5m，移动式配电箱、开关箱底面安装高度为 0.6～1.5m。

③ 配电箱、开关箱的进出口导线敷设时应加强绝缘，并卡固。进出口线应一律设在箱体的下面，导线不得承受超过导线自重的拉拽力，以防止导线被拉断或在箱内的接头被拉开。

④ 配电箱、开关箱的铁质箱体应作可靠的保护接零。保护零线应按国际标准采用绿/黄双色线，并通过专用接线端子板连接，并与工作接零相区别。

（二）配电箱与开关箱的使用

为了保障配电箱、开关箱安全使用，应注意以下问题。

（1）加强对配电箱、开关箱的管理，防止误操作造成危害，所有配电箱、开关箱应在其箱门处标注编号、名称、用途和分路情况。

配电箱、开关箱必须专箱专用，不能另挂其他临时用电设备。

（2）为了防止停、送电时电源手动隔离开关带负荷操作，对用电设备在停、送电时进行监护，配电箱、开关箱之间操作应遵行合理的顺序。送电时操作顺序是总配电箱（配电室内的配电屏）→分配电箱→开关箱；停电时操作顺序是开关箱→分配电箱→总配电箱（配电室的配电屏）。

对于配电箱和开关箱里的开关电器，应遵循相应的操作顺序。送电时应先关合手动开关电器，后关合自动开关电器；停电时先分断自动开关电器，后分断手动开关电器。

在出现电器故障，尤其是发生人体触电伤害时，允许就地就近将有关开关分断。

（3）为了保证配电箱、开关箱的正确使用，及时发现使用过程中的隐患和问题，及时维修并防止事故发生，必须对配电箱、开关箱的操作者进行必要的岗前技术、安全培训，通过培训达到掌握安全用电基本知识，熟悉所用设备的电气性能，熟悉掌握有关电器的正确操作方法。

配电箱、开关箱的操作人员上岗应按规定穿戴合格的绝缘用品，经外观检查确认有关配电箱、开关箱、用电设备、电气线路和保护设施完好后方能进行操作，当发现问题或异常时应及时处理。例如，当控制电动机的开关合闸后，电动机不能启动，则应立即拉闸断电，进行检查处理。又如，若发现保护零线断线和接头松动、脱落，应重新牢固连接才可操作。对配电箱、开关箱、电气线路、用电设备和保护设施进行检查处理应由专业人员完成。

（4）施工现场临时用电工程的运行环境条件较正式电气工程差，应对配电箱和开关箱定期检查、维修。检查、维修周期应适当缩短，一般一月一次为宜。更换熔断器的熔体（熔丝）时，必须采用原规格的合格熔丝，禁止用非标准的、不合格的熔体代替。

为了保证配电箱、开关箱内的开关电器能安全运行，应经常保持箱内整洁、干燥，无杂物，更不能放置易燃品和金属导电器材，防止开关火花点燃易燃易爆物品，防止金属导电器材意外触碰带电部分引起电器短路或人体触电。

（5）熔断器熔件的选择。一般情况下，熔件的熔断电流超过熔断器额定电流的 1.3～2.1 倍时，熔件就会熔断，而且电流愈大，熔断愈快。采用保护接零的系统，为了能在发生单相碰壳短路时，立即断开线路，一般线路单相短路电流应大于熔断器额定电流的 3 倍以上，为了躲过线路上的峰值电流，熔断器的额定电流应大于允许负荷的 1.5～2.5 倍，选用方法具体如下。

① 单台电动机负荷时，熔件的额定流量应大于电动机额定流量的 1.5～2.5 倍。

② 多台电动机负荷时，熔件的额定流量应大于最大一台电动机额定电流的 1.5～2.5 倍与其他电动机额定流量之和。

③ 没有冲击的负荷，如照明线路等，熔件的额定电流应大于负荷的电流。

七、供用电设备安全要求

（一）配电变压器

配电变压器在建筑施工中应用广泛。它是一种静止电器，起升高电压或降低电压的作用。建筑施工企业自用变压器均用来降低电压，通常把 10kV 的高压变换为 380V/220V 的低压电。380V 的电压可供三相电动机使用，220V 的电压可供建筑用的电动工具及现场照明使用。

1. 保证变压器运行的安全措施

（1）对室内安装的变压器，须是耐火建筑；变压器室的门应用不燃的材料制成，且门应向外开。

（2）对于高压侧电压为 10kV，变压器容量为 750kV·A 的变压室，室内应有储油坑。

（3）变压器的下方应设有通风墙，墙上方或屋顶应有排气孔，以利变压器散热良好。

（4）变压器室的门应随时上锁，并应在门上悬挂"高压危险"的警告牌。

（5）变压器及其他变电设备的外壳均应有可靠接地。采用保护接零的低压系统，中性点应通过击穿保险器接地。

（6）运行中的变压器高压侧电压不应与相应的额定值相差 5％。变压器各相电流不应超过额定电流的 25％。

（7）变压器上层油温不能超过 85℃，必须保证足够的油量和质量；要经常观察有无漏油或渗油现象；观察油位指示是否正常；油的颜色是否由浅黄加深或变黑。

（8）变压器的套管是否清洁，有无裂纹和放电痕迹。

2. 变压器停止使用的范围

（1）箱体漏油使油面低于油面计上的限度势。

（2）油枕喷油：音响不均匀或有爆裂声。

（3）油色过深，油内出现碳质。

（4）套管有严重裂纹和放电现象。

变压器在运行中一般每 10 年大修一次，每年小修一次。安装在污秽地区的变压器需另行处理。

（二）电动机的安全要求

选用电动机时为了保证安全，必须考虑工作环境。例如：潮湿、多尘的环境或户外应选用封闭式电动机，在可燃或爆炸性气体的环境中，应选用防爆式电动机。

电动机的功率必须与生产机械载荷的大小，持续、间断的规律相适应。此外，还要满足转速、启动、调速的要求，机械特性的要求和安装方面的要求。电动机运行时，应注意以下问题。

① 各部温度不超过允许温度。

② 电压波动不能太大。因为转矩与电压的平方成正比，所以电压低对转矩的影响很大。

一般情况下，电压波动不得超过−5%～+10%的范围。

③ 电压不平衡不能太大。三相电压不平衡会引起电动机额外发热。一般三相电压不平衡不能超过25%。

④ 三相电流不平衡不能太大。如果电流不平衡不是电源造成，则可能是电动机内部有某种故障。当各相电流均未超过额定电流时，最大不平衡电流不得超过额定电流的10%。

⑤ 音响和振动不得太大。新安装的电动器，同步转速为3000r/min时要求振动值不超过0.06mm，1500r/min时不超过0.1mm，1000r/min时不超过0.13mm，750r/min下时不超过0.16mm。

⑥ 线绕式电动机的电刷与滑环之间应接触良好，没有火花产生。

⑦ 三相电动机不准两相运行，电动机一相断电，容易因过热而损坏绝缘，应立即切断电源。

⑧ 机械部分不能被卡住。

⑨ 电动机必须保持足够的绝缘能力。

八、施工现场照明

（一）照明供电质量

提高供电质量是保证施工现场照明的基本条件。影响照明供电质量的主要因素是电压偏移。用电设备只在额定电压下运行时才有最好的使用效果，电压偏移越大，用电设备使用效果越差。

白炽灯当电压降低5%时，光通量降低18%；电压降低10%，光通量降低30%。电压比额定电压升高时，白炽灯的寿命明显缩短。一般工作场所的室内照明，露天工作场所照明，允许电压偏移值为2.5%。

（二）照明线路导线截面的选择

施工现场照明线路导线截面的选择应兼顾以下几方面：导线的机械强度，导线的允许电流，导线的电压损失，按短路电流检校线路。

① 根据机械强度要求，允许的最小导线截面如表7-4。导线的截面必须满足机械强度要求和允许电流要求。

表 7-4　根据机械强度允许的最小导线截面

导线敷设方式	支持点距离 /m	导线截面/mm²	
		铜　芯	铝　芯
吊灯用软线		0.75	
瓷珠配线	1.5以下	1.0	2.5
瓷瓶配线	2.0以下	1.5	4
	3.0以下	1.5	4
	6.0以下	2.5	4
槽板配线		1	1.5
穿管配线		1	2.5
铝卡片配线	0.3以下	1	2.5
建筑物内裸线		2.5	6
建筑物外沿墙敷设绝缘导线	20以下	4	10
引下线绝缘导线	10以下	2.5	4
380V/220V架空裸导线		6	16

② 电压偏移：电流由电源（变压器）、线路流向负荷，由于电源和线路存在阻抗而产生电压损失。使照明端处产生了电压偏移，即照明端处的实际电压与额定电压有子偏差。因照明（如灯泡）不变，如要减少电压损失，则必须减小线路阻抗。为此，只有增加导线的截面积。

（三）照明安全要求

经常有人的环境中的照明，如局部照明灯、行灯、标灯等的电压不得超过 30V；潮湿场所或金属管道照明不超过 12V。

行灯电源线应使用橡胶缆线，不得使用塑料软线。

行灯变压器应使用双圈的，一、二次侧均必须加保险，一次电源线应使用三芯橡胶线，其长度不应超过 3m。行灯变压器必须有防水防雨措施。

行灯变压器金属外壳及二次线圈应接零保护。

办公室、宿舍的灯，每盏应设开关控制，工作棚、场地采用分路控制，但应使用双极开关。灯具对地面垂直距离不应低于 2.5m，距可燃物应当保持安全距离。室外灯具距地不低于 3m。

九、临时供电计算

临时供电主要分为动力用电和照明用电两大类。动力用电是指施工动力用电设备额定用量；照明用电是指施工现场室外和室内照明用电。本小节主要讲述 PKPM 施工设施安全计算软件——临时用电方案的操作。

建筑施工现场临时用电工程专用的电源中性点直接接地的 220V/380V 三相四线制低压电力系统，必须符合下列规定：采用三级配电系统；采用 TN-S 接零保护系统；采用二级漏电保护系统。

（一）软件的启动及操作步骤

1. 软件的启动

在图 7-3 所示的界面中，选择"临时供电方案"，按【应用】按钮，弹出如图 7-5 所示的对话框，也可双击"临时用电设计"选项。

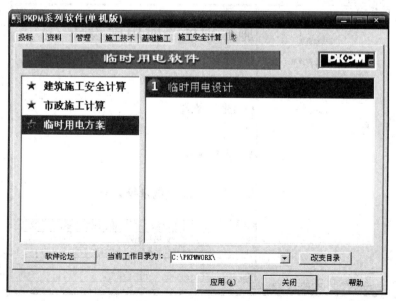

图 7-3　临时用电软件对话框

2. 对话框简介

临时用电计算对话框（图 7-4）是由菜单和两个窗口组成，菜单包括新建、编辑、视图、工程、临电安全规范和帮助等命令组，左窗口用于显示工程配电信息（用目录树形式显示）；右窗口用于显示计算结果，如图 7-5 所示。

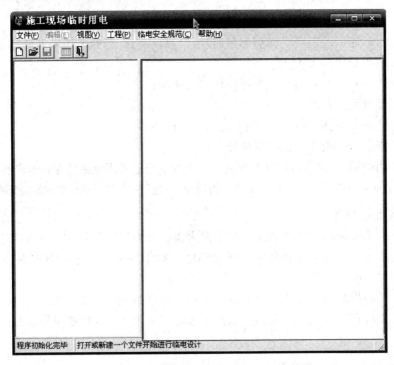

图 7-4　施工现场临时用电对话框（一）

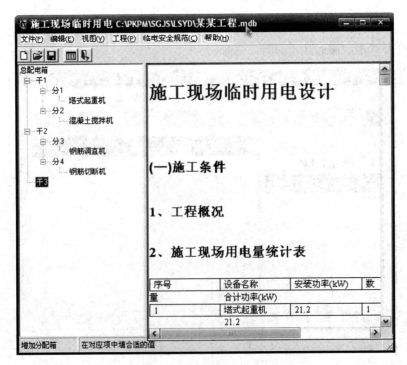

图 7-5　施工现场临时用电对话框（二）

（二）操作步骤

1. 新建工程

在图 7-4 中，选择菜单命令组，选择【新建】命令，或单击快捷命令按钮的【新建】命令，弹出如图 7-6 所示的对话框。

图 7-6　新建工程对话框

在该对话框中输入"文件名"，单击【打开】按钮即可完成操作，操作完成后，在图 7-5 左窗口中出现"总配电箱"字样，如图 7-5 所示。

2. 干线布置操作

（1）具体操作　在图 7-5 左侧窗口中，选择"总配电箱"，单击鼠标右键，弹出如图 7-7 所示的快捷菜单，选择"增加节点"命令，软件弹出如图 7-8 所示"新建干线参数"对话框。

（2）新建干线参数及操作说明

① 干线名：指新建干线的名称，系统默认"干 1、干 2……"，自动编号，操作者也可自行输入干线名称。

② 需要系数 K_x：指干线全部施工用电设备同时使用系数。当设备总数 10 台以内取 0.75；10～30 台取 0.7；30 台以上取 0.6。

图 7-7　总配电箱快捷菜单

图 7-9　干线快捷菜单

图 7-8　新建干线参数对话框

③ 功率因数 $\cos\varphi$：指用电设备功率因素，一般建筑工地取 0.75。

④ 干线用途：干线用途有动力和照明两种，单击选项按钮选择。

3. 支线布置操作

（1）具体操作 在图 7-5 左侧窗口中，选择干线，单击鼠标右键，弹出如图 7-9 所示快捷菜单，选择"增加节点"命令，弹出如图 7-10 所示的对话框。

图 7-10 新建分配箱参数对话框

（2）分配电箱参数及操作说明

① 分配电箱名称：指新分配电箱的名称，系统默认"分1、分2……"，自动编号，操作者也可自行输入。

② 需要系数和功率因数：同干线操作。

③ 分配箱干线长（m）：指分配电箱至干线配电箱的长度，按实际长度输入。

（3）设备选择操作

① 在图 7-10 下方的表格中，单击"设备名"栏，弹出如图 7-11 所示对话框。在该表中提供了设备的类别和常用设备及相关参数。

② 单击鼠标左键选择设备，按【确定】按钮，返回图 7-10。

③ 设备表中的参数主要有组号、数量、功率、需要系数、实际暂载、功率因数、导线长和电压等，其中功率、需要系数、实际暂载、功率因数和电压由选择操作自动完成，需要输入的参数有组号、数量、导线长度等参数。

临时供电计算操作应按照工地实际临时供电的布置以及使用的设备进行，待全部输入完成后，在图 7-4（或图 7-5）菜单中，选择【工程】—【用电计算】命令，软件将自动计算。

（三）用电量计算内容及公式

1. 临时供电计算

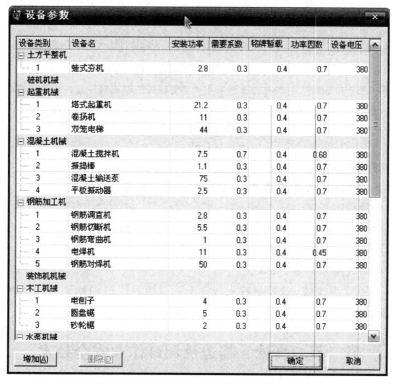

图 7-11 设备参数对话框

工地临时供电包括施工及照明用电两个方面，计算公式如下：

$$P = 1.1(K_1 \sum P_c + K_2 \sum P_a + K_3 \sum P_b) \tag{7-1}$$

式中 P——计算用电量（kW），即工地临时供电设备总需要容量；

P_c——全部施工动力用电设备额定用量之和；

P_a——室内照明设备额定用电量之和；

P_b——室外照明设备额定用电量之和；

K_1——全部施工用电设备同时使用系数，总数 10 台以内取 0.75；10～30 台取 0.7；30 台以上取 0.6；

K_2——室内照明设备同时使用系数；

K_3——室外照明设备同时使用系数。

综合考虑施工用电约占总用电量 90%，室内外照明电约占总用电量 10%，则有：

$$P = 1.1(K_1 \sum P_c K_2 + 0.1P) = 1.24 K_1 \sum P_c \tag{7-2}$$

2. 变压器容量计算

变压器容量计算公式如下：

$$P_0 = \frac{1.05P}{\cos\varphi} = 1.4P \tag{7-3}$$

式中 P_0——变压器容量，kV·A；

1.05——功率损失系数；

$\cos\varphi$——用电设备功率因素，一般建筑工地取 0.75。

3. 配电导线截面计算

（1）按导线的允许电流选择 三相四线制低压线路上的电流可以按照下式计算：

$$I_t = \frac{1000P}{\sqrt{3}U_t\cos\varphi} = 2P \qquad\qquad (7\text{-}4)$$

式中　I_t——线路工作电流值，A；

　　　U_t——线路工作电压值，V，三相四线制低压时取 380V。

　　注：对于不同类型 TJ 型裸线、BX 型橡皮线和 BV 型塑料线的铜或铝导线，计算其截面积。

　（2）按导线的允许电压降校核　配电导线截面的电压可以按照下式计算：

$$e = \frac{\sum PL}{CS} = \frac{\sum M}{CS} \leqslant [e] = 7\% \qquad\qquad (7\text{-}5)$$

式中　$[e]$——导线电压降，%，对工地临时网路取 7%；

　　　P——各段线路负荷计算功率，kW，即计算用电量；

　　　L——各段线路长度，m；

　　　C——材料内部系数，三相四线铜线取 77.0，三相四线铝线取 46.3；

　　　S——导线截面积，mm^2；

　　　M——各段线路负荷矩，$kW \cdot m$。

　　对于不同类型 TJ 型裸线、BX 型橡皮线和 BV 型塑料线的铜或铝导线，计算其截面积。选择上面结果的最大值。

第二节　高处、临边及洞口作业安全技术

　　在建筑施工中，发生的安全伤亡事故，多数是操作者从高处坠落或物体落下伤人。在事故的类别中居首位，安全事故主要发生在洞口（楼梯平台口、电梯井口、出入口、预留洞口，简称"四口"）、临边（深度超过 2m 的槽、坑、沟的周边，在施工工程无外脚手架的屋面和框架结构楼层的周边，井字架、龙门架、施工外用电梯和脚手架与建筑物的通道，上下跑道和斜道的两侧边，尚未安装栏板或栏杆的阳台、料台、挑平台的周边，简称"五临边"）以及攀登、悬空等作业过程中。

一、高处作业安全技术

（一）高处作业的含义

　　按照国标规定："凡在坠落高度基准面 2m 以上（含 2m）有可能坠落的高处进行的作业称为高处作业"。其含义有两个：一是相对概念，可能坠落的底面高度大于或等于 2m，也就是不论在单层、多层或高层建筑物作业，即使是在平地，只要作业处的侧面有可能导致人员坠落的坑、井、洞或空间，其高度达到 2m 及其以上，就属于高处作业；二是高低差距标准定为 2m，因为一般情况下，当人在 2m 以上的高度坠落时，就很可能会造成重伤、残废甚至死亡。

（二）高处作业时的安全防护技术措施

　　① 凡是进行高处作业施工的，应使用脚手架、平台、梯子、防护围栏、挡脚板、安全带和安全网等。作业前应认真检查所用的安全设施是否牢固、可靠。

　　② 凡从事高处作业人员应接受高处作业安全知识的教育；特殊高处作业人员应持证上岗，上岗前应依据有关规定进行专门的安全技术交底。采用新工艺、新技术、新材料和新设备的，应按规定对作业人员进行相关安全技术教育。

　　③ 高处作业人员应经过体检，合格后方可上岗。施工单位应为作业人员提供合格的安

全帽、安全带等必备的个人安全防护用具，作业人员应按规定正确佩戴和使用。

④ 施工单位应按类别，有针对性地将各类安全警示标志悬挂于施工现场各相应部位，夜间应设红灯示警。

⑤ 高处作业所用工具、材料严禁投掷，上下立体交叉作业确有需要时，中间须设隔离设施。

⑥ 高处作业应设置可靠扶梯，作业人员应沿着扶梯上下，不得沿着立杆与栏杆攀登。

⑦ 在雨雪天应采取防滑措施，当风速在 10.8m/s 以上和雷电、暴雨、大雾等气候条件下，不得进行露天高处作业；高处作业上下应设置联系信号或通讯装置，并指定专人负责。

⑧ 高处作业前，工程项目部应组织有关部门对安全防护设施进行验收，经验收合格签字后方可作业。需要临时拆除或变动安全设施的，应经项目技术负责人审批签字，并组织有关部门验收，经验收合格签字后方可实施。

二、临边与洞口作业的安全技术

在建筑工程施工中，施工人员大部分时间处在未完成的建筑物的各层各部位或构件的边缘或洞口处作业。临边与洞口的安全施工一般须注意三个问题：①临边与洞口处在施工过程中是极易发生坠落事故的场合；②必须明确那些场合属于规定的临边与洞口，这些地方不得缺少安全防护设施；③必须严格遵守防护规定。

1. 临边作业安全防护

在施工现场，当作业中工作面的边沿没有围护设施或围护设施的高度低于 80cm 时，这类作业称为临边作业。例如在沟、坑、槽边、深基础周边、楼层周边梯段侧边、平台或阳台边、屋面周边等地方施工。在进行临边作业时设置的安全防护设施主要为防护栏杆和安全网。

（1）防护栏杆　这类防护设施，形式和构造较简单，所用材料为施工现场所常用，不需专门采购，可节省费用，更重要的是效果较好。以下三种情况必须设置防护栏杆。

① 基坑周边、尚未装栏板的阳台、料台与各种平台周边、雨篷与挑檐边、无外脚手架的屋面和楼层边，以及水箱与水塔周边等处，都必须设置防护栏杆。

② 分层施工的楼梯口和梯段边，必须安装临边防护栏杆；顶层楼梯口应随工程结构的进度安装正式栏杆或安临时栏杆；梯段旁边亦应设置两道栏杆，作为临时护栏。

③ 垂直运输设备如井架、施工用电梯等与建筑物相连接的通道两侧边，亦需加设防护栏杆。栏杆的下部还必须加设挡脚板、挡脚竹笆或者金属网片。

（2）防护栏杆的选材和构造要求　临边防护用的栏杆是由栏杆立柱和上下两道横杆组成，上横杆称为扶手。栏杆的材料应按规范标准的要求选择，选材除需满足力学条件外，其规格尺寸和联结方式还应符合构造要求，应紧固而不动摇，能够承受突然冲击，阻挡人或物料的坠落，还要有一定的耐久性。

搭设临边防护栏杆时，上杆离地高度为 1.0～1.2m，下杆离地高度为 0.5～0.6m，坡度大于 1：2.2 的屋面，防护栏杆应高 1.5m，并加挂安全立网。除经设计计算外，横杆长度大于 2m，必须加设栏杆立柱。栏杆柱的固定及其与横杆的连接，其整体构造应使防护栏杆在上杆任何处，能经受任何方向的 1000N 外力。当栏杆所处位置有发生人群拥挤，车辆冲击或物件碰撞等可能时，应加大横杆截面或加密柱距。防护栏杆必须自上而下用安全立网封闭。

栏杆柱的固定应符合下列要求：①在基坑四周固定，可采用钢管打入地面 50～70cm 深。钢管离边口不应小于 50cm；当基坑周边采用板桩时，钢管可打在板桩外侧。②在混凝土楼面、屋面或墙面固定时，可用预埋件与钢管或钢筋焊牢；采用竹、木栏杆时，可在预埋件上焊接 30cm 长的 L50×5 角钢，其上下各钻一孔，然后用 10mm 螺栓与竹、木杆件拴牢。

③当在砖或砌块等砌体上固定时，可预先砌入规格相适应的 80×6 弯转扁钢作预埋铁的混凝土块，然后用上项方法固定。

（3）防护栏杆的计算 临边作业防护栏杆主要用于防止人员坠落，能够经受一定的撞击或冲击，在受力性能上耐受 1000N 的外力，所以除结构构造上应符合规定外，还应经过一定的计算，方能确保安全。此项计算应纳入施工组织设计。

2. 洞口作业安全防护

施工现场，在建工程上往往存在着各式各样的洞口，在洞口旁的作业称为洞口作业。在水平方向的楼面、屋面、平台等上面短边小于 25cm 的称为孔，但也必须覆盖；等于或大于 25cm 称为洞。在垂直于楼面、地面的垂直面上，则高度小于 75cm 的称为孔，高度等于或大于 75cm，宽度大于 45cm 的均称为洞。凡深度在 2m 及 2m 以上的桩孔、人孔、沟槽与管道等孔洞边沿上的高处作业都属于洞口作业范围。如因特殊工序需要而产生使人与物有坠落危险及危及人身安全的各种洞口，都应该按洞口作业加以防护。

（1）洞口防护类型 洞口作业的防护措施主要有设置防护栏杆、栅门、格栅及架设安全网等多种方式，不同情况下的防护设施具体如下。

① 各种板与墙的洞口，按其大小和性质分别设置牢固的盖板、防护栏杆、安全网格或其他防坠落的防护设施。

② 电梯井口，根据具体情况设防护栏或固定栅门与工具式栅门，电梯井内每隔两层或最多 10m 设一道安全平网，也可以按当地习惯，在井口设固定的格栅或采取砌筑坚实的矮墙等措施。

③ 钢管桩、钻孔桩等桩孔口，柱型条型等基础上口，未填土的坑、槽口，以及天窗、地板门和化粪池等处，都要作为洞口采取符合规范的防护措施。

④ 施工现场与场地通道附近的各类洞口与深度在 2m 以上的敞口等处除设置防护设施与安全标志外，夜间还应设红灯示警。

⑤ 物料提升机上料口，应装设有连锁装置的安全门，同时采用断绳保护装置或安全停靠装置；通道口走道板应平行于建筑物满铺并固定牢靠，两侧边应设置符合要求的防护栏杆和挡脚板，并用密目式安全网封闭两侧。

（2）洞口安全防护措施要求 洞口作业时根据具体情况采取设置防护栏杆，加盖件，张挂安全网与装栅门等措施。

① 楼板面的洞口，可用竹、木等作盖板，盖住洞口。盖板须能保持四周搁置均衡，并有固定其位置的措施。

② 短边边长为 50～150cm 的洞口，必须设置以扣件扣接钢管而成的网络，并在其上满铺竹笆或脚手板。也可采用贯穿于混凝土板内的钢筋构成防护网，钢筋网络间距不得大于 20cm。

③ 边长在 150cm 以上的洞口，四周设防护栏杆，洞口下铺设安全平网。

④ 墙面等处的竖向洞口，凡落地的洞口应加装开关式、工具式或固定式的防护门，门栅网格的间距不应大于 15cm，也可采用防护栏杆，下设挡脚板（笆）。

⑤ 下边沿至楼板或底面低于 80cm 的窗台等竖向的洞口，如侧边落差大于 2m 应加设 1.2m 高的临时护栏。

（3）洞口防护的构造要求 一般来讲，洞口防护的构造形式可分为以下三类。

① 洞口防护栏杆，通常采用钢管。

② 利用混凝土楼板，采用钢筋网片或利用结构钢筋或加密的钢筋网片等。

③ 垂直方向的电梯井口与洞口，可设木栏门、铁栅门与各种开启式或固定式的防护门。防护栏杆的力学计算和防护设施的构造形式应符合规范要求。

三、安全帽、安全带、安全网

进入施工现场必须戴安全帽，登高作业必须系安全带。安全帽、安全带、安全网被称为救命"三宝"。目前，这三种防护用品都有产品标准。使用时，也应选择符合建筑施工要求的产品。

1. 安全帽

安全帽的产品种类很多，制作安全帽的材料有塑料、玻璃钢、竹、藤等。无论选择哪个种类的安全帽，它必须满足下列要求。

① 耐冲击：将安全帽在+50℃及-10℃的温度下或用水浸的三种情况下处理后，然后将5kg重的钢锤自1m高处自由落下，冲击安全帽，最大冲击力不应超过500kg（5000N或5kN），因为人体的颈椎只能承受500kg冲击力，超过时就易受伤害。

② 耐穿透：根据安全帽的不同材质可采用在+50℃及-10℃或用水浸三种方法处理后，用3kg重的钢锥，自安全帽的上方1m的高处，自由落下，钢锥穿透安全帽，但不能碰到头皮。这就要求，选择的安全帽，在戴帽的情况下，帽衬顶端与帽壳内面的每一侧面的水平距离保持在5～20mm。

③ 耐低温性能良好：当在10℃以下的气温中，帽的耐冲击和耐穿透性能不改变。

④ 侧向刚性：能达到规范要求。

2. 安全带

建筑施工中的攀登作业、独立悬空作业都属于高空作业，操作人员都应系安全带。安全带应用选用符合标准要求的合格产品。常用的是带单边护胸的。在使用要注意以下问题。

① 安全带应高挂低用，防止摆动和碰撞；安全带上的各种部件不得任意拆掉。

② 安全带使用两年以后，使用单位应按购进批量的大小，选择一定比例的数量，作一次抽检，用80kg的砂袋做自由落体试验，若未破断可继续使用，但抽检的样带应更换新的挂绳才能使用；若试验不合格购进的这批安全带就应报废。

③ 安全带外观有破损或发现异味时，应立即更换。

④ 安全带使用3～5年即应报废。

3. 安全网

（1）安全网的形式及性能　目前，建筑工地所使用的安全网，按形式及其作用可分为平网和立网两种。由于这两种网使用中的受力情况不同，因此它们的规格、尺寸和强度要求等也有所不同。平网，指其安装平面平行于水平面，主要用来承接人和物的坠落；立网，指其安装平面垂直于水平面，主要用来阻止人和物的坠落。

（2）安全网的构造和材料　安全网的材料，要求其比重小、强度高、耐磨性好、延伸率大和耐久性较强。此外还应有一定的耐气候性能，受潮受湿后其强度下降不太大。目前，安全网以化学纤维为主要材料。同一张安全网上所有的网绳，都要采用同一材料，所有材料的湿干强力比不得低于75％。通常，多采用维纶和尼龙等合成化纤作网绳。丙纶由于性能不稳定，禁止使用。此外，只要符合国际有关规定的要求，亦可采用棉、麻、棕等植物材料作原料。不论用何种材料，每张安全平网的重量一般不宜超过15kg，并要能承受800N的冲击力。

（3）密目式安全网　自1999年5月1日，《建筑施工安全标准》（JGJ 59—1999）实施后，P3×6的大网眼的安全平网就只能在电梯井里、外脚手架的跳板下面、脚手架与墙体间的空隙等处使用。

密目式安全网的目数为在网上任意一处的 $10cm \times 10cm = 100cm^2$ 的面积上，大于 2000 目的安全网。目前，生产密目式安全网的厂家很多，品种也很多，产品质量也参差不齐，为了能使用合格的密目式安全网，施工单位采购来以后，可以做现场试验，除外观、尺寸、重量、目数等的检查以外，还要做以下两项试验。

① 贯穿试验：将 $1.8m \times 6m$ 的安全网与地面成 30°夹角放好，四边拉直固定。在网中心的上方 3m 的地方，用一根 $\phi 48 \times 3.5$ 的 5kg 重的钢管，自由落下，网不贯穿，即为合格，网贯穿，即为不合格。

② 冲击试验：将密目式安全网水平放置，四边拉紧固定。在网中心上方 1.5m 处，有一个 100kg 重的砂袋自由落下，网边撕裂的长度小于 200mm，即为合格。

用密目式安全网对在建工程外围及外脚手架的外侧全封闭，就使得施工现场从大网眼的平网作水平防护的敞开式防护，用栏杆或小网眼立网作防护的半封闭式防护，实现了全封闭式防护。

第三节　施工现场防火

一、燃烧

（一）燃烧及其条件

燃烧一般是指某些可燃物在较高温度时与空气中的氧或其他氧化剂进行剧烈化学反应而发生的放热、发火现象。燃烧必须具备以下三个条件。

（1）可燃物　不论是固体、液体、气体，凡是能与空气中的氧和其他氧化剂起剧烈反应的物质，一般都称为可燃物质，如木材、石油、煤气等。

（2）火源　即能引起可燃物质燃烧的热能，如火焰、电火花等。

（3）助燃物　凡能帮助燃烧的物质都叫助燃物质，如氧气、氯气等。

上述三个条件，即三个因素相互作用，就能产生燃烧现象。

（二）影响燃烧性能的主要因素

（1）燃点　火源接近可燃物质能使其发生持续燃烧的最低温度叫着火点或燃点。燃点越低，火灾的危险性就越大。

（2）自燃点　可燃物质与空气混合后，共同均匀加热到不需要明火而自引着火的最低温度，称为自燃点。自燃点越低，火灾危险性就越大。

（3）自燃　自热燃烧称为自燃。堆放物越多，越容易引起燃烧。

（4）闪点　可燃物体挥发出的蒸气与空气形成混合物，遇火源接触能够发生闪燃的最低温度即为闪点。闪点越低，火灾危险性越大。

（5）燃烧速度　可燃气体单位时间内被燃烧掉的数量或体积量度为燃烧速度。燃烧速度越快，引起火灾的危险性越大。

（6）诱导期　在引着火前所延滞的时间称为诱导期。延滞时间短，火灾危险性便大。

（7）最小引燃量　所需引燃量越少，引起火灾的危险性就越大。

二、施工现场仓库防火

（一）易燃仓库的设置、储存注意事项

① 易着火的仓库应设在水源充足，消防车能到达的地方，并应设在下风方向。

② 易燃仓库四周内，应有不小于6m的平坦空地作为消防通道，通道上严禁堆放障碍物。

③ 贮量大的易燃仓库，应设两个以上的大门，并应将生活区、生活辅助区和堆放场分开布置。

④ 易燃仓库堆料场与其他建筑物、铁路、道路、架高电线的防火间距，应按有关规定执行。

⑤ 对于易引起火灾的仓库，应将仓房内、外按每500m² 的区域分段设立防火墙，把平面划分为若干个防火单元，以便考虑失火后能阻止火势的扩散。

⑥ 有明火的生产辅助区和生活用房与易燃堆垛之间，至少应保持30m的防火间距。有飞火的烟囱应布置在仓库的下风地带。

⑦ 易燃仓库堆料场应分堆垛和分组设置，每个垛的面积为：稻草不得大于150m²，木材（板材）不得大于300m²，锯末不得大于200m²，堆垛之间应留3m宽的消防通道。

（二）贮存注意事项

① 对贮存的易燃货物应经常进行防火安全检查，发现火险隐患，应及时采取措施，予以消除。

② 在易燃物堆垛附近不准生火烧饭，不准吸烟。

③ 稻草、锯末、煤等材料的堆放垛，应保持良好通风，并应经常注意堆垛内的温度变化。发现温度超过38℃，或水分过低时，应及时采取措施，防止其自燃起火。

三、施工现场防火要求

（1）施工现场的平面布置、施工方法和施工技术，均应符合消防安全要求。

（2）施工现场应明确划分用火作业，易燃可燃材料堆放、仓库、废品集中站和生活等的区域。

（3）施工现场的道路应畅通无阻；夜间应设照明，并加强值班巡逻。

（4）不准在高压架空线下面搭设临时性建筑物或堆放可燃物品。

（5）土建开工前应将消防器材和设施配备好，应敷设好室外消防水管、消火栓、砂箱、铁锹等。

（6）乙炔发生器和氧气瓶存放之间的距离不得小于2m，使用时两者的距离不得小于5m。

（7）氧气瓶、乙炔发生器等焊割设备的安全附件应完整而有效，否则严禁使用。

（8）施工现场的焊、割作业，必须符合防火要求，严格执行"十不烧"规定。

① 焊工必须持证上岗，无证者不准进行焊、割。

② 属一、二、三级动火范围的焊、割作业，未经办理动火审批手续，不准进行焊割。

③ 焊工不了解焊件内部是否有易燃、易爆物时，不得进行焊、割。

④ 焊工不了解焊、割现场周围情况，不得进行焊、割。

⑤ 各种装过可燃气体、易燃液体和有毒物质的容器，未经彻底清洗，或未排出危险之前，不准进行焊、割。

⑥ 用可燃材料作保温层、冷却层、隔音、隔热设备的部位，或火星能飞溅到的地方，在未采取切实可靠的安全措施之前，不准焊、割；有压力或密闭的管道、容器，不准焊、割。

⑦ 焊割部位附近有易燃易爆物品，在未作清理或未采取有效的安全防护措施前，不准焊割。

⑧ 附近有与明火作业相抵触的工种在作业时，不准焊、割。

⑨ 与外单位相连的部位，在没有弄清有无险情，或明知存在危险而未采取有效的措施

前，不准焊一、割。

（9）施工现场用电，应严格按照用电安全管理规定，加强电源管理，以便防止发生电气火灾。

（10）冬季施工采用煤炭取暖，应符合防火要求和指定专人负责管理。

四、禁火区域划分和特殊建筑施工现场防火

（一）禁火区划分

（1）凡属下列情况之一的属一级动火：

① 禁火区域内；

② 油罐、油箱、油槽车和贮存过可燃气体、易燃气体的容器以及连接在一起的辅助设备；

③ 各种受压设备；

④ 危险性较大的登高焊、割作业；

⑤ 堆有大量可燃和易燃物质的场所；比较密封的室内、容器内、地下室等场所。

（2）凡属下列情况之一的为二级动火：

① 在具有一定危险因素的非禁火区域内进行临时焊、割等作业；

② 小型油箱等容器；

③ 登高焊一、割等作业。

（3）在非固定的、无明显危险因素的场所进行用火作业，均属三级动火作业。

（4）施工现场的动火作业，必须执行审批制度。

① 一级动火作业由所在工地负责人填写动火申请表和编制安全技术措施方案，报公司安全部门批准后，方可动火。

② 二级动火作业由所在工地负责人填写动火申请表和制定安全技术措施方案，报本单位主管部门审查批准后，方可动火。

③ 三级动火作业由所在班组填写动火申请表，经工地负责人审查批准后，方可动火。

（二）特殊建筑施工现场的防火

① 4m 以上的高层建筑施工现场，应设置具有足够扬程的高压水泵或其他防火设备及设施。

② 增设临时消防水箱，必须保证有足够的消防水源。

③ 进入内装饰阶段，要明确规定吸烟点；严禁在屋顶用明火熔化柏油。

④ 高层建筑和地下工程施工现场应具有通讯报警装置，以便于及时报告险情。

五、灭火器材的配备及使用方法

（一）灭火器材的配备

1. 现场仓库消防灭火设施

① 仓库的室外消防用水量，应按照《建筑设计防火规范》的有关规定执行。

② 应有足够的消防水源，其进水口一般不应小于两处。

③ 消防管道的口径应根据所需最大消防用水量确定，一般不应小于 150mm，消防管道的设置应呈环状；室外消火栓应沿消防车道或堆料场内交通路的边缘设置，距离不应大于 50m。

④ 采用低压给水系统，管道内的压力在消防用水量达到最大时，不低于 0.1MPa；采用高压给水系统，管道内的压力应保证两支水枪同时布置在堆场内最远和最高处的要求，水枪充实水柱不小于 13m，每支水枪的流量不应小于 5L/s。

⑤ 仓库或堆场内，应分组布置酸碱、泡沫、二氧化碳等灭火器，每组灭火器不应少于四个，每组灭火器的间距不应大于30m。

2. 施工现场灭火器材的配备

① 一般临时设施区，每100m² 配备两个10L灭火机，大型临时设施总面积超过1200m² 的，备有专供消防用的太平桶、积水桶（池）、黄砂池等器材设施。上述周围不得堆放物品。

② 临时木工间、油漆间、机具间等，每25m² 应配置一个种类合适的灭火机；油库、危险品仓库应配备足够数量、种类的灭火机。

（二）几种灭火机的性能、用途和使用方法

详见表7-5。

表 7-5　几种灭火机的性能和用途

灭火器种类	泡沫灭火器	酸碱灭火器	二氧化碳灭火器	四氯化碳灭火器	干粉灭火器
规格	10升 65～130升	10升	2公斤以下 2～3公斤 5～7公斤	2公斤以下 2～3公斤 5～8公斤	8公斤
药剂	筒内装有碳酸氢钠，发沫剂和硫酸铝溶液	筒内装有碳酸氢钠水溶液和一瓶硫酸	瓶内盛有压缩成液态的二氧化碳	钢瓶内装有四氯化碳液体	瓶内装小苏打或钾盐干粉
用途	适合扑救油类火灾	适用于扑救木材棉花、纸张等火灾。不能扑救电气油类火灾	适于扑救贵重仪器设备，不能扑救金属钾、钠、镁、铝等物质的火灾	用于扑救电气火灾，不能扑救金属钾、钠、镁、铝、乙炔、乙烯、二硫化碳等火灾	适用于扑救石油、石油产品、油漆、有机溶剂和电器设备等火灾
效能	10升灭火器，喷射时间60秒。射程8米。65升的喷射时间170秒，有效射程13.5米	10升灭火器，喷射时间50秒，射程为10米	更接近着火地点，保持3米远	3公斤喷射时间30秒，射程为7米	8公斤干粉喷射时间14～16秒，射程为4.5米
使用方法	倒过来稍加摇动或打开开关，药剂即喷出	把灭火器筒身倒过来，溶液即可喷出	一手拿好喇叭筒对准火源，另一手打开开关即可	只要打开开关，液体就可喷出	提起圈环，干粉即可喷出
保管和检查方法	保管：①灭火器要放在方便地方；②防止喷嘴堵塞；③注意使用期限；④冬季防止灭火器冻结、做到保温 检查：①泡沫灭火器的泡沫发生倍数为5.5倍，存放期间低于四倍时，应换药。另一种用比重计试验内外药（内药为30度，外药为10度），低于规定应换药；②酸碱灭火器的检查方法同检查泡沫灭火器的第二种方法；③二氧化碳灭火器的检查方法：年称重一次，得出重量与器体上注明的器体重量和二氧化碳净重相对照，如二氧化碳净重减少10%以内应修充气；④四氯化碳灭火器检查方法：用仪器试验瓶内液体压力，发现不足8公斤时应充气				应保存在干燥通风处，防止受潮日晒。每年应抽查一次干粉是否受潮结块，二氧化碳气体每半年称重一次

第四节　文明施工与环境保护

一、现场场容管理

（一）施工现场的平面布置

施工现场的平面布置图是施工组织设计的重要组成部分，必须科学合理的规划，绘制出

施工现场平面布置图，在施工实施阶段按照施工总平面图要求，设置道路、组织排水、搭建临时设施、堆放物料和设置机械设备等。

施工现场按照功能可划分为施工作业区、辅助作业区、材料堆放区和办公生活区。施工现场的办公生活区应当与作业区分开设置，并保持安全距离。办公生活区应当设置于在建建筑物坠落半径之外，与作业区之间设置防护措施，进行明显的划分隔离，以免人员误入危险区域；办公生活区如果设置在建筑物坠落半径之内时，必须采取可靠的防砸措施。功能区的规划设置时还应考虑交通、水电、消防和卫生、环保等因素。

（二）施工场地

施工现场的场地应当整平，无障碍物，无坑洼和凹凸不平，雨季不积水，暖季应适当绿化。施工现场应具有良好的排水系统，应设置排水沟及沉淀池，现场废水不得直接排入市政污水管网和河流，现场存放的油料、化学溶剂等应设有专门的库房，地面应进行防渗漏处理。地面应当经常洒水，对粉尘源进行覆盖遮挡。

（三）道路

① 施工现场的道路应畅通，应当有循环干道，满足运输、消防要求；

② 主干道应当平整坚实，且有排水措施，硬化材料可以采用混凝土、预制块或用石屑、焦渣、砂头等压实整平，保证不沉陷，不扬尘，防止泥土带入市政道路；

③ 道路应当中间起拱，两侧设排水设施，主干道宽度不宜小于 3.5m，载重汽车转弯半径不宜小于 15m，如因条件限制，应当采取措施；

④ 道路的布置要与现场的材料、构件、仓库等料场、吊车位置相协调、配合；

⑤ 施工现场主要道路应尽可能利用永久性道路，或先建好永久性道路的路基，在土建工程结束之前再铺路面。

（四）施工现场的封闭管理

施工现场的作业条件差，不安全因素多，在作业过程中既容易伤害作业人员，也容易伤害现场以外的人员。因此，施工现场必须实施封闭式管理，将施工现场与外界隔离，防止"扰民"问题，同时保护环境、美化市容。

1. 围挡

① 施工现场围挡应沿工地四周连续设置，不得留有缺口，并根据地质、气候、围挡材料进行设计与计算，确保围挡的稳定性、安全性；

② 围挡的用材应坚固、稳定、整洁、美观，宜选用砌体、金属材板等硬质材料，不宜使用彩布条、竹笆或安全网等；

③ 施工现场的围挡一般应高于1.8m；

④ 禁止在围挡内侧堆放泥土、砂石等散状材料以及架管、模板等，严禁将围挡做挡土墙使用；

⑤ 雨后、大风后以及春融季节应当检查围挡的稳定性，发现问题及时处理。

2. 门卫

① 施工现场应当有固定的出入口，出入口处应设置大门；

② 施工现场的大门应牢固美观，大门上应标有企业名称或企业标识；

③ 出入口处应当设置专职门卫保卫人员，制定门卫管理制度及交接班记录制度；

④ 施工现场的施工人员应当佩戴工作卡。

（五）临时设施

施工现场的临时设施较多，这里主要指施工期间临时搭建、租赁的各种房屋临时设施。临时设施必须合理选址、正确用材，确保使用功能和安全、卫生、环保、消防要求。临时设施的种类主要有办公设施、生活设施、生产设施、辅助设施，包括道路、现场排水设施、围墙、大门、供水处、吸烟处。临时房屋的结构类型可采用活动式临时房屋，如钢骨架活动房屋、彩钢板房；固定式临时房屋，主要为砖木结构、砖石结构和砖混结构。

1. 主要临时设施的布置

办公生活临时设施的选址首先应考虑与作业区相隔离，保持安全距离，其次位置的周边环境必须具有安全性，例如不得设置在高压线下，也不得设置在沟边、崖边、河流边、强风口处、高墙下以及滑坡、泥石流等灾害地质带上和山洪可能冲击到的区域。

安全距离是指，在施工坠落半径和高压线防电距离之外。建筑物高度 $2\sim5m$，坠落半径为 $2m$；高度 $30m$，坠落半径为 $5m$（如因条件限制，办公和生活区设置在坠落半径区域内，必须有防护措施）。$1kV$ 以下裸露输电线，安全距离为 $4m$；$330\sim550kV$，安全距离为 $15m$（最外线的投影距离）。

2. 临时设施的搭设与使用管理

（1）职工宿舍

① 宿舍应当选择在通风、干燥的位置，防止雨水、污水流入；

② 不得在尚未竣工建筑物内设置员工集体宿舍；

③ 宿舍必须设置可开启式窗户，设置外开门；

④ 宿舍内应保证有必要的生活空间，室内净高不得小于 $2.4m$，通道宽度不得小于 $0.9m$，每间宿舍居住人员不应超过 16 人；

⑤ 宿舍内的单人铺不得超过 2 层，严禁使用通铺，床铺应高于地面 $0.3m$，人均床铺面积不得小于 $1.9m\times0.9m$，床铺间距不得小于 $0.3m$；

⑥ 宿舍内应设置生活用品专柜，有条件的宿舍宜设置生活用品储藏室；宿舍内严禁存放施工材料、施工机具和其他杂物；

⑦ 宿舍周围应当搞好环境卫生，应设置垃圾桶、鞋柜或鞋架，生活区内应为作业人员提供晾晒衣物的场地，房屋外应道路平整，晚间有充足的照明；

⑧ 寒冷地区冬季宿舍应有保暖措施、防煤气中毒措施，火炉应当统一设置、管理，炎热季节应有消暑和防蚊虫叮咬措施；

⑨ 应当制定宿舍管理使用责任制，轮流负责卫生和使用管理或安排专人管理。

（2）食堂

① 食堂应当选择在通风、干燥的位置，防止雨水、污水流入，应当保持环境卫生，远离厕所、垃圾站、有毒有害场所等污染源的地方，装修材料必须符合环保、消防要求；

② 食堂应设置独立的制作间、储藏间；

③ 食堂应配备必要的排风设施和冷藏设施，安装纱门纱窗，室内不得有蚊蝇，门下方应设不低于 $0.2m$ 的防鼠挡板；

④ 食堂的燃气罐应单独设置存放间，存放间应通风良好并严禁存放其他物品；

⑤ 食堂制作间灶台及其周边应贴瓷砖，瓷砖的高度不宜小于 $1.5m$；地面应做硬化和防滑处理，按规定设置污水排放设施；

⑥ 食堂制作间的刀、盆、案板等炊具必须生熟分开，食品必须有遮盖，遮盖物品应有正反面标识，炊具宜存放在封闭的橱柜内；

⑦ 食堂内应有存放各种佐料和副食的密闭器皿，并应有标识，粮食存放台距墙和地面应大于 0.2m；食堂外应设置密闭式潜水桶，并应及时清运，保持清洁；

⑧ 应当制定并在食堂张挂食堂卫生责任制，责任落实到人，加强管理。

（3）防护棚　施工现场的防护棚较多，如加工站厂棚、机械操作棚、通道防护棚等。

大型防护棚可用砖混、砖木结构，应当进行结构计算，保证结构安全。小型防护棚一般钢管扣件脚手架搭设，应当严格按照《建筑施工扣件式钢管脚手架安全技术规范》要求搭设。

防护棚顶应当满足承重、防雨要求，在施工坠落半径之内的，棚顶应当具有抗砸能力。可采用多层结构。最上层材料强度应能承受 10kPa 的均布静荷载，也可采用 50mm 厚木板架设或采用两层竹笆，上下竹笆层间距应不小于 600mm。

（4）仓库

① 仓库的面积应通过计算确定，根据各个施工阶段的需要的先后进行布置；

② 水泥仓库应当选择地势较高、排水方便、靠近搅拌机的地方；

③ 易燃易爆品仓库的布置应当符合防火、防爆安全距离要求；

④ 仓库内各种工具器件物品应分类集中放置，设置标牌，标明规格型号；

⑤ 易燃、易爆和剧毒物品不得与其他物品混放，并建立严格的进出库制度，由专人管理。

3. 警示标牌布置与悬挂

（1）五牌一图与两栏一报　施工现场的进口处应有整齐明显的"五牌一图"，在办公区、生活区设置"两栏一报"。五牌指：工程概况牌、管理人员名单及监督电话牌、消防保卫牌、安全生产牌、文明施工牌；一图指：施工现场总平面图。"两栏一报"，即读报栏、宣传栏和黑板报，丰富学习内容，表扬好人好事。

施工现场在明显处，应有必要的安全内容的标语。

（2）安全标志

① 安全警示标志是指提醒人们注意的各种标牌、文字、符号以及灯光等。一般来说，安全警示标志包括安全色和安全标志。

② 安全色分为红、黄、蓝、绿四种颜色，分别表示禁止、警告、指令和提示。

③ 安全标志分禁止标志、警告标志、指令标志和提示标志。安全警示标志的图形、尺寸、颜色、文字说明和制作材料等，均应符合国家标准规定。

（3）安全标志的设置与悬挂　根据国家有关规定，施工现场人口处、施工起重机械、临时用电设施、脚手架、出入通道口、楼梯口、电梯井口、孔洞口、桥梁口、隧道口、基坑边沿、爆破物及有害危险气体和液体存放处等属于危险部位，应当设置明显的安全警示标志。安全警示标志的类型、数量应当根据危险部位的性质不同，设置不同的安全警示标志。安全标志设置后应当进行统计记录，并填写施工现场安全标志登记表。

（六）料具管理

1. 一般要求

① 建筑材料的堆放应当根据用量大小、使用时间长短、供应与运输情况确定，用量大、使用时间长、供应运输方便的，应当分期分批进场，以减少料场和仓库面积；

② 施工现场各种工具、构件、材料的堆放必须按照总平面图规定的位置放置；

③ 位置应选择适当，便于运输和装卸，应减少二次搬运；

④ 地势较高、坚实、平坦、回填土应分层夯实，要有排水措施，符合安全、防火的

要求；

⑤ 应当按照品种、规格堆放，并设明显标牌，标明名称、规格和产地等；

⑥ 各种材料物品必须堆放整齐。

2. 主要材料半成品的堆放

① 大型工具，应当一头见齐；

② 钢筋应当堆放整齐，用方木垫起，不宜放在潮湿和暴露在外受雨水冲淋；

③ 砖应丁码成方垛，不准超高并距沟槽坑边不小于 0.5m，防止坍塌；

④ 砂应堆成方，石子应当按不同粒径规格分别堆放成方；

⑤ 各种模板应当按规格分类堆放整齐，地面应平整坚实，叠放高度一般不宜超过 1.6m，大模板存放应放在经专门设计的存架上，应当采用两块大模板面对面存放，当存放在施工楼层上时，应当满足自稳角度并有可靠的防倾倒措施；

⑥ 混凝土构件堆放场地应坚实、平整，按规格、型号堆放，垫木位置要正确，多层构件的垫木要上下对齐，垛位不准超高；混凝土墙板宜设插放架，插放架要焊接或绑扎牢固，防止倒塌。

3. 场地清理

作业区及建筑物楼层内，要做到工完场地清，拆模时应当随拆随清理运走，不能马上运走的应码放整齐。

各楼层清理的垃圾不得长期堆放在楼层内，应及时清运，施工现场的垃圾也应分类集中堆放。

二、环境保护

环境保护是我国的一项基本国策。环境，是指影响人类生存和发展的各种天然的和经过人工改造过的自然因素的总体。目前，防治环境污染，保护环境已成为世界各国普遍关注的问题。为了保护和改善生产环境与生态环境，防治污染和其他公害，保障人体健康，促进社会主义现代化建设的发展，我国于 1989 年颁布了《中华人民共和国环境保护法》，正式把环境保护纳入法制轨道。

在建筑工程过程中，由于使用的设备大型化、复杂化，往往会给环境造成一定的影响和破坏，特别是大中城市，由于施工对环境造成影响而产生的矛盾尤其突出。为了保护环境，防止环境污染，按照有关法规规定，建设单位与施工单位在施工过程中都要保护施工现场周围的环境，防止对自然环境造成不应有的破坏；防止和减轻粉尘、噪声、震动对周围居住区的污染和危害。建筑业企业应当遵守有关环境保护和安全生产方面的法律、法规的规定，采取控制施工现场的各种粉尘、废气、废水、固体废物以及噪声、振动对环境的污染和危害的措施。这里要求采取的措施，根据原建设部 1991 年发布的《建筑工程施工现场管理规定》，包括如下六个方面。

① 妥善处理泥浆水，未经处理不得直接排入城市排水设施和河流；

② 除设有符合规定的装置外，不得在施工现场熔融沥青或者焚烧油毡、油漆以及其他会产生有毒有害烟尘和恶臭气体的物质；

③ 使用密封式的圈筒或者采取其他措施处理高空废弃物；

④ 采取有效措施控制施工过程中的扬尘；

⑤ 禁止将有毒有害废弃物用作土方回填；

⑥ 对产生噪声、振动的施工机械，应采取有效控制措施，减轻噪声扰民。

（一）防治施工固体废弃物污染

施工车辆运输砂石、土方、渣土和建筑垃圾，采取密封、覆盖措施，避免泄漏、遗散，并按指定地点倾卸，防止固体废物污染环境。

（二）防治大气污染

① 施工现场宜采取措施硬化，其中主要道路、料场、生活办公区域必须进行硬化处理，土方应集中堆放。裸露的场地和集中堆放的土方应采取覆盖、固化或绿化等措施。

② 使用密目式安全网对在建建筑物、构筑物进行封闭，防止施工过程扬尘；拆除旧有建筑物时，应采用隔离、洒水等措施防止扬尘，并应在规定期限内将废弃物清理完毕；不得在施工现场熔融沥青，严禁在施工现场焚烧含有有毒、有害化学成分的装饰废料、油毡、油漆、垃圾等各类废弃物。

③ 从事土方、渣土和施工垃圾运输应采用密闭式运输车辆或采取覆盖措施。

④ 施工现场出入口处应采取保证车辆清洁的措施。

⑤ 施工现场应根据风力和大气湿度的具体情况，进行土方回填、转运作业。

⑥ 水泥和其他易飞扬的细颗粒建筑材料应密闭存放，砂石等散料应采取覆盖措施。

⑦ 施工现场混凝土搅拌场所应采取封闭、降尘措施。

⑧ 建筑物内施工垃圾的清运，应采用专用封闭式容器吊运或传送，严禁凌空抛撒。

⑨ 施工现场应设置密闭式垃圾站，施工垃圾、生活垃圾应分类存放，并及时清运出场。

⑩ 城区、旅游景点、疗养区、重点文物保护地及人口密集区的施工现场应使用清洁能源。

⑪ 施工现场的机械设备、车辆的尾气排放应符合国家环保排放标准要求。

（三）防治水污染

① 施工现场应设置排水沟及沉淀池，现场废水不得直接排入市政污水管网和河流；

② 现场存放的油料、化学溶剂等应设有专门的库房，地面应进行防渗漏处理；

③ 食堂应设置隔油池，并应及时清理；

④ 厕所的化粪池应进行抗渗处理；

⑤ 食堂、盥洗室、淋浴间的下水管线应设置隔离网，并与市政污水管线连接，保证排水通畅。

（四）防治施工噪声污染

① 施工现场应按照现行国家标准《建筑施工场界噪声限值》（GB 12523—1996）及《建筑施工场界噪声测量方法》（GB 12524—90）制定降噪措施，并应对施工现场的噪声值进行监测和记录；

② 施工现场的强噪声设备宜设置在远离居民区的一侧；

③ 对因生产工艺要求或其他特殊需要，确需在 22 时至次日 6 时期间进行强噪声施工的，施工前建设单位和施工单位应到有关部门提出申请，经批准后方可进行夜间施工，并公告附近居民；

④ 夜间运输材料的车辆进入施工现场，严禁鸣笛，装卸材料应做到轻拿轻放；

⑤ 对产生噪声和振动的施工机械、机具的使用，应当采取消声、吸声、隔声等有效控制和降低噪声。

（五）防治施工照明污染

夜间施工严格按照建设行政主管部门和有关部门的规定执行，对施工照明器具的种类、灯光亮度应以严格控制，特别是在城市市区居民居住区内，减少施工照明对城市居民的危害。

思 考 题

1. 临时用电施工组织设计的包括哪些内容？
2. 简述施工现场临时用电的接地与防雷。
3. 简述接地种类及含义。
4. 临时用电的基本保护系统有哪几种？
5. 架空线的相序排列规定有哪些？
6. 简述配电箱与开关的设置原则。
7. 简述用电量计算内容的内容。
8. 燃烧必须具备三个条件是什么？
9. 简述影响燃烧性能的主要因素。
10. 施工现场那些属于以及禁火区？
11. 简述施工现场布置要求。
12. 简述仓库的种类。

参 考 文 献

[1] 晏金桃. 建设项目安全预评价与验收评价指导手册. 北京：金版电子出版公司，2003.

[2] 黄雨三. 建筑工程安全生产达标及考核标准实用手册. 北京：中国知识出版社，2005.

[3] 上海市工程建设监督研究会. 建筑工程安全施工指南. 北京：中国建筑工业出版社，2000.

[4] 江正荣. 建筑施工计算手册. 北京：中国建筑工业出版社，2001.